FRANZ M. WUKETITS
DIE ENTDECKUNG DES VERHALTENS

FRANZ M. WUKETITS

DIE ENTDECKUNG DES VERHALTENS

Eine Geschichte der Verhaltensforschung

WISSENSCHAFTLICHE BUCHGESELLSCHAFT
DARMSTADT

Umschlaggestaltung: Neil McBeath, Stuttgart.
Umschlagbild: „Reiher" von C. Geinitz, Darmstadt.

Die Deutsche Bibliothek – CIP-Einheitsaufnahme

Wuketits, Franz M.:
Die Entdeckung des Verhaltens: eine Geschichte
der Verhaltensforschung / Franz M. Wuketits. –
Darmstadt: Wiss. Buchges., 1995
ISBN 3-534-12268-2

Bestellnummer 12268-2

Das Werk ist in allen seinen Teilen urheberrechtlich geschützt.
Jede Verwertung ist ohne Zustimmung des Verlages unzulässig.
Das gilt insbesondere für Vervielfältigungen,
Übersetzungen, Mikroverfilmungen und die Einspeicherung in
und Verarbeitung durch elektronische Systeme.

© 1995 by Wissenschaftliche Buchgesellschaft, Darmstadt
Satz: Fotosatz Janß, Pfungstadt
Gedruckt auf säurefreiem und alterungsbeständigem Werkdruckpapier
Druck und Einband: Wissenschaftliche Buchgesellschaft, Darmstadt
Printed in Germany
Schrift: Linotype Times, 9.5/11

ISBN 3-534-12268-2

Dem Andenken
an meinen Freund
Eike-Meinrad Winkler

Wer aus allgemeinen Gründen annimmt, daß der Körperbau und die Gewohnheit aller Tiere allmählich entwickelt worden sind, wird auch die ganze Lehre vom körperlichen Ausdrucke der Seelenzustände in einem neuen und interessanten Lichte betrachten.

CHARLES DARWIN

Denkt daran, daß die Wissenschaft den ganzen Menschen fordert ... Seid leidenschaftlich bei Eurer Arbeit und bei Eurem Streben.

IWAN P. PAWLOW

Man soll ... den Menschen aus dem Tier heraus kennen und auffassen lernen.

OSKAR HEINROTH

Wer weiß, wo die heutige Menschenpsychologie bleiben wird, wenn man einmal vom Menschen wissen wird, was Triebhandlung und was Verstandeshandlung ist!

KONRAD LORENZ

Inhalt

Vorwort 1

Einleitung: Was ist Verhaltensforschung und wie schreibt man ihre Geschichte? 4

1. Die „vorwissenschaftliche" Phase im Studium des Verhaltens . 13
   1.1 Tiermythen und Tierfabeln 14
   1.2 Die Vermenschlichung des Tieres 19
   1.3 Beobachtung und Beschreibung 24

2. Die Begründung der Verhaltensforschung als Wissenschaft . . 32
   2.1 Die Bedeutung des Evolutionsdenkens 33
   2.2 Evolutionäre Psychologie 46
   2.3 Der Vergleich als methodische Grundlage der Ethologie . . 57
   2.4 Gestaltwahrnehmung als Quelle der Erkenntnis 67
   2.5 Verhaltensphysiologie – kausale Analyse des Verhaltens . . 73
   2.6 Sonderstellung des Menschen? 79

3. Die „großen Kontroversen" 88
   3.1 Angeboren oder erlernt? 89
   3.2 Pawlows Hund und die „Reflexologie" 99
   3.3 Der Behaviorismus 103
   3.4 Die Zweckpsychologie 110
   3.5 Instinkt und Lernen – Ethologie als Synthese 117
   3.6 Evolution und Modifikation des Verhaltens 124
   3.7 Aggression – Mythos und Wirklichkeit 126

4. Synthesen, interdisziplinäre Ansätze, Perspektiven 135
   4.1 Humanethologie – Biologie des menschlichen Verhaltens . 136
   4.2 Soziobiologie – Biologie des Sozialverhaltens 144
   4.3 Verhaltensgenetik, Verhaltensökologie 153
   4.4 Ethologie und Erkenntnistheorie 155
   4.5 Ethologie und Ethik 158

Glossar 161

Bibliographie 169

Register 181
  Namen 181
  Sachen 184

Vorwort

Unter *Verhaltensforschung* im engeren Sinn versteht man das auch als *Ethologie* bekannte vergleichende Studium tierischen und menschlichen Verhaltens auf evolutionsbiologischer Grundlage, wobei den Aspekten der stammesgeschichtlichen Anpassung verschiedener Verhaltensweisen und dem angeborenen Verhalten eine wichtige Rolle zukommt. Im weiteren Sinne aber bezeichnet Verhaltensforschung die Gesamtheit jener Disziplinen, die die verschiedensten Verhaltensweisen (beim Menschen, bei Tieren, auch bei Pflanzen) beschreiben und durch unterschiedliche Modelle und Theorien zu erklären suchen. Auch die *Psychologie* ist demnach eine Disziplin der Verhaltensforschung. Da sie sich jedoch traditionellerweise in der Hauptsache mit menschlichem Verhalten beschäftigt und dabei erlernte individuelle Verhaltensweisen in den Vordergrund ihrer Untersuchungen rückt, ist sie von der Ethologie zu unterscheiden. Dieser Unterschied führte zu jenem „Schulenstreit", der die Kraftlinien der Geschichte der Verhaltensforschung im 20. Jahrhundert zum Vorschein treten läßt und bis heute nicht beendet ist. Die neuere Geschichte der Verhaltensforschung – im weiteren wie auch im engeren Sinne (als Ethologie) verstanden – präsentiert sich daher als eine Geschichte von Kontroversen, die jedoch maßgeblich zu einem tieferen Verständnis des Verhaltens von Tier und Mensch beigetragen haben.

Im vorliegenden Buch möchte ich zwar in erster Linie die Geschichte der Ethologie skizzieren, da diese aber wesentlich von den Auseinandersetzungen mit anderen Disziplinen und „Schulen" der Verhaltenswissenschaften beeinflußt ist, werden auch wichtige Momente vor allem der Geschichte der Psychologie einzufangen sein. Dabei kann nicht Vollständigkeit angestrebt werden; vielmehr geht es um ein Erfassen der größeren historischen Zusammenhänge. Wie wichtig dieses ist, bedarf keiner besonderen Erklärung. Die Problemlage und das theoretische Gefüge in weiten Bereichen der Verhaltensforschung heute läßt sich ohne ausreichende Kenntnis jener Zusammenhänge nicht wirklich verstehen.

Allerdings existiert zumindest im deutschen Sprachraum bis heute keine Gesamtdarstellung der Entwicklung der Verhaltensforschung. Sicher, es sind eine Reihe von Einzelarbeiten veröffentlicht worden, die sich auf bestimmte Probleme oder historische Epochen oder Persönlichkeiten beziehen, und praktisch jedes bessere Lehrbuch der Verhaltensforschung gibt einleitend einen kursorischen historischen Überblick. Was jedoch fehlt, ist eine *Geschichte der Gedankenwelt der Verhaltensforschung*, die die Kontroversen und ihre Hintergründe ausleuchtet, das Neben-, Mit- und Gegeneinander von Theorien und „Richtungen" in größeren (geistes)geschichtlichen Zusammenhängen und im Hinblick auf die heutige Problemlage dieser Disziplin darstellt. Das vorliegende Buch stellt sich dieser Aufgabe. Es wendet sich daher nicht nur an Verhaltensforscher, Ethologen, die die historischen Dimensionen ihres Faches besser verstehen wollen, sondern an jeden an der Entwicklung und am Selbstverständnis einer wichtigen Wissenschaft interessierten Leser. Ich könnte mir vorstellen – und würde mir jedenfalls sehr wünschen –, daß vor allem auch Studenten der Biologie und der Psychologie dieses Buch als Einladung annehmen, sich mit dem Zustandekommen der gegenwärtigen Struktur ihrer Wissenschaften zu beschäftigen.

Da ich problemorientiert vorgehen möchte, ist die vorliegende Darstellung keine Chronologie der Verhaltensforschung und keine Aneinanderreihung von Forschungsergebnissen und kurzen Lebensläufen einzelner Verhaltensforscher. Das wäre vielleicht ein einfacheres Unterfangen gewesen; ich halte den von mir gewählten Weg jedoch für interessanter, auch wenn sich an vielen Stellen Vereinfachungen nicht vermeiden ließen, die aber der Lesbarkeit des Buches zugute kommen mögen. Da ich das Buch nicht „ausufern" lassen wollte, habe ich auf die Darstellung mancher Details bewußt verzichtet. Es geht mir um die „großen Linien", was, wie ich meine, eine stellenweise „abgekürzte" Präsentation von Problemen rechtfertigt.

Die Idee, vorliegendes Buch zu schreiben, kam mir vor ein paar Jahren, als ich an einer Biographie über KONRAD LORENZ arbeitete, die sich nicht in biographischen Daten erschöpft, sondern Leben, Denken und Wirken dieser Forscherpersönlichkeit in einen breiteren geistesgeschichtlichen Rahmen stellt (vgl. WUKETITS 1990c). Das Material, welches ich damals sammelte, ist auch diesem Buch eine wertvolle Stütze gewesen. So sind die Gespräche, die ich seinerzeit mit IRENÄUS EIBL-EIBESFELDT, BERNHARD HASSENSTEIN und anderen Schülern und Weggefährten von LORENZ führte – denen auch an dieser Stelle mein Dank gebührt –, sicher auch auf manche Weise in das vorliegende Buch eingeflossen. Profitiert habe ich gewiß auch von meinem Kontakt zum „Haus Lorenz". Einige Hinweise auf Literatur verdanke ich ferner ERNST ROBIN und WOLFGANG SCHLEIDT. Schließlich hat MANFRED WIMMER wertvolle Gedanken zur Entwicklung bestimmter Richtungen der Verhaltensforschung außerhalb der Ethologie beigesteuert. Es sollte eine überflüssige Bemerkung sein, doch weil's ein schöner Brauch ist, beeile ich mich, darauf hinzuweisen, daß natürlich ich allein für das Buch und möglicherweise in ihm enthaltene Irrtümer geradestehe. Nicht versäumen sollte ich aber, meiner Tochter DESSISLAVA zu danken, die mehrere Diagramme und Skizzen anfertigte, sowie den Mitarbeitern der Wissenschaftlichen Buchgesellschaft, vor allem CHRISTIAN GEINITZ, für die erneut hervorragende Zusammenarbeit.

Oktober 1994
Franz M. Wuketits

Einleitung: Was ist Verhaltensforschung und wie schreibt man ihre Geschichte?

Verhalten ist ein so augenfälliger Aspekt der Lebewesen, daß es in der Geschichte seit Jahrtausenden nicht an Versuchen fehlt, diesen Aspekt mehr oder weniger systematisch zu studieren und Erklärungen für die unterschiedlichsten an Tieren und Menschen beobachtbaren Verhaltensweisen zu finden. Da Verhaltensweisen aber *Zeitgestalten* sind, hat es jede Verhaltensforschung „mit Ablaufsformen zu tun, die zum Unterschied von körperlichen Merkmalen nicht immer sichtbar sind" (EIBL-EIBESFELDT 1978, S. 19). Das bedeutet, daß Verhaltensweisen an unsere Zeitwahrnehmung andere Anforderungen stellen als etwa körperliche Strukturen, die relativ statisch erscheinen und stets auch als anatomische Präparate fixiert werden können. Verhaltensweisen können wir nicht auf diese Weise fixieren, sondern allenfalls mit künstlichen Mitteln, etwa im Film, einfangen und so in eine Raumstruktur überführen. Daraus erklärt sich vielleicht auch das in der Wissenschaftsgeschichte relativ späte Auftreten einer Verhaltensforschung mit einem soliden theoretischen Fundament und systematischen Rahmen. Lange war das Studium des Verhaltens ein Tummelplatz für absurde Ideen und amüsante Spekulationen. Aber damit unterscheidet es sich nicht wesentlich vom Studium vieler anderer an Lebewesen beobachtbarer Phänomene. Anders als beispielsweise die Anatomie kann die Verhaltensforschung die beobachteten und zu untersuchenden Phänomene nicht als Präparate fixieren, so daß sie von vornherein methodischen Schwierigkeiten begegnet, die dann auch erst in neuerer Zeit weitgehend beseitigt werden konnten.

Was nun eigentlich *Verhaltensforschung* ist, ist keineswegs eindeutig zu sagen, solange schon der Ausdruck „Verhalten" verschiedene Definitionen erfährt oder zumindest mit unterschiedlichen Akzentsetzungen definiert wird. So schreibt z. B. der Psychologe RUBINSTEIN (1962, S. 133):

„Unter dem Begriff Verhalten versteht man eine in bestimmter Weise organisierte Tätigkeit, die die Verbindung des Organismus mit dem umgebenden Milieu herstellt. Während beim Menschen der innere Bereich des Bewußtseins vom Verhalten differenziert ist, bilden bei den Tieren Psyche und

Verhalten eine unmittelbare Einheit, so daß das Studium ihrer Psyche notwendig im Studium ihres Verhaltens mit eingeschlossen ist."

Andere, vor allem die *Behavioristen,* beschränken sich auf die von außen sichtbaren – und objektivierbaren – Verhaltensäußerungen und setzen sich damit deutlich von allen, sagen wir „mehr introspektiv" orientierten Richtungen der Verhaltensforschung ab, die die inneren Vorgänge als „eigentliche Verhaltensprozesse" definieren (ich komme in den Abschnitten 3.3 und 3.4 ausführlich darauf zurück). Um diesen Dualismus von „außen" und „innen" zu vermeiden, schlägt TEMBROCK (1980, S. 13) folgende Definition vor:

„Verhalten ist die organismische Steuerung und Regelung von Umweltbeziehungen als Selbstoptimierung auf der Grundlage eines Informationswechsels unter Einbau und Nutzung von Erfahrung in der Hologenese [Hologenese = Individualgeschichte + Stammesgeschichte]."

Auch diese Definition ließe noch gegensätzliche Deutungen des Phänomens Verhaltens zu. Der Anhänger einer streng mechanistischen Naturwissenschaft könnte sagen, daß jene „organismische Steuerung und Regelung" bloß mechanisch ist und auf die konkret beobachtbaren – und objektivierbaren – Automatismen reduziert werden kann. Der Vertreter einer ganzheitlichen Richtung wiederum könnte argumentieren, daß Verhalten wesentlich mehr darstellt und gleichsam aus dem Inneren des Organismus gesteuert wird. Und würde es sich um einen Vitalisten handeln, so müßte für ihn die „organismische Steuerung und Regelung" ein Geheimnis bleiben bzw. einem verborgenen, „höheren Zweck" dienen. Das ist in der Tat alles schon dagewesen. Definitionen und Interpretationen des Verhaltens waren stets maßgeblich von der „Philosophie" beeinflußt, die man dem Studium der Lebensphänomene im allgemeinen zugrunde legte. Einmal hieß es, Lebewesen seien „chemische Maschinen ..., welche wesentlich aus kolloidalem Material bestehen" (LOEB 1906, S. 1); ein andermal mußten verschiedene „Lebenskräfte" strapaziert werden – Entelechie, *vis essentialis, élan vital* und wie sie alle hießen –, um das Geheimnis, das sich in jedem Lebewesen verbergen und keineswegs chemisch oder physikalisch gelüftet werden soll, auf den Begriff zu bringen (zur Übersicht siehe z. B. WUKETITS 1983). Diese biophilosophische Grundsatzdiskussion hat das Studium des Verhaltens maßgeblich beeinflußt, wenn nicht beeinträchtigt.

Auch war die Frage nicht unmaßgeblich, ob Tieren analog zum Menschen eine *Seele* zuzusprechen sei. Wo diese dann als außernatürlicher Faktor begriffen wurde, konnte sich kaum eine naturwissenschaftlich seriöse Verhaltensforschung etablieren. Auf der anderen Seite haben diejenigen, die

Tieren seelische bzw. psychische Reaktionen zugebilligt haben, die Kluft zwischen Mensch und Tier überbrückt; diese Kluft hat sich sicher hinderlich auf die Verhaltensforschung ausgewirkt. Die *Tierpsychologie* wurde etwa von ALVERDES (1939, S. 259) definiert

„als die Lehre vom Verhalten (Gebaren) der Tiere. Das Verhalten ist die Auseinandersetzung mit der Umwelt, und im Verhalten äußert sich das Psychische des Tieres (wobei dieses Psychische nicht als außernatürlicher Faktor angesehen werden darf...)".

Ohne die Tiere zu vermenschlichen – ein Gesichtspunkt, der in Abschnitt 1.2 noch dargelegt wird –, müssen wir heute feststellen, daß tierisches Verhalten hinsichtlich seiner basalen Triebkräfte und Mechanismen und im Hinblick auf seinen „biologischen Zweck" nicht grundsätzlich verschieden ist vom menschlichen Verhalten; oder, besser gesagt, daß menschliches Verhalten prinzipiell die gleichen Ursachen hat wie tierisches (eine Behauptung, die zu vielen Streitereien geführt hat und nach wie vor viele Leute verärgert). Die Verhaltensforschung war ja nicht zuletzt von der Intention getragen, fundamentale Gesetzmäßigkeiten des Lebenden herauszufinden, da der Mensch eben nicht isoliert zu betrachten ist. Die gegenteilige Auffassung, wurzelnd in der Idee vom Menschen als Krone der Schöpfung, war daher ein Hindernis für eine „einheitliche Ethologie".

Schon diese wenigen Bemerkungen lassen erahnen, daß sich eine Geschichte der Verhaltensforschung wesentlich als eine Geschichte von Kontroversen, als ein „Ideenstreit" präsentiert – und am besten auch so präsentiert wird. Die Verhaltensforschung im engeren Sinne, die Ethologie, wurde ja gewissermaßen aus einem „Streit" heraus geboren, der Auseinandersetzung zwischen Mechanisten und Vitalisten, Behavioristen und „Zweckpsychologen". Ihr Ziel ist herauszufinden, „was ein Verhalten verursacht, in welcher Weise es zur Arterhaltung beiträgt und wie sich ein Verhalten in Stammesgeschichte und Individualgeschichte entwickelt" (EIBL-EIBESFELDT 1978, S. 19). Als Verhaltens*biologie* steht sie heute, wie die meisten biologischen Fächer, auf dem Fundament der Lehre DARWINS bzw. der Evolutionslehre im allgemeinen und trägt zugleich umgekehrt zum besseren Verständnis der Evolution bei. Für den Ethologen spielen das „Innen" und „Außen" des Verhaltens gleichermaßen eine wichtige Rolle, nur rechnet er nicht mit geheimen, inneren Kräften, sondern konzentriert sich auf *angeborene*, gleichwohl *stammesgeschichtlich erworbene* Verhaltensantriebe. Die Implikationen und Konsequenzen dieser Betrachtungsweise reichen weit über das engere Gebiet der Biologie hinaus (wozu in Kapitel 4 noch einiges zu sagen bleibt).

Wie also schreibt man am besten eine Geschichte der Verhaltensforschung? Eine bloße Aneinanderreihung von historischen Daten und Forschungsergebnissen wäre nicht nur langweilig, sondern auch unergiebig, wenn man die Ideen und Kontroversen von ihrer Wurzel her verstehen will. Eine *Geschichte der Gedankenwelt der Verhaltensforschung,* wie ich sie hier anstrebe, muß daher problembezogen ausgerichtet sein und der „Geisteshaltung" der jeweiligen Forscher und ihrer Gegner Rechnung tragen. Jene Fragen, die bereits MAYR (1984) seiner vortrefflichen *Entwicklung der biologischen Gedankenwelt* zugrunde gelegt hat, müssen daher auch im vorliegenden Zusammenhang unsere Aufmerksamkeit finden: Was waren die wissenschaftlichen Probleme der Epoche einzelner Forscher? Was waren die begrifflichen und methodischen Werkzeuge, die den Forschern bei ihrer Suche nach einer Antwort auf grundlegende Fragen zur Verfügung standen? Welche vorherrschenden Ideen des betreffenden Zeitalters lenkten die Forschungsarbeit einzelner Wissenschaftler? Inwieweit beherrschten die jeweiligen *Paradigmen* die Entscheidung für die eine oder andere Erklärung eines bestimmten Phänomens?

Wenn man diese Fragen zu beantworten sucht, dann wird die Beschäftigung mit der Geschichte einer bestimmten Disziplin oder mit Wissenschaftsgeschichte im allgemeinen eine sehr spannende Angelegenheit. Da keine Idee, keine Theorie im luftleeren Raum entsteht, ist die Berücksichtigung geistesgeschichtlicher Hintergründe für ein Verständnis der Entstehung und Entwicklung bestimmter Ideen und Theorien unerläßlich. „Jedes Zeitalter hat seine eigene ‚geistige Grundhaltung' oder seinen philosophischen Rahmen" (MAYR 1984, S. 69), so daß Ideen, Theorien, Erklärungen, ja schon die Art und Weise, wie man ein bestimmtes Phänomen „anschaut", natürlich vom vielzitierten „Zeitgeist" abhängen. Wissenschaftlicher Theorienwandel ist mithin ein Resultat des wechselnden geistigen Milieus. Soll das nun bedeuten, daß es keine „objektiven Wahrheiten" gibt? Daß sich wissenschaftliche Theorien einfach mit dem Zeitgeist verändern? Daß alles wahr oder falsch sein kann, einfach dem jeweiligen geistigen Milieu gemäß?

Sicher muß man sich auch darüber im klaren sein, daß bestimmte Ergebnisse einer Wissenschaft nicht deswegen zu akzeptieren oder zu verwerfen sind, weil sie zum jeweiligen Zeitgeist gerade passen oder nicht. Die Erkenntnis beispielsweise, daß vieles am Verhalten des Menschen angeboren ist (siehe Abschnitt 3.1), ist heute durch so viele Beobachtungen und Untersuchungen erhärtet, daß ein wechselnder Zeitgeist nichts daran ändern kann. Es gibt wissenschaftliche *Tatsachen,* die für sich stehen, „Wahrheiten", an denen der Zeitgeist nicht rütteln kann. Eine andere Frage ist die, ob diese Tatsachen auch von jedem als solche akzeptiert, wie sie interpretiert werden und welche Schlußfolgerungen man aus ihnen zu ziehen gewillt ist. Das hängt nicht von internen Mechanismen der Wissenschaft ab, nicht von Kriterien wie Logik, Übereinstimmung der Beobachtungen, Wiederholbarkeit der Experimente usw., sondern doch wieder vom jeweiligen Zeitgeist; der aber wird – und das muß man auch sagen – nicht unmaßgeblich von der Wissenschaft, ihren Forschungsresultaten und Theorien beeinflußt, so daß eine wechselseitige Beziehung vorliegt.

Dazu kommt, daß die aus verschiedenen Gründen immer noch häufig anzutreffende Meinung, Wissenschaftler seien ausschließlich der Wahrheit verpflichtet, nicht haltbar ist. Da jeder Forscher letztlich auch Anerkennung anstrebt und seine Arbeit einerseits von den Fachkollegen (und von diesen besonders), andererseits vielfach auch von der breiteren Öffentlichkeit akzeptiert wissen will, kommen komplexe psychologische Momente in der Wissenschaft und ihrer Geschichte ins Spiel. Der *Homo investigans* (LUCK 1976), der forschende Mensch, kennt Leidenschaft, Neid, Ehrgeiz und steht im „Ideenwettbewerb" mit anderen Individuen seiner Spezies. Diese Anspielung auf die Theorie DARWINS und ihre mögliche Anwendung auf die Beschreibung und Erklärung der Wissenschaft ist durchaus ernst gemeint und bezieht sich auf den von HULL (1988) unternommenen interessanten Versuch, Wissenschaft und ihre Geschichte als einen Prozeß darzustellen, in dem die Wissenschaftler gleichsam Elemente und Akteure eines Evolutionsvorgangs sind und wie andere sozial organisierte Lebewesen einerseits kooperieren, andererseits im Wettbewerb miteinander stehen.

Nochmals sei hervorgehoben, daß Wissenschaftsgeschichte nicht als eine Aneinanderreihung von Tatsachen betrieben werden soll (es sei denn, sie versteht sich als bloße Lexikographie oder Chronik), da die Geschichte der Wissenschaften selbst – und die Geschichte jeder einzelnen Disziplin – keine bloße Akkumulation von Tatsachen ist, die laufend systematisch geordnet und auf denen von Zeit zu Zeit Theorien gebaut werden. Die Wege des menschlichen Geistes sind verschlungen, es gibt viele Kreuzungen, gefährliche Kurven, Sackgassen und steile Abhänge. Auch die Geschichte der Ethologie läßt sich daher am besten als ein „Zickzackweg" beschreiben, wie OESER (1984, 1992) sagt, der die Geschichte – als „Evolution" – der Ethologie in drei Phasen gliedert: die *innovative,* die *konstruktive* und die *integrative* Phase. In der innovativen Phase, der Pionierphase, wurden verschiedene Verhaltensweisen beobachtet und in einer noch undifferenzierten Sprache beschrieben. Eine differenziertere, fachspezifische Terminologie bildete sich erst in der konstruktiven Phase aus, in der die Ethologie auch als wissenschaftliche Disziplin mit spezifischen Erklärungsansätzen und Theorien etabliert wurde und auf breitere Akzeptanz stieß. In der integrativen Phase schließlich wurde das Gedankengebäude der Ethologie ins Gesamtsystem der Biologie eingeordnet. Diese Phase ist allerdings immer noch nicht abgeschlossen, weil sich verschiedene Teile des „Gesamtsystems der Biologie" verändern und verschiedene Disziplinen, auf deren Ergebnisse und Theorien sich die Ethologie stützt (vor allem betrifft das die Evolutionsbiologie), gerade in neuerer Zeit in vielen Details eine Revision erfahren haben. Außerdem sind neue Disziplinen entstanden – zu denken ist dabei vor allem an die *Soziobiologie* (siehe Abschnitt 4.2) –, die zum Teil sogar als Widerspruch zur Ethologie aufgefaßt werden und deren Einordnung ins Gesamtsystem der Biologie noch zu leisten ist.

Ihre Popularität verdankt die Ethologie zum Teil sicher dem Umstand, daß sie von einigen ihrer Vertreter – insbesondere von KONRAD LORENZ, einem ihrer „Gründerväter" – auf die Analyse unserer Zeit angewandt und als Instrument der Zivilisationskritik eingesetzt wurde. Zweifellos gehen die Implikationen und Konsequenzen der Ethologie über das Gebiet der Biologie hinaus, was allerdings auch zu Mißverständnissen und (ideologischen) Fehldeutungen Anlaß gibt. Auf der anderen Seite ist nicht zu leugnen, daß die Ethologie maßgeblich zum Verständnis unserer eigenen Natur und Position in der Natur beiträgt. In diesem Sinne schreibt auch NIKOLAAS TINBERGEN, ein anderer „Klassiker" der Ethologie, zur Rolle und Zukunft seines Faches:

"If our science is to flourish, it must be seen not only to plan future ethological exploration, but also to work convincing our fellow-men of the necessity for its further growth. As part of this it will be the task of all the sciences concerned to work towards further integration and towards a more general awareness that the behavioural sciences are not a dispensable luxury, but an essential part of our overall effort to ensure a healthier future for society, in which alone man's highest mental potentiel can be fully realised." (TINBERGEN 1976, S. 525)

(„Wenn unsere Wissenschaft gedeihen soll, dann müssen wir nicht nur zukünftige ethologische Untersuchungen planen, sondern auch unsere Zeitgenossen von der Notwendigkeit weiterer Arbeit überzeugen. So wird es zu einer Aufgabe aller betroffenen Disziplinen, auf weitere Integration und auf das breitere Bewußtsein hinzuarbeiten, daß die Verhaltenswissenschaften kein entbehrlicher Luxus sind, sondern ein wesentlicher Teil unserer Anstrengungen, eine gesündere Zukunft zu sichern, in der allein des Menschen höchstes geistiges Potential voll entfaltet werden kann." [Übersetzung des Autors])

Eine wissenschaftliche Disziplin, die mit diesen Ansprüchen auftritt, verdient um so mehr, historisch rekonstruiert zu werden, um eben ihre Verflechtungen mit dem jeweiligen geistigen Klima und ihren möglichen und tatsächlichen Einfluß auf die Organisation der „Welt des Menschen", heute und morgen, zu verstehen.

Noch ein paar Worte zum Ausdruck „Ethologie" und seiner Verwendung. ISIDORE GEOFFROY SAINT-HILAIRE (1805–1861), Sohn des französischen Zoologen und Vorläufers des Evolutionsdenkens ETIENNE GEOFFROY SAINT-HILAIRE (1772–1844), dürfte als erster den Begriff „Ethologie" in einem moderneren Sinne verwendet haben, unter Berücksichtigung von Gesichtspunkten, die man heute allerdings unter die *Ökologie* subsumiert (vgl. JAHN et al. 1982, THORPE 1979). Ein anderer Franzose, der Insektenforscher JEAN-HENRI FABRE (1823–1915), hat diesen Ausdruck schon in einem engeren Sinne gebraucht, während im englischen Sprachraum WILLIAM MORTON WHEELER (1865–1937) hierbei Priorität genießt und die Notwendigkeit zum Ausdruck brachte, das Studium der Tiere und ihres Verhaltens als *ethology* auf den Begriff zu bringen (THORPE 1979). Im deutschen Sprachraum schließlich hat vor allem OSKAR HEINROTH (1871–1945) zu Beginn des 20. Jahrhunderts von „Ethologie" gesprochen.

Allerdings liegt der sprachliche und problemgeschichtliche Ursprung des Ethologie-Begriffs in der Antike (vgl. SCHURIG 1983), wo mit „ethos" zum einen der Lebensraum von Tier und Mensch gemeint war, zum anderen Sittlichkeit, Gesinnung oder Haltung (Ethik!); aber auch Gewohnheit und Sitte sowie Herkunft und Verwandtschaft sind adäquate Übersetzungen des Wortes „ethos". Sicherlich gewinnt so gesehen die Frage, wer denn nun der „erste Ethologe" war (SCHURIG 1993), zusätzlich an Bedeutung. Wahrscheinlich kommt dieser „Rang" HEINROTH zu, der – wie kein anderer – explizit eine neue, eigenständige Disziplin „Ethologie" forderte und bereits das ganze später für diese Disziplin so charakteristische theoretische und methodische Rüstzeug beherrschte.

Doch noch Jahrzehnte später wurde das Studium des tierischen Verhaltens als *Tierpsychologie* bezeichnet. Am 10. Januar 1936 wurde in Berlin die „Deutsche Gesellschaft für Tierpsychologie" gegründet, Trägerin der *Zeitschrift für Tierpsychologie,* die seit 1937 erscheint, mittlerweile *Ethology* heißt und nur noch Beiträge in englischer Sprache veröffentlicht. Der Ausdruck „Tierpsychologie", der weitgehend vom Begriff „Ethologie" ersetzt worden ist, wird heute meist nur dann verwendet, wenn spezielle Eigenschaften eines bestimmten Tieres in Rede stehen, die sich vom „Durchschnittsverhalten" seiner Spezies abheben und dem Tier einen besonderen „Charakter" verleihen. (Zirkus- und Zootiere, aber auch Haustiere, vor allem Hunde, geben dafür gute Beispiele.) Andererseits spiegelt die Bezeichnung „Tierpsychologie" die, wie angedeutet, durchaus richtige Überzeugung, daß Tiere analog zum Menschen im weitesten Sinne „seelische Regungen" zeigen bzw. tierisches und menschliches Verhalten auf der gleichen Grundlage zu studieren und ausgehend von den gleichen Prämissen zu untersuchen sei. „Es gibt nur eine Psychologie", meinte LORENZ (1943b,

S. 126) und wollte damit tierisches *und* menschliches Verhalten auf eine gemeinsame Basis stellen und davor warnen, eine „Seele" *getrennt* vom Körper anzunehmen.

Eine Geschichte der Verhaltensforschung muß dort beginnen, wo es zwar noch keine eigene, spezifische Bezeichnung für das Studium des Verhaltens – bei Tieren und Menschen – gibt, das Verhalten aber als interessantes Phänomen erkannt ist, beobachtet, beschrieben und – auf welche Weise auch immer – erklärt wird. Wenn ich zunächst von der „vorwissenschaftlichen" Phase im Studium des Verhaltens spreche, dann mit gewissen Vorbehalten. Man darf nicht übersehen, daß jede Wissenschaft mit *Alltagsbeobachtungen* beginnt. Die innovative Phase in der Entwicklung der Verhaltensforschung wurzelt in Alltagsbeobachtungen, denen man zwar Wissenschaftlichkeit absprechen kann, die aber, wenn hinterfragt und kritisch reflektiert, unabdingbare Voraussetzung jeder Verhaltensforschung als Wissenschaft sind. Auch DARWIN hat seine Theorie durch Beobachtungen gestützt, die schon zu seiner Zeit praktisch jeder machen konnte (man denke etwa an den Nachkommenüberschuß in der Natur), doch im Gegensatz zu den allermeisten seiner Zeitgenossen hat er aus diesen Beobachtungen die entscheidenden theoretischen Schlußfolgerungen gezogen. Darauf kommt es an. Es ist indes falsch, in der Geschichte einer wissenschaftlichen Disziplin die „unvoreingenommene" Alltagserfahrung als unbedeutend abzutun, weil ja darauf oft geniale Einsichten beruhen.

Das Hauptaugenmerk soll in diesem Buch aber auf die theoretische Begründung der Ethologie und die dabei entscheidenden Fragestellungen und Methoden sowie die Auseinandersetzung zwischen den Ethologen und den Vertretern anderer Richtungen der Verhaltenswissenschaften gelenkt werden. Nur so werden wir der Forderung einer Problem- und Ideengeschichte und einer Geschichte der Kontroversen gerecht. Die Kapitel 2 und 3 sind diesen entscheidenden Gesichtspunkten – und damit der konstruktiven Phase – in der Geschichte der Verhaltensforschung gewidmet, während in Kapitel 4 übergreifende Aspekte und Probleme der integrativen Phase im Vordergrund stehen. Die innovative Phase beginnt sicher schon im „vorwissenschaftlichen" Bereich, setzt sich dann bis zu den großen Kontroversen fort und ist heute für manche Teildisziplinen der Verhaltensforschung noch nicht abgeschlossen. Damit sei auch gesagt, daß die Geschichte der Verhaltensforschung, da sie kein linearer Prozeß ist, in der Abstraktion recht exakt diesen drei Phasen folgt, daß für diese Phasen aber nicht in jedem Teilbereich historisch klare Grenzen gezogen werden können.

Wissenschaft befindet sich ständig im Fluß. Ich bin daher auch nicht der Meinung, daß es *wissenschaftliche Revolutionen* im Sinne abrupter Änderungen von Theorien und Denkweisen gibt. Diese Meinung ist zwar im Anschluß an KUHN (1976) sehr beliebt geworden, ist aber zumindest für die Geschichte der hier in Rede stehenden Disziplinen meines Erachtens nicht haltbar. Natürlich kam es in der Verhaltensforschung, wie in allen anderen wissenschaftlichen Disziplinen, immer wieder zu einem *Paradigmenwechsel,* aber dieser erfolgte nie „plötzlich". Auch MAYR (1984) bemerkt für die Geschichte der Biologie, daß ihm kein einziger Fall von drastischem Paradigmenwechsel bekannt sei. Die Theorie DARWINS, die sich vielen als „revolutionär" präsentiert und die man vielleicht als Musterbeispiel einer wissenschaftlichen Revolution zu deuten geneigt ist, ist auch nicht über Nacht entstanden. Nicht nur hat DARWIN ziemlich lange gebraucht, um seine Theorie zu formulieren; er konnte sich dabei auch auf viele wichtige „Vorarbeiten" stützen, so daß er nicht als „echter Revolutionär", sondern vielmehr als Vollender eines Denkprozesses gesehen werden kann, der schon hundert Jahre vor dem Erscheinen seines evolutionstheoretischen Hauptwerkes *On the Origin of Species* (1859) begonnen hatte (siehe auch WUKETITS 1987).

Die Geschichte der Wissenschaft im allgemeinen und hier im speziellen die Geschichte der Verhaltensforschung ist daher weder eine Art Staffellauf, in dem einzelne Forscher die „Fackel der Wahrheit" einander übergeben, noch ein durch ein paar „Revolutionen" zu charakterisierender Ablauf, sondern vielmehr ein Prozeß der ständigen *Selbstkorrektur* (OESER 1984, 1992), der um so eher verstanden werden kann, je mehr man sich den erwähnten „Ideenwettbewerb" zwischen einzelnen Wissenschaftlern vor Augen führt. Daher spielt in der Verhaltensforschung und ihrer Geschichte natürlich auch das Verhalten der Verhaltensforscher selbst eine Rolle.

Noch ein praktischer Hinweis für den Leser. In diesem Buch häufig verwendete Begriffe werden im Glossar im Anschluß an den Text in alphabetischer Reihenfolge kurz erklärt. Das mag vor allem dann hilfreich sein, wenn im Text selbst keine ausreichende Erklärung erfolgt.

1. Die „vorwissenschaftliche" Phase im Studium des Verhaltens

> Der Weisheit erste Stufe besteht darin, die Dinge in sich zu kennen.
>
> CARL VON LINNÉ

Schon der prähistorische Mensch, der – allein schon aus Überlebensgründen – verschiedene Tiere beobachtet hat, wird auch unterschiedliche Verhaltensweisen an Tieren festgestellt haben. Daß er sich mit Tieren in vielfältiger Weise auseinandergesetzt hat, ist wohl unbestritten; verschiedene Zeichnungen aus prähistorischer Zeit legen Zeugnis ab vom lebhaften Interesse unseres Vorfahren an seinen Mitgeschöpfen (Abb. 1). Angst, Bewunderung, Verehrung müssen dieses Interesse begleitet haben. Später hat der Mensch gelernt, mit verschiedenen Tieren, in einer Art Symbiose, zu leben, sie als *Haustiere* zu züchten und zu nutzen (vgl. HERRE und RÖHRS 1990). Er hat aber auch – aus mythischen Gründen – verschiedenen Tieren Eigenschaften zugeschrieben, die diese weder haben noch haben können. Wir kommen gleich darauf zurück. Mag sein, daß schon der prähistorische Mensch seine Ähnlichkeit mit verschiedenen Tierarten entdeckt hat, diese aber nicht erklären konnte und daher Mythen darüber spann. Das Tier in seinen verschiedenen Interpretationen war jedenfalls schon früh ein Motor der *Kulturgeschichte*. Auch darauf wird zurückzukommen sein. Sicher kann in diesem Bereich nicht von Verhaltensforschung im Sinne einer Wissenschaft die Rede sein, aber jede Wissenschaft beginnt, wie schon erwähnt, mit Alltagsbeobachtungen, mögen diese auch auf falschen Voraussetzungen beruhen und zunächst zu abenteuerlichen Schlußfolgerungen führen. Die „vorwissenschaftliche" Phase im Studium des Verhaltens sollte daher nicht geringgeschätzt werden. In der Folge wollen wir versuchen, ihre wichtigsten Momente für das Studium des Verhaltens einzufangen.

14 Die „vorwissenschaftliche" Phase im Studium des Verhaltens

Abb. 1: Prähistorische Felszeichnungen von Elefant bzw. Mammut, Nashorn und (Wild-)Pferd als Zeugnisse früher Beschäftigung des Menschen mit seinen lebenden Mitgeschöpfen. (Nach verschiedenen Autoren.)

1.1 Tiermythen und Tierfabeln

In einer Fabel aus dem Alten Ägypten geschieht es, daß sich eine Maus unter die Tatze eines Löwen verläuft und diesen, als er sie fressen will, um Gnade bittet:

„,(Zertritt) mich nicht, mein Herr Löwe! Wenn du mich frißt, wirst du davon nicht satt werden. Wenn du mich losläßt, so wirst du nach mir nicht weiter Hunger haben. Wenn du mir mein Leben als Geschenk gibst, so werde ich auch dir dein Leben als Geschenk geben. Wenn du mich vor dem Verder-

ben bewahrst, so werde ich geben, daß (auch) du deinem Unglück entgehst.'
Da lachte der Löwe über die Maus und sagte: ‚Was willst du schließlich tun? Gibt es einen, der es mit mir aufnimmt auf Erden?' Da schwur sie ihm noch einen Eid, indem sie sagte: ‚Ich werde geben, daß du deinem Unglück entgehst an deinem schlimmen Tage.'" (Zit. aus BRUNNER-TRAUT 1984, S. 38.)

Der Löwe nimmt die Maus zwar nicht ernst, läßt sie aber laufen. Als nun ein Jäger dem Löwen eine Falle stellt und der Löwe in die Fallgrube fällt und dann mit Riemen gefesselt wird, kann die Maus ihr Versprechen einlösen: Sie zernagt die Riemen und befreit den Löwen. Sodann versteckt sie sich in seiner Mähne und macht sich mit ihm auf in die Wüste.

Solche und ähnliche Tierfabeln finden sich in allen Epochen unserer Kulturgeschichte und können als erzählende Lehrdichtung mit oft moralisierendem Anspruch charakterisiert werden. „Das Gute siegt", „Gleiches wird mit Gleichem vergolten", „Der Starke hilft dem Schwachen", „Der Schwache überlistet den Starken" – diese oder ähnliche Aussagen stecken hinter vielen Fabeln, vor allem Tierfabeln. Dabei wird das Tier in der Erzählung herangezogen, um bestimmte Zustände und Situationen sowie die „Moral" bestimmter Begebenheiten in der Welt des Menschen zu erhellen. Oder die Fabel dient einfach der Erbauung und Belustigung. Sie ist in jedem Falle Ausdruck einer *Anthropologie des Tieres* (ILLIES 1977), jener Projektion von menschlichen Eigenschaften, Zuständen und Mißständen in menschlichen Gesellschaften in die Welt der Tiere, die uns noch im nächsten Abschnitt beschäftigen wird.

Um das Tier oder, besser gesagt, bestimmte Tierarten ranken sich seit alters viele Mythen, die wohl zweierlei deutlich werden lassen: Einmal ein (natur)wissenschaftliches Erklärungsdefizit in bezug auf viele Phänomene tierischen Verhaltens, zum zweiten die Einsicht oder das bloße Gefühl, daß viele Tiere uns Menschen in mancher Hinsicht ähnlich sind. Darüber hinaus mag auch die Bewunderung, die der Mensch vielen Tieren ob ihrer – ihm von Natur aus versagten – Fähigkeiten entgegenbringt, ein sehr wichtiger Antrieb für Fabeln und Mythen gewesen sein. Man denke an das lebhafte Interesse vieler Menschen an Vögeln. Diese können fliegen, der Mensch kann sich aus eigener Kraft eben nicht in der Luft fortbewegen (funktionierende Flugzeuge sind eine späte Erfindung seiner Physiker und Ingenieure). So ist es verständlich, wenn Vögel „wegen ihres grenzenlosen Bewegungsspielraums zwischen Himmel und Erde (Diesseits und Jenseits) als glaubwürdige Götterboten" (BARTHELMESS 1981, S. 15) erscheinen. Andere Tiere wiederum zeigen für den Menschen furchteinflößende Eigenschaften

Abb. 2: Fabeltiere (Einhorn und Sphinx) als Beispiele für ungenaue Beobachtung bzw. Beschreibung wirklich existierender Lebewesen und ihre Vermischung mit mythischem Denken. (Nach WENDT 1980.) Das Einhorn als wohl bedeutendstes aller Fabeltiere findet sich in naturhistorischen Werken von der Antike bis zur frühen Neuzeit als „wirkliches" Tier. Die Sphinx war im alten Ägypten halb Raubtier, halb Mensch, erhielt im Mittelalter aber einen Affenkörper und die Füße eines Greifs. Zu dieser Wandlung der Sphinx-Vorstellung haben wahrscheinlich auch verfälschte Bilder von Affen beigetragen.

und Fähigkeiten, oder Fähigkeiten, die dem Menschen zumindest Respekt gebieten. Der Bär bietet dafür ein gutes Beispiel, wegen seiner Kraft und Stärke. Schon beim prähistorischen Menschen war er daher Gegenstand kultischer Verehrung und ist dies bei vielen Völkern bis in die neuere Zeit geblieben, vor allem, wenn er als Jagdbeute und Fleischlieferant dient. So etwa wird ein erlegter Bär im Glauben der Ainu wiedergeboren, wenn nur sein Schädel nicht verlorengeht, so daß sein körperlicher Tod und die ihm zugefügten Schmerzen als unwesentlich betrachtet werden können (vgl. FINDEISEN 1956). Welch suggestive Wirkung vom *Bärenkult* ausgeht, ist am besten daraus zu ersehen, daß noch vor einigen Jahren eine deutsche Traktorenfirma in einem Werbeprospekt ihre „*bären*starken Superschlepper" anpries, so wie auch sonst in der heutigen Werbung manches Produkt „bärige" Eigenschaften (und mithin ein untrügliches Gütesiegel) aufweist.

Zu erwähnen sind in diesem Zusammenhang auch die *Fabelwesen*. In der Tierfabel gibt es meist real existierende Tierarten, die mit besonderen Eigenschaften ausgestattet sind, und die meisten, wenn nicht alle, können sprechen. Bei den Fabelwesen jedoch handelt es sich um eindeutig erfundene Geschöpfe: Ungeheuer wie Drachen und Einhörner, die Sphinx (halb Raubtier, halb Mensch), Harpyen (Vögel mit Frauenkopf), Homers sechsköpfige Skylla usw. (vgl. Abb. 2). (Weitere Beispiele hierfür und für die Rolle von Tieren in der Mythologie und anderen Bereichen der Kulturgeschichte geben vor allem LEWINSOHN 1952 und WENDT 1956, 1980.) Die menschliche Phantasie kennt offenbar kaum Grenzen, wenn es darum geht, Tiere mit besonderen Eigenschaften auszustatten oder Eigenschaften und Merkmale verschiedener Tierarten miteinander zu kombinieren. Das wird sicher auch durch den Umstand begünstigt, daß sich Gerüchte im allgemeinen rasch fortpflanzen und ihren Gegenstand vergrößern. Man nehme den Vogel Rock. MARCO POLO berührte um 1294 eine Insel „Magaster", deren Eingeborene ihm von einem riesigen Vogel erzählten, so groß, daß seine Flügel die Sonne verdunkeln würden. Es könnte sich dabei um Madagaskar gehandelt haben, wo damals die zu Beginn der Neuzeit ausgerotteten Madagaskarstrauße (Gattung *Aepyornis*) lebten, in der Tat riesige, über drei Meter hohe, allerdings flugunfähige Vögel, die Eier mit einem Volumen von etwa acht Litern legten. Sicher ist das zwar nicht, aber auch nicht unwahrscheinlich, denn dem französischen Reisenden DUMARELE wurde im Jahre 1848 in Madagaskar von Eingeborenen die Schale eines Vogeleies gezeigt, die „so dick war wie ein spanischer Dollar und den Inhalt von dreizehn Weinflaschen faßte" (zit. bei WENDT 1980, S. 97). Es nimmt nicht wunder, daß im gleichen Jahr verkündet wurde, der Vogel Rock lebe noch.

Der Mensch neigt, wenn mit ungewohnten und unbekannten Phänomenen konfrontiert, zu Übertreibungen, die uns allerdings die „Existenz" von Fabelwesen recht schön erklären können. Ungenauigkeit mancher Beobachtung und eine Tendenz zu verallgemeinern, spielen dabei ebenfalls eine Rolle. Als im Jahre 1509 die Portugiesen die indische Stadt Goa eroberten, fielen ihnen Gold und Edelsteine – und ein Nashorn in die Hände. Sie trieben das Tier auf ein Schiff und schickten es nach Lissabon. Durch die lange Gefangenschaft in einem engen Schiffsverschlag bekam das Nashorn zahlreiche hornige Hautwucherungen. Man glaubte dann, als man es in Portu-

Abb. 3: Bild des Nashorns, wie es zu Beginn der Neuzeit in praktisch alle naturhistorischen Werke einging. (Nach WENDT 1980.)

gal bestaunte, seine Beulen und Schwielen seien gewöhnliche Merkmale seiner Gattung. Dementsprechend sehen auch frühe Bilder, die ein Rhinozeros darstellen, aus. Als ALBRECHT DÜRER (1471–1528) einen Holzschnitt von einem Nashorn anfertigte, hatte er nie ein derartiges Tier zu Gesicht bekommen; er stützte sich auf einen portugiesischen Zeichner, der nur ein vorsintflutliches Ungeheuer darzustellen in der Lage gewesen war (Abb. 3). Als ein solches galt das Nashorn weithin noch bis ins 18. Jahrhundert. Pathologische Wucherungen an der Haut eines einzelnen Exemplars gingen also als allgemeine Merkmale aller Nashornarten in die Geschichte ein. Dazu trug auch der Schweizer Arzt und Naturforscher CONRAD GESNER (1516–1565) mit seiner mehrbändigen *Historia animalium* bei, die auch von manch anderen legendären Tieren und Fabelwesen zu berichten weiß. Ein weiterer Naturhistoriker der Renaissance, der Italiener ULYSSE ALDROVANDI (1522–1605), übernahm noch unkritischer viele Legenden und Mythen über Tiere und verewigte sie in einem noch weit umfangreicheren Werk, das zum Teil erst nach seinem Tod von seinen Schülern ediert wurde (vgl. JAHN et al. 1982).

Da diese Werke auch mancherlei Angaben über die Lebensgewohnheiten von Tieren – wirklichen und erfundenen – enthalten, stellen sie schon erste Versuche einer Verhaltensforschung dar, die aber über das „vorwissenschaftliche" Stadium noch nicht hinauskommt. Doch es war ein Anfang.

Was indes die im Altertum geborenen – und zum Teil bis in die Neuzeit tradierten – Tiermythen betrifft, so muß man sich auch vor Augen führen, daß sie Ausdruck von Kulturen sind, denen eine rationale, naturwissenschaftliche oder kommerzielle Einstellung den Tieren gegenüber unbekannt ist bzw., was die kommerzielle Seite anlangt, nur zum Teil toleriert wird. Man denke nochmals an das Alte Ägypten, dessen Kultur eine große Zahl von Göttern in Tiergestalt hervorbrachte und viele Tierarten als vermeintliche Gottheiten oder deren irdische Repräsentanten durch Tabus belegte und schützte (vgl. auch LURKER 1979). Beispiele dafür aus der Gegenwart liefern heilige Fische, Reptilien und Affen in Bangladesch: In einem verhältnismäßig kleinen Land mit enormer Bevölkerungsdichte und größter Armut stehen viele Tierarten unter besonderem Schutz, da sie den Status von Göttern oder Halbgöttern genießen (vgl. KOCK 1982).

Alle diese kulturhistorisch bedeutsamen Interpretationen von Tieren, die besondere Attraktivität, die Tiere in Fabeln, Mythen und Märchen, in der darstellenden und bildenden Kunst zeigen, und die Faszination, die für den Menschen von vielen Verhaltensweisen der Tiere ausgeht, könnten nun eine wissenschaftliche Erklärung durch die Verhaltensforschung selbst finden. WILSON (1984) spricht von „unserer natürlichen Affinität mit den Lebewesen" und meint, daß unsere *Biophilie,* da tief verwurzelt in unserer Stammesgeschichte, ein zentrales Element unseres Denkens sei. Unsere Affinität mit den anderen Lebewesen, die seit der Begründung der Evolutionslehre nicht in Zweifel gezogen werden kann, birgt wohl auch den Schlüssel zum Verständnis unserer Neigung, Tiere zu vermenschlichen, ihnen menschliche Züge zuzuschreiben: Viel „Tierisches" steckt in uns Menschen, viel „Menschliches" glauben wir bei den Tieren zu finden.

1.2 Die Vermenschlichung des Tieres

Die Bienen betrachtete der römische Dichter VERGIL (70–19 v. Chr.), ihres Sozialleben wegens, als Musterbeispiel für einen Staat und mithin als Vorbild für den „Menschenstaat". Und SENECA (4–65) wies seinen Zögling NERO darauf hin, daß der Bienenstaat zwar die Monarchie rechtfertige, der Bienenkönig aber stachellos sei und die Natur offenbar keinen rachsüchtigen Herrscher wolle. Bei NERO half das wenig. Als man jedoch Jahrhunderte später entdeckte, daß der Bienenstaat keinen König, sondern eine Königin hat und also ein „Frauenstaat" ist, wurde er nicht mehr als Vorbild für den Menschen herangezogen. Die von der sozialen Organisation der Bienen ausgehende Faszination jedoch blieb, und menschliche Züge schienen diese interessanten Insekten allemal zu haben. Zu Beginn des 20. Jahrhunderts – inzwischen war auch mancher Menschenstaat von König*innen* regiert worden – widmete der belgische Lyriker, Dramatiker, Essayist und Verfasser naturwissenschaftlicher und -philosophischer Werke MAURICE

MAETERLINCK (1862–1949) seine Aufmerksamkeit den Bienen und fand anerkennende Worte für sie. Er bemerkte nicht ohne Pathos:

„Keine Biene wagt also, wie es scheint, einen unmittelbaren, blutigen Königsmord auf sich zu nehmen, und so suchen sie in allen Fällen, wo Ordnung und Gedeihen ihrer Republik den Tod der einen Königin erheischen, diesem Tode den Anschein eines natürlichen zu geben: sie teilen das Verbrechen in tausend Teile, und so wird es anonym." (MAETERLINCK 1912, S. 60 f.)

Das ist ein schönes Beispiel für einen *Anthropomorphismus,* also die Übertragung von Eigenschaften des Menschen auf andere Lebewesen, und zugleich ein Beispiel für *soziomorphe Modelle,* die in der Geschichte der Biologie immer wieder ihre Rolle gespielt (und heute keineswegs verloren) haben (vgl. PETERS 1960). Solche Modelle als Erklärung für verschiedene Naturphänomene, für das Verhalten der Tiere, wurzeln in der Kenntnis bestimmter Zusammenhänge im Bereich menschlicher Gesellschaften und nutzen diese, um jene Naturphänomene anschaulich zu machen. Oberflächlicher ist demgegenüber die *Metapher,* ein Bild, in dem ein bestimmter Ausdruck, der Gegenstände oder Vorgänge bezeichnet, gleichsam symbolische Gestalt annimmt und zur Kennzeichnung ganz anderer Gegenstände gebraucht wird. So wird dann der Löwe zum „König" der Tiere, das Kamel zum „Schiff" der Wüste usw. Über das Kamel, genau gesagt das Dromedar, fand im übrigen ALFRED EDMUND BREHM (1829–1884) – der seinerseits oft in metaphorischem Sinne als „Tiervater" bezeichnet wird (vgl. FLOERICKE 1929, SCHMITZ 1984) – wenig schmeichelhafte Worte. So können wir lesen:

„Es läßt sich nicht verkennen, daß das Kamel wahrhaft überraschende Fähigkeiten besitzt, einen Menschen ohne Unterlaß und in unglaublicher Weise zu ärgern. Ihm gegenüber ist ein Ochse ein achtungswertes Geschöpf, ein Maultier, das sämtliche Untugenden aller Bastarde in sich vereinigt, ein gesittetes, ein Schaf ein kluges, ein Esel ein liebenswürdiges Tier. Dummheit und Bosheit sind gewöhnlich Gemeingut; wenn aber zu ihnen noch Feigheit, Störrigkeit, Murrköpfigkeit, Widerwille gegen alles Vernünftige, Gehässigkeit oder Gleichgültigkeit gegen den Pfleger und Wohltäter und noch hundert andere Untugenden kommen, die ein Wesen sämtlich besitzt und mit vollendeter Fertigkeit auszuüben versteht, kann der Mensch, der mit solchem Vieh zu tun hat, schließlich rasend werden. Dies begreift man, nachdem man selbst vom Kamel abgeworfen, mit Füßen getreten, gebissen, in der Steppe verlassen und verhöhnt worden ist, nachdem einen das Tier tage- und wochenlang stündlich mit bewunderungswerter Beharrlichkeit und Ausdauer geärgert, nachdem man Besserungs- und Zuchtmittel erschöpft hat." (BREHM 1926, Bd. 7, S. 153 f.)

Die Vermenschlichung des Tieres

Abb. 4: Wolf und Leopard, dargestellt in einer Enzyklopädie des 19. Jahrhunderts. Der aggressive, „räuberische" Charakter dieser Tiere tritt in diesen Bildern etwas überzeichnet hervor.

BREHM war überhaupt ein Meister darin, seine vielfältigen Erlebnisse mit Tieren und seine persönlichen Ansichten über die Kreaturen seinen Lesern eindrucksvoll und lebhaft zu schildern. Aus der Geschichte der volkstümlichen zoologischen Literatur ist er nicht wegzudenken, hat er doch Generationen mit seinem literarischen Schaffen begeistert. Daß heute noch manches populäre Tierbuch seinen Namen als Titel trägt – auch wenn darin von seinem Originalwerk kaum noch etwas enthalten ist –, kommt nicht von ungefähr.

Sicher kann man nun BREHMS mitreißende Tierbeschreibungen als „vorwissenschaftlich" oder gar „unwissenschaftlich" bezeichnen und abqualifizieren, mehr als anthropomorphe Deutung und viel weniger als objektive Darstellung der Tiere und ihres Verhaltens betrachten. Dasselbe träfe aber auch auf viele der heutigen populären Schriften über Tiere zu, ganz zu schweigen von Tiersendungen im Fernsehen. So etwa bezeichnet ein modernes Sammelwerk die Marder als „stilvolle Jäger", die Nashörner als „gepanzerte Ungetüme", die Neuweltaffen als „Akrobaten der Wälder", die Säugetiere insgesamt als „das Meisterstück der Evolution", die Vögel als „Beherrscher der Lüfte", die Echsen als „gepanzerte Minidrachen" usw.* Alle diese Ausdrücke sind Anthropomorphismen und Metaphern. Freilich ist das auch eine Frage der Absicht solcher Werke: Sie wollen einem möglichst breiten Publikum die Tiere in einer Sprache vorführen, die jedermann versteht, sie wollen auch unterhalten. Und wer könnte leugnen, daß BREHMS *Tierleben* unterhaltsam ist!

Es ist nicht angebracht, hier einseitig Kritik zu üben. Denn manches, was BREHM über Tiere zu berichten wußte, ist sicher richtig und konnte durch seine bilderreiche Sprache auch besser verständlich gemacht werden, als es der trockene Fachjargon der Zoologen vermochte. Mit BREHM hat die anthropomorphe Beschreibung der Tiere und ihres Verhaltens zwar in gewissem Sinne einen Höhepunkt erreicht, ungewöhnlich ist sie für die Naturhistoriker früherer Zeiten jedoch keineswegs. So spielte etwa auch bei CARL VON LINNÉ (1707–1778), dem Altmeister der biologischen Systematik und Klassifikation, die soziomorphe Deutung der Natur eine herausragende Rolle. LINNÉ sprach ausdrücklich vom „Haushalt" der Natur *(Oeconomia naturae)* und gebrauchte damit eine Metapher, die auch später noch sehr häufig verwendet werden sollte. Im Sinne eines soziomorphen Modells stellte er in der Natur gleichsam „politische Verhältnisse" fest *(Politia naturae)*, meinte allerdings, daß damit der Schöpfer seine Absichten verwirklicht wissen wollte, so daß jeder Art eine bestimmte Pflicht auferlegt sei (vgl. z. B. JAHN et al. 1982).

Mag man solchen Metaphern und Anthropomorphismen – wie problematisch sie auch im einzelnen sein mögen – nun einerseits zugestehen, daß sie der Veranschaulichung komplexer Zusammenhänge dienen, so muß man

* Gemeint ist die Tierenzyklopädie *Lebendiges Tierreich* des Instituto Geografico De Agostini, Novara, Italien, die in deutscher Sprache in fünfzig schmalen Bänden (mit mehreren Ergänzungsbänden, z. B. über die Nationalparks der Welt) von 1991–1993 erschienen ist; eine mit Zeichnungen, Fotos und Übersichtsdiagrammen reich ausgestattete Sammlung, deren Bände in Fortsetzungen (in Abständen von jeweils zwei Wochen) praktisch in jeder Zeitschriftenhandlung und in jedem besseren Tabakladen zu beziehen waren.

sich andererseits auch vor Augen führen, daß sie eine tiefe, im buchstäblichen Sinne „menschliche" Beziehung des Naturforschers zur Natur, zu Tieren und Pflanzen, zum Ausdruck bringen. So hat auch KONRAD LORENZ wiederholt betont, daß er ein Amateur, ein *Liebhaber* von Tieren sei und daß diese „amateurhafte" Einstellung zu den Objekten für die Verhaltensforschung eine große Bedeutung habe. Er unterschied zwischen dem „Jägertypus" und dem „Bauerntypus" des Verhaltensforschers: Dieser würde – wie er, LORENZ, selbst – Tiere besitzen und halten wollen, während jener seine Freude weitgehend im Beschleichen und Belauern von Tieren und in der Freilandbeobachtung finden würde (vgl. LORENZ 1978). Gerade LORENZ hat auch die lange Tradition populärer Tierbeschreibung würdig fortgesetzt, wovon vor allem seine Bücher *Er redete mit dem Vieh, den Vögeln und den Fischen* (1949) und *So kam der Mensch auf den Hund* (1950) sowie seine kurz vor seinem Tod erschienene Monographie über die Graugans, *Hier bin ich – wo bist du?* (1988), beredtes Zeugnis ablegen. Wenn er dabei nun mit Ausdrücken wie „Eifersucht", „Trauer", „Haß" usw. Verhaltensäußerungen seiner Lieblingsobjekte beschrieb, dann allerdings nicht nur als Huldigung einer anthropomorphen Rede- bzw. Schreibweise, sondern aus der Überzeugung heraus, daß verschiedene Verhaltensweisen bei Menschen *und* Tieren eine gemeinsame stammesgeschichtliche Wurzel haben und derselben biologischen Funktion dienen. Wir kommen darauf im nächsten Kapitel (S. 79 ff.) noch ausführlicher zu sprechen.

Man muß sicherlich zwischen jenen Anthropomorphismen unterscheiden, die in erster Linie der Veranschaulichung dienen, und solchen, die mit der Absicht, Tiere nach menschlichen Maßstäben zu *bewerten*, verwendet werden. BREHMS Charakterisierung des Kamels als „feige", „dumm", „böse" usw. gehört in die zweite Kategorie, wo wir in der Tat eine Bewertung des Tieres gemäß menschlichen Erwartungshaltungen vorfinden. Zu diesen Erwartungshaltungen zählt nun beispielsweise auch, daß die *Raub*tiere eben wirkliche Räuber sind und etwas Unmoralisches tun oder daß viele Insekten häßlich und Schädlinge sind, die auch dort, wo sie bei genauerer Hinsicht dem Menschen gar keinen Schaden zufügen, ausgerottet werden müßten. Gerade über derart verfälschende Tierdarstellungen hat LORENZ (1949 [1968, S. 11]) ein vernichtendes Urteil abgegeben:

„Wer eine Biene den Rachen aufreißen und schreien, wer Hechte im Kampf einander an der Gurgel packen läßt – der beweist, daß er nicht einmal eine blasse Vorstellung vom Aussehen jenes Tieres hat, das er aus eigener Anschauung und Liebe zu beschreiben vorgibt."

Die „verfälschende Anthropologie des Tieres" zeigt letztlich auch Konsequenzen für das Tier selbst. Denn die „häßlichen" und „bösen" Tiere erscheinen nicht schützenswert, sondern werden im Gegenteil verfolgt, während die „schönen" und „guten" unseren Schutz genießen. Es sollte zwar keiner besonderen Erwähnung bedürfen, daß es Schönheit, Häßlichkeit, das Gute und das Böse in der Natur objektiv nicht gibt, daß der Mensch damit bloß seine eigenen ästhetischen und ethischen Vorlieben und Abneigungen zum Ausdruck bringt. Es dürfte aber dem Menschen auch nicht leichtfallen, auf diese Art von Anthropomorphismen ganz zu verzichten, weil er ein wertendes und bewertendes Lebewesen ist und seine ästhetischen und ethischen (Vor-)Urteile nicht so leicht abstreifen kann.

1.3 Beobachtung und Beschreibung

Grob gesprochen läßt sich die gesamte Geschichte des Studiums der Lebewesen in zwei große Etappen gliedern: die beschreibende *Naturgeschichte* und die Biologie als theoretisch begründete *Naturwissenschaft* (vgl. z. B. JAHN 1990, OESER 1974, WUKETITS 1983). Letztere versteht sich – wie alle modernen Naturwissenschaften – als eine Disziplin, die ihre Objekte und an ihnen beobachtbare Erscheinungen (kausal) *erklären* will. Sie ist schon von ihrem Namen her jüngeren Datums. JEAN BAPTISTE DE LAMARCK (1744–1829) war einer der ersten, die den Ausdruck „Biologie" überhaupt verwendet haben. Er betonte, die Aufgabe des Studiums der Tiere sei

„nicht nur die Kenntnis ihrer verschiedenen Rassen und die Bestimmung aller ihrer Unterschiede durch die Feststellung ihrer spezifischen Charaktere, sondern auch die Erlangung von Kenntnissen über den Ursprung ihrer Fähigkeiten, über die Ursachen der Existenz und der Erhaltung ihres Lebens und über den bemerkenswerten Fortschritt in der Ausbildung ihrer Organisation und in der Zahl und Entwicklung ihrer Fähigkeiten." (LAMARCK 1809 [1990, S. 56])

Aufgabe der Naturgeschichte, die mit der *Historia Animalium* des ARISTOTELES (384–322 v. Chr.) ihren Anfang nimmt, ist das Beobachten, Sammeln und Ordnen sowie Beschreiben der unterschiedlichsten Naturobjekte. Es wäre aber eine grobe Simplifizierung zu sagen, daß jene auf ARISTOTELES folgende und bis zur theoretischen Begründung der Biologie als Naturwissenschaft im beginnenden 19. Jahrhundert reichende Epoche der deskriptiven, beschreibenden Naturgeschichte die Phänomene ausschließlich beschrieben und sich dabei niemand um deren Erklärung gekümmert habe. Beispielsweise zeigt die Geschichte der Erforschung des Vogelflugs (vgl. NACHTIGALL 1973), daß manche Naturforscher schon in der Renaissance sich bemühten, die Fortbewegungsweise der Vögel mit mechanischen Ge-

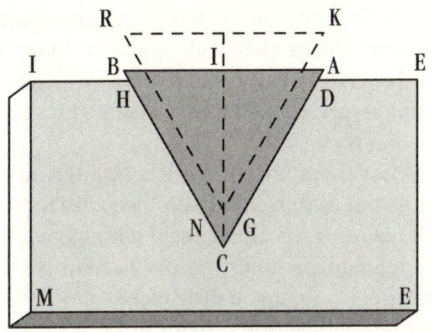

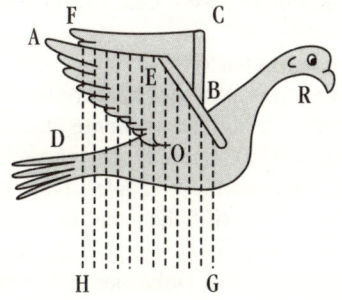

Abb. 5: BORELLIS Analyse des Vogelflugs über die mechanischen Gesetze des Keils. Ein ins Holz senkrecht eingeschlagener Keil (oben) treibt die beiden Spaltteile des Holzblocks auseinander. Drückt man diese umgekehrt seitlich zusammen, so wird der Keil hinausgedrückt. Ein Vogel (unten), der mit gespreizten Flügeln (O, E, A und B, C, F) mit einer bestimmten Geschwindigkeit von unten angeströmt wird, behält die Lage seiner knochenversteiften Vorderkanten im Raum bei, während die weichen Hinterkanten nach oben aufgebogen werden. Die Flügel wirken also wie ein Keil. Zwar wird BORELLIS Vorstellung heute nicht mehr akzeptiert, ist aber in sich widerspruchsfrei und mechanisch korrekt argumentiert. (Nach NACHTIGALL 1973.)

setzen in Einklang zu bringen bzw. auf deren Basis zu *erklären*. Zu erwähnen ist dabei vor allem GIOVANNI ALFONSO BORELLI (1608–1679), der mit seinen Analysen und Experimenten über die Flugbewegung und auch andere Bewegungsabläufe (z. B. Schwimmen) bahnbrechend wirkte (vgl. Abb. 5).

Außerdem darf man nicht den Fehler machen, die Beobachtung und Beschreibung als den Anfang der Naturforschung zu sehen, als den ersten Schritt der Erkenntnis, der *keiner weiteren Voraussetzungen* mehr bedarf. Zum einen erfordert ja schon die Beobachtung, soll sie irgend etwas Sinnvolles ans Tageslicht befördern, eine gewisse logische Ordnung; zum zweiten wollte bereits ARISTOTELES sich nicht mit der Beobachtung und Beschreibung von Einzelphänomenen zufriedengeben, sondern das *Allgemeine* der wahrnehmbaren Gegenstände erfassen (OESER 1974, WUKETITS 1983).

Schließlich wäre es ungerechtfertigt, das Beobachten und Beschreiben als vorwissenschaftlich – zum Unterschied von „wissenschaftlich" im engeren Sinne – zu klassifizieren, d. h. als „noch nicht wirklich wissenschaftlich" abzutun. Vor allem, wenn man mit dem vorwissenschaftlichen Naturverstehen die Deutung der Naturerscheinungen als Zeichen göttlicher Mächte in Verbindung bringt (vgl. SPRANDEL 1979), dann müssen Beobachtung und Beschreibung damit überhaupt nichts zu tun haben, denn die beobachteten und beschriebenen Phänomene lassen eine (natur)wissenschaftliche, kausale Erklärung zu.

Innerhalb der Naturwissenschaften, vor allem in der Biologie, gab es immer wieder Debatten über den Wert der beschreibenden zum Unterschied zur erklärenden, sich vielfach auf Experimente stützenden Methode (vgl. FELLMANN 1974, QUERNER 1975). Diese Debatten sind allerdings dann irrelevant, wenn man sich den eigentlich trivialen Umstand vor Augen führt, daß praktisch alle wichtigen begrifflichen und theoretischen Durchbrüche in der Biologie ohne die solide Grundlage der beschreibenden Forschung kaum denkbar wären (MAYR 1984). Daher kommt selbst jenen Werken der alten Naturhistoriker, die – wie insbesondere PLINIUS (23–79 n. Chr.) in seiner *Naturalis historia* – nur eine Fülle von Informationen und Beschreibungen unterschiedlichster Naturobjekte, besonders Pflanzen und Tiere, liefern und dabei oft Wirklichkeit und Fiktion verwechseln, unbestreitbare Bedeutung zu. Denn erst das Kuriositätenkabinett der Naturgeschichte und seine Restaurierung bildeten die Grundlage für jede weitere, systematischere und auf Erklärung der Phänomene ausgerichtete Forschung.

Auch die Verhaltensforschung hat ihre Wurzeln in jener beschreibenden Naturgeschichte (THORPE 1979), die heute manche geringzuschätzen geneigt sind. Diese Geringschätzung hängt mit einem bestimmten Wissenschaftsbegriff zusammen, der sich heute der Biologie bemächtigt und die analytische, experimentelle und quantitative Behandlung von Lebewesen eindeutig in den Vordergrund rückt. LORENZ (1973b) bemerkte dazu, daß diese Mode in den Naturwissenschaften eine Fehlentwicklung sei, diktiert von den „technomorphen Denkgewohnheiten", die unsere Kultur angenommen habe. Und an anderer Stelle (LORENZ 1978, S. 59) betonte er, daß die Beschreibung „der Strukturen eines organischen Systems um so weniger entbehrlich [ist], je vielfältiger sie selbst und damit auch die Wechselwirkungen zwischen ihnen sind". Wie wir später noch sehen werden (vor allem in den Abschnitten 2.4 und 2.5), hat die Ethologie natürlich von beiden Methoden profitiert, der analytisch-erklärenden ebenso wie der ganzheitlich-beschreibenden. Nur eine perspektivisch verkürzte Darstellung der Verhaltensforschung und ihres heutigen Status kann an diesem Umstand vorbeigehen. Aber das geschieht tatsächlich nicht selten. So beklagte auch TINBERGEN (1970) die Tendenz des schnellen Abgleitens der Verhaltensforschung in einseitige Ursachenforschung. Dabei war TINBERGEN selbst, anders als LORENZ, stark der Analyse und dem Experiment in der Ethologie verpflichtet. Doch sicherlich kann nur ein guter Tierbeobachter auch in der experimentellen Verhaltensforschung erfolgreich arbeiten (FRANCK 1985).

Die Verhaltensforschung, als Ethologie, begann mit der Erstellung von *Ethogrammen*, d. h. Verhaltenskatalogen, die die einzelnen Verhaltensweisen der beobachteten Tiere beschreiben und benennen (EIBL-EIBESFELDT 1978). Und sie beginnt auch heute noch so, wo immer das Verhalten eines bislang wenig oder kaum bekannten Tieres untersucht werden soll. Um die Verhaltensdaten zu erfassen und ein möglichst vollständiges Ethogramm zu erhalten, sind in erster Linie drei Grundfragen zu beantworten: Was? Wo? Wann? (TEMBROCK 1980). Mitunter wird empfohlen, Ethogramme nach *Funktionskreisen* zu ordnen, etwa Ruhe und Schlaf, Art und Weise des Nahrungserwerbs, Abwehr von Feinden, Sozialverhalten usw. (FRANCK 1985).

Beobachtung und Beschreibung stehen im einzelnen Fall kaum für sich selbst. In jede Beobachtung gehen bestimmte Erwartungen ein, und seien es bloße Vorurteile. Ferner begnügen wir uns – und das trifft schon für einfache Alltagsbeobachtungen zu – in der Regel kaum damit, die Einzelbeobachtung auch wirklich als Beobachtung eines Einzelvorgangs stehenzulassen, ohne sie mit anderen Vorgängen oder schon bekannten Verhaltensweisen zu verknüpfen: „In dem Moment, in dem wir anfangen, das Verhalten zu beobachten, beginnen wir zu abstrahieren" (HINDE 1973, Bd. 1, S. 19). So bleiben dann auch die Leistungen der deskriptiven Verhaltensforschung nicht notwendigerweise auf eine Bestandsaufnahme der bei einer Tierart vorkommenden Verhaltensweisen beschränkt, sondern liegen auch schon in allgemeineren Aussagen über die Organisation des Verhaltens (IMMELMANN 1979).

Die Tatsache, daß Ausdrücke wie „mentale Evolution" oder „geistige Entwicklung" schon im vorigen Jahrhundert gelegentlich auf Tiere angewandt wurden (ROMANES 1885), macht noch etwas anderes klar: Lange bevor die Verhaltensforschung als theoretisch begründete biologische Disziplin deutlichere Konturen annahm, war man mancherorts schon davon überzeugt, daß Tiere analog zum Menschen über psychische Eigenschaften verfügen. Und diejenigen Verhaltensforscher, die in der ersten Hälfte des 20. Jahrhunderts noch weitgehend der beobachtenden und beschreibenden

Methode verpflichtet waren, sprachen vielfach mit großer Selbstverständlichkeit von *Tierpsychologie* (vgl. S. 6). Das will nun heißen, daß Beobachtung und Beschreibung von Verhaltensweisen, jedenfalls im 19. und 20. Jahrhundert, keineswegs voraussetzungslos betrieben wurden, sondern mit bestimmten theoretischen Überzeugungen verknüpft waren. Doch schon der Hamburger Pfarrherr HERMANN SAMUEL REIMARUS (1694–1768) stellte im Jahre 1740 einige wichtige Fragen über das Woher und Wozu des Verhaltens von Tier und Mensch, sprach von „Kunsttrieben" der Tiere, womit er Instinkte meinte, und behauptete, daß wir Menschen über einige angeborene Fertigkeiten verfügen. Eine „rein beschreibende" Darstellung des Verhaltens von Tier und Mensch kann das nicht gewesen sein. Aber das ist auch nicht weiter überraschend, weil Beobachtungen und Beschreibungen sozusagen problemgeleitet sind. Insbesondere eine etwas systematischere Beobachtung in der Verhaltensforschung geht von bestimmten Fragestellungen aus, die ihrerseits schon einen theoretischen Denkrahmen voraussetzen.

Die deskriptive Methode kam also zu Beginn des 19. Jahrhunderts, als der Begriff „Biologie" geprägt wurde und man sich mehr und mehr um kausale Erklärungen der Phänomene zu bemühen begann, keineswegs an ihr Ende. Allerdings wurden die einzelnen Beobachtungen und Beschreibungen mehr und mehr in einen vorgegebenen theoretischen Rahmen gestellt. Das war in der zweiten Hälfte des 19. Jahrhunderts und ist im 20. Jahrhundert der Rahmen der Evolutionstheorie DARWINS. Wir kommen darauf im nächsten Kapitel ausführlich zurück. Jedenfalls galt – und gilt – den Ethologen die Theorie DARWINS als jene Plattform, von der aus Verhalten überhaupt sinnvoll beobachtet, beschrieben und letztlich erklärt werden kann.

Natürlich kann das nicht heißen, daß Verhaltensweisen einzelner Tiere nicht auch studiert werden können, ohne den Blick von vornherein auf die Evolution zu lenken und evolutionstheoretische Überlegungen ins Auge zu fassen. Wer aber, wie die Ethologen, davon ausgeht, daß Verhaltensweisen adaptiv, Produkte der Anpassung in der Stammesgeschichte sind, der hat einen anderen Ausgangspunkt für seine Beobachtungen als etwa der behavioristisch orientierte Psychologe, der jede einzelne Verhaltensweise als individuell erlernt betrachtet.

Noch eine Besonderheit der Verhaltensforschung verdient in diesem Zusammenhang Beachtung. Wie aus den Erläuterungen hervorgeht, kann es völlig voraussetzungsloses Beobachten kaum geben. Die strenge Subjekt-Objekt-Trennung, die im Rahmen bestimmter erkenntnistheoretischer Schulen gefordert wurde, ist ebenfalls nicht haltbar. Denn der Naturforscher steht von vornherein mit dem zu beobachtenden Objekt in einer

Wechselwirkung. Für den Verhaltensforscher trifft das in besonderem Maße zu, insbesondere, wenn er sich als Liebhaber deklariert und aus Freude an und mit Lebewesen seine Beobachtungen anstellt. Zwar verhält sich der Beobachter zum Unterschied vom Experimentator im wesentlichen passiv, doch ist er von bestimmten Erwartungshaltungen geleitet. Ebenso sind die Rückwirkungen des beobachteten Objekts auf den Beobachter selbst in Betracht zu ziehen (WUKETITS 1983). Daraus kann nun jener häufig anzutreffende Vorwurf, die Verhaltensforscher seien zu wenig „objektiv", keineswegs gerechtfertigt werden. Vielmehr ist die erkenntnistheoretische Situation einer Wissenschaft, in der der Beobachter selbst auch zum Objekt werden kann, anders zu beurteilen als im Falle jener Disziplinen, in denen die Distanz zwischen dem beobachtenden Subjekt und den zu beobachtenden Objekten größer ist und das Subjekt nicht selbst Untersuchungsgegenstand seiner Disziplin werden kann.

Selbstredend ist mit jeder Beobachtung auch deren *Interpretation* untrennbar verknüpft. Mit der Frage, *was* denn nun eigentlich beobachtet wurde, verwischt sich die Grenze zwischen beobachtenden bzw. beschreibenden und erklärenden Methoden. Das Problem, inwieweit nun die Beobachtung einer bestimmten Verhaltensäußerung bei einem Lebewesen „richtig" gedeutet werden kann, ist besonders schwerwiegend. Denn, wie TINBERGEN (1972, S. 5) schreibt:

„Hunger, Angst, Wut und ähnliches kann jeder nur bei sich selbst erleben. Beim anderen Subjekt, zumal wenn es von anderer Art ist, kann man über entsprechende subjektive Zustände nur Vermutungen äußern. Wer solche Mutmaßungen als Kausalerklärung anbietet, der macht sich der Grenzüberschreitung zwischen Psychologie und Physiologie schuldig."

Wie wir sehen werden, sind solche Grenzüberschreitungen in der Verhaltensforschung mehr als einmal gemacht worden, haben aber nicht nur zu wilden Spekulationen geführt, sondern manche Einsicht befruchtet. Der Verhaltensforscher kann die *Analogie* als Wissensquelle betrachten (LORENZ 1974) und jene schon im Alltag wiederholt zu beobachtende Tatsache heranziehen, daß ähnliche Gegenstände oder Vorgänge auch ähnliche Ursachen haben bzw. Ähnliches zum Ausdruck bringen. Der Analogieschluß kann natürlich Fehler in sich bergen, ist aber ein guter Ausgangspunkt.

Allerdings beruht auch die Vermenschlichung der Tiere auf einem Analogieschluß. Wir erkennen, daß Tiere verschiedene Aktivitäten zeigen, die wir auch von uns Menschen kennen, und schließen daraus, daß sie dieselben Gefühle haben müssen. Selbst das Aussehen eines Tieres wird mit bestimmten Emotionen in Verbindung gebracht, die das Tier freilich nicht haben muß; oder wir verknüpfen damit Eigenschaften, die in der Natur nicht vorkommen, sondern Eigenschaften des Menschen oder Konstruktionen seiner Sozialsysteme sind. Man denke nochmals an die soziomorphen Elemente in mancher Tierbeschreibung. GEORGES L. L. BUFFON (1707–1788), jener rührige und gedankenreiche Naturhistoriker und Polyhistor, der mit seiner *Histoire naturelle générale et particulière* die beschreibende Naturgeschichte in mancher Hinsicht zum Höhepunkt gebracht hat, liefert dafür viele Beispiele. Der Löwe erschien ihm seines Aussehens wegen – und man wundert sich darüber kaum – als Tier mit vielen noblen Eigenschaften. Katze und Tiger kamen nicht so gut weg; ihnen attestierte er einen schlechten Charakter und eine perverse Natur, betrachtete sie als Diebe und Schmeichler und war vor allem darüber empört, daß ihrem weiblichen Geschlecht, wie er meinte, jede natürliche Bescheidenheit fehlt (vgl. HAYS 1973). Aber BREHMS Beschreibung des Kamels steht solchen Darstellungen um nichts nach.

Nun darf man BUFFONS Naturgeschichte nicht aus dem geistigen Milieu seiner Zeit herausgelöst betrachten, da man sonst ein völlig falsches Bild bekommt. Die Naturalien- und Kuriositätenkabinette des 18. Jahrhunderts dienten nicht zuletzt der Belustigung und Erbauung. Sicher trugen BUFFON und andere Naturhistoriker seiner Zeit wesentlich zu einem falschen Verständnis mancher Tiere bei, aber das ist nur die eine Seite solcher Unternehmungen wie der *Histoire naturelle*. Die andere Seite ist, daß BUFFON in breiten Kreisen ein Interesse für Tiere zu wecken vermochte und seinen Beitrag dazu leistete, daß die Zoologie sozusagen salonfähig wurde. (Einmal abgesehen davon, daß er Fossilien richtig als solche erkannte und bereits an einen evolutiven Wandel der Organismen zu denken wagte.) So kann MAYR (1984, S. 268) bemerken: „Vor Buffon besaß die Naturgeschichte alle Kennzeichen einer Nebenbeschäftigung, eines Hobbys. Er war es, der sie auf das Niveau einer Wissenschaft emporhob."

Insbesondere das Studium des Verhaltens der Lebewesen wurde lange Zeit als interessante Nebenbeschäftigung betrachtet, als mehr nicht. Doch all die „Amateure", die seit der Zeit ARISTOTELES' allerlei Merk- und Denkwürdigkeiten an Tieren beobachtet und aufgezeichnet haben, ohne auf ein systematisches, theoretisches Fundament zurückgreifen zu können, welches ihre „Nebenbeschäftigungen" in den Rang einer Naturwissenschaft erhoben hätte, haben den Weg zu eben dieser Naturwissenschaft geebnet. Ihre Beobachtungen und Beschreibungen von Tieren führten erst allmählich zu einem klareren Begriff von Verhalten in engerer Wortbedeutung. Die beschreibende Naturgeschichte war also für die Verhaltensforschung eine lange Phase der Innovation, gekennzeichnet durch eine, wie schon in der Einleitung bemerkt, undifferenzierte Terminologie. Wenn in dieser Phase etwa auch ein WILHELM BÖLSCHE (1861–1939), als Popularisator der Naturwissenschaft (vor allem der Evolutionslehre), dem „Liebesleben" in der Natur ein ansehnliches Werk widmete (vgl. BÖLSCHE 1909), so kann darin keineswegs allein die Intention der Volksbelustigung gesehen werden. Sicherlich hat das Sexualverhalten der Tiere den Menschen aus verschiedenen, auch praktischen Gründen (Tierzucht) immer interessiert, und die Analogie zum menschlichen Sexualverhalten wird stets unverkennbar gewesen sein. Unentschieden aber blieb zunächst, ob hinter dieser Analogie mehr vermutet werden darf als die „Absicht der Fortpflanzung", ob also der Mensch, da – wie wir längst wissen – mit den Tieren *wesensverwandt*, mit diesen auch elementare Strukturen und Mechanismen des Verhaltens „teilt". Zu BÖLSCHES Zeit war diese Frage zwar für manche schon entschieden, ihre Antwort aber empirisch und theoretisch noch zu wenig untermauert, begrifflich zu wenig differenziert.

Zusammenfassend ist hier festzuhalten, daß die Beobachter, die ihre Einsichten zu Papier brachten, zunächst keine andere Wahl hatten, als sich der jedem und jeder zugänglichen und von jedem und jeder gebrauchten Alltagssprache zu bedienen. Ich möchte die „Geburt der Verhaltensforschung" als theoretisch begründete Disziplin keinesfalls auf das Erfinden von Begriffen reduzieren; aber eine systematische Terminologie mit Begriffen, denen klare Inhalte zugewiesen werden, spiegelt in mancher Weise den Stand einer wissenschaftlichen Disziplin und deren Akzeptanz wider. Wissenschaftlich oder bloß „vorwissenschaftlich"? Diese Frage wird irrelevant, wenn man sich allein an den gewonnenen Einsichten und daraus folgenden Perspektiven orientiert. Sie bleibt relevant, wenn das methodische, theoretische und begriffliche Niveau einer Disziplin reflektiert werden soll.

2. Die Begründung der Verhaltensforschung als Wissenschaft

> Die Ethologie oder vergleichende Verhaltensforschung ist leicht zu definieren: Sie besteht darin, auf das Verhalten von Tieren und Menschen alle jene Fragestellungen und Methoden anzuwenden, die in allen anderen Zweigen der Biologie seit Charles Darwin selbstverständlich sind.
>
> KONRAD LORENZ

> Tiere verhalten sich auf verwirrend viele Arten. In der Tat ist der Spielraum tierischer Verhaltensweisen genauso groß wie die Vielfalt tierischer Formen, Größen und Färbungsunterschiede, die schon viele Generationen von Zoologen beschrieben und klassifiziert haben.
>
> NIKOLAAS TINBERGEN

Wissenschaft, so meint PETER B. MEDAWAR in einem lesenswerten Büchlein mit dem beziehungsvollen Titel *Die Kunst des Lösbaren* (1972), habe Probleme zu lösen, die von Wissenschaftlern für wichtig und lösbar gehalten werden; es sei kein erbauliches Schauspiel, wenn ein Wissenschaftler mit der Unwissenheit ringt und dabei verliert; aber dies sei auch der Grund, warum viele wichtige Probleme noch nicht auf der Tagesordnung von Forschungsvorhaben erschienen sind. Mit Unwissenheit zu ringen ist gewiß nie erbaulich – weder für den, der da ringt, noch für den, der dabei zusehen muß. Aber beginnt nicht jede Wissenschaft mit Unwissenheit? Es kommt „nur" darauf an, daß man geeignete Strategien erfindet, die die Unwissenheit besiegen. Ein ausgeklügelter theoretischer und technischer Apparat mag dabei Wunder wirken; doch ist auch die Rolle der *Intuition* nicht zu unterschätzen; der „Instinkt", zum richtigen Zeitpunkt die richtigen Fragen mit den richtigen Methoden anzugehen, hat manchem Forscher zu bahnbrechenden Erkenntnissen verholfen. Wissenschaftliche Einsichten sind weit weniger Ergebnisse präziser Planung, als man oft zu glauben geneigt ist. Ob ein Problem zu einem bestimmten Zeitpunkt lösbar ist oder nicht, kann man daher im vorhinein keineswegs immer wissen.

Daß so auch die Entwicklung der Verhaltensforschung kein geradliniger Prozeß war, sondern vielmehr, wie schon in der Einleitung gesagt, einen „Zickzackweg" beschreibt, sollte nicht überraschen. Und es bedarf keiner besonderen Erwähnung, daß viele der bedeutenden Erkenntnisse der Verhaltensforschung weniger Resultate genauer Forschungsplanung als Zufallsprodukte, Ergebnisse von „Geistesblitzen" waren. KONRAD LORENZ, dem die Ethologie entscheidende Durchbrüche verdankt, hat seine Forschung, wie erwähnt, als Liebhaberei betrachtet und auch genauso betrieben, spielerisch, ohne besonders darauf zu achten, ob er „streng wissenschaftlich" vorgeht oder nicht und ob er bestimmte methodologische Regeln strikt einhält oder nicht (vgl. WUKETITS 1990c, 1992). Daß die Verhaltensforschung relativ spät begründet wurde, hängt aber sehr wohl auch damit zusammen, daß viele Probleme als solche entweder gar nicht gesehen oder als so kompliziert erachtet wurden, daß man ihnen aus dem Weg ging (um nicht gegen die Mächte der Unwissenheit zu verlieren).

In diesem Kapitel soll nun die Begründung der Ethologie rekonstruiert werden. Die Begegnungen und Konflikte der Ethologen mit Vertretern anderer Disziplinen der Verhaltenswissenschaften, vor allem der Psychologie, werden dabei zunächst nur am Rande Beachtung finden. Sie sind Gegenstand des nächsten Kapitels, welches sich den Kontroversen um verschiedene Denkweisen und Begriffe der Ethologie widmet. Unter Ethologie oder, wie man früher sagte, Tierpsychologie ist hier also jene Disziplin zu verstehen, die sich vergleichend, auf stammesgeschichtlicher Grundlage mit Verhaltensweisen der Organismen beschäftigt und den biologischen Zweck einzelner Verhaltensweisen – ebenfalls auf phylogenetischer Grundlage – zu erfassen sucht. Daher kommt dem Evolutionsdenken größte Bedeutung zu.

2.1 Die Bedeutung des Evolutionsdenkens

„Nichts in der Biologie macht Sinn, außer man betrachtet es unter dem Aspekt der Evolution." Dieser häufig zitierte Ausspruch des Genetikers und Evolutionsforschers THEODOSIUS DOBZHANSKY (1900–1975) hat in der Ethologie seine besondere Bedeutung. Bevor die Wichtigkeit der Evolution und der Evolutionslehre für das Studium des Verhaltens erkannt war, gab es keine Verhaltensforschung (Ethologie) im strengen Sinne! Es sollte daher

Abb. 6:
CHARLES DARWIN (1809–1882).

auch nicht verwundern, daß CHARLES DARWIN (1809–1882) eigentlich der erste Ethologe war. Das zeigt sich in seinem bemerkenswerten, im Jahre 1872 erschienenen Buch *The Expression of the Emotions in Man and Animals (Der Ausdruck der Gemütsbewegungen bei dem Menschen und den Tieren)*. Dieses Buch ist weit weniger bekannt als sein Werk über die Entstehung der Arten, ist aber ebenso ein Meilenstein in der Wissenschaftsgeschichte (und auch „formal" interessant, weil sich DARWIN darin zum ersten Mal photographischer Abbildungen bediente).

Das Buch behandelt ausführlich Verhaltensweisen, die als Ausdruck von seelischen Zuständen bzw. Empfindungen und Gemütserregungen bekannt sind: Freude, Sorge, Verzweiflung, Liebe, üble Laune, Entschlossenheit, Haß, Zorn, Abscheu, Spott, Überraschung, Furcht, Entsetzen, Scham, Hilflosigkeit, Schreck, Geduld, Leiden, Niedergeschlagenheit, Wut, Schmerz, Kummer, Schuldgefühl, Nachdenklichkeit, Ausgelassenheit, Andacht. Über die Wut, um ein Beispiel zu nehmen, heißt es bei DARWIN (1872 [1872, S. 244]):

„Wuth stellt sich in den verschiedenartigsten Weisen dar. Immer ist das Herz und die Circulation afficirt; das Gesicht wird roth oder purpurn, wobei die Venen an der Stirn und am Halse ausgedehnt werden . . . Auch Affen erröthen aus Leidenschaft. Bei einem meiner eigenen Kinder beobachtete ich, als es noch nicht vier Monate alt war, wiederholt, dass das erste Symptom eines sich nähernden leidenschaftlichen Anfalls das Einströmen des Blutes in seine nackte Kopfhaut war."

Hier wird zum einen deutlich, daß DARWIN seelische Zustände mit biologischen Vorgängen in Zusammenhang brachte, und zum anderen sieht man, daß er diese Zustände und Vorgänge beim Menschen und anderen Lebewesen miteinander verglich. Er bemühte sich, *allgemeine Prinzipien* des Ausdrucks von Gemütsbewegungen zu finden, und konnte drei darlegen:

1. Zweckmäßige Handlungen werden gewohnheitsgemäß mit bestimmten Seelenzuständen assoziiert und ausgeführt, ob sie nun im einzelnen von Nutzen sind oder nicht (Macht der Gewohnheit).
2. Wird ein entgegengesetzter Seelenzustand herbeigeführt, so tritt eine heftige und unwillkürliche Neigung ein, auch Bewegungen entgegengesetzter Natur auszuführen.
3. Das erregte Nervensystem zeigt eine direkte Wirkung auf den Körper, unabhängig vom Willen und (zum Teil) von der Gewohnheit.

Schließlich bemühte sich DARWIN, die stammesgeschichtlichen Wurzeln der Gemütsbewegungen und ihres jeweiligen Ausdrucks zu erhellen, und war davon überzeugt, daß diese in die Stammesgeschichte weit zurückverfolgt werden können. Er schrieb etwa über die Freude:

„Wir können zuverlässig annehmen, dass das Lachen als ein Zeichen der Freude oder des Vergnügens von unsern Urerzeugern ausgeübt wurde, lange ehe sie verdienten, menschlich genannt zu werden; denn sehr viele Arten von Affen stossen, wenn sie vergnügt sind, einen oft wiederholten Laut aus, welcher offenbar unserm Lachen analog ist und von zitternden Bewegungen ihrer Kiefer und Lippen begleitet wird, wobei der Mundwinkel nach hinten und oben gezogen, die Wangen gefurcht und selbst die Augen glänzend werden." (DARWIN 1872 [1872, S. 369f.])

Ähnlich äußerte er sich an gleicher Stelle über die Furcht:

„In gleicher Weise können wir schliessen, dass die Furcht seit einer äußerst entfernt zurückliegenden Zeit in beinahe derselben Weise ausgedrückt wurde, wie es jetzt von Menschen geschieht: nämlich durch Zittern, das Aufrichten der Haare, kalten Schweiss, Blässe, weit geöffnete Augen, Erschlaffung der meisten Muskeln und dadurch, dass sich der Körper niederduckte oder bewegungslos gehalten wurde."

Für DARWIN war also klar, daß sich Verhaltensweisen bei Tieren und beim Menschen in der Evolution allmählich entwickelt haben und ähnlich anatomischen Strukturen behandelt werden können. Seine vergleichenden Studien des Ausdrucks von Gemütsbewegungen nehmen bereits methodisch und sachlich die moderne Verhaltensforschung in mancher Weise vorweg und können auch schon als bedeutender Beitrag zur *Humanethologie* verstanden werden, die erst in neuerer Zeit deutlichere Konturen annahm und ins Bewußtsein einer breiteren Öffentlichkeit dringen konnte (siehe Abschnitt 2.6). „Wir dürfen daher in DARWIN den eigentlichen Begründer der vergleichenden Verhaltensforschung sehen" (EIBL-EIBESFELDT 1960, S. 366). Verhalten war für ihn, wie für die modernen Ethologen, etwas, was sich in der Evolution durch natürliche Auslese oder Selektion ausgebildet hatte, und einzelnen Verhaltensweisen räumte er demnach Evolutions- bzw. Selektionsvorteile ein. Aber auch heute noch verwundert manchen, daß DARWIN immer wieder, so auch hinsichtlich der Entwicklung von *Instinkten,* „lamarckistisch" argumentierte. In einem Brief an die Zeitschrift *Nature* schrieb er im Jahre 1873:

"It is probable that most inherited or instinctive feelings were originally acquired by slow degrees through habit and the experience of their utility; for instance the fear of man, which . . . is gained very slowly by birds on oceanic islands." (Vgl. DARWIN 1977, Bd. 2, S. 170)

(„Wahrscheinlich wurden die meisten angeborenen oder instinktiven Gefühle ursprünglich langsam durch Gewohnheit und Erfahrung ihrer Nützlichkeit erworben; beispielsweise erwerben Vögel, die auf Inseln leben, sehr langsam eine Angst vor dem Menschen." [Übersetzung des Autors])

So sehr sind durch falsche oder unvollständige Interpretationen der Theorien LAMARCKS und DARWINS Gegensätze aufgetürmt worden, daß man Ähnlichkeiten der Argumentation und im Denken dieser beiden Evolutionstheoretiker häufig mit größter Verwunderung zur Kenntnis nimmt. Da LAMARCKS Lehre von der „Vererbung erworbener Eigenschaften" unter den Biologen nach DARWIN auch stark in Mißkredit geraten ist, will man mit ihr nicht viel zu tun haben und möchte nicht unterstellen, daß DARWIN mit ihr etwas zu tun gehabt haben könnte. DARWIN folgte, wie auch EIBL-EIBESFELDT (1960, S. 358) bemerkt, an vielen Stellen seines Werkes „der lamarckistischen Denkensart seiner Zeit", was aber „kaum den Wert der vorgetragenen Erkenntnisse" schmälerte. Gewiß, das schmälert den Wert der von ihm dargelegten Erkenntnisse in keiner Weise!

Wie DARWIN hat auch schon LAMARCK die These vertreten, daß Verhaltensweisen, auch in ihren komplexen Formen bis hin zu den „Verstandestätigkeiten" des Menschen, organische Phänomene sind und von der Funktion bestimmter Organe abhängen, die sich ihrerseits allmählich in der Stammesgeschichte der Lebewesen entwickelt haben. So schrieb er:

„Man kann gegenwärtig nicht daran zweifeln, daß die Verstandestätigkeiten nur Organisationsvorrichtungen sind, weil anerkannt ist, daß sogar beim Menschen, der durch seine Organisation so innig mit den Tieren zusammenhängt, Störungen in den Organen, die diese Tätigkeiten hervorbringen, ebensolche in der Erzeugung dieser Tätigkeiten und sogar in der Natur ihrer Resultate nach sich ziehen." (LAMARCK 1809 [1991, Bd. 3, S. 10])

Damit deutete sich schon an, was im nächsten Abschnitt als *evolutionäre Psychologie* zu besprechen bleibt. Warum LAMARCKs Evolutionstheorie im allgemeinen heute bei weitem nicht die Attraktivität der Theorie DARWINS genießt, ist eine Frage, die diskussionswürdig ist. Sie ist nicht Hauptgegenstand dieses Kapitels, aber ein paar Bemerkungen dazu sind unerläßlich.

Zunächst müssen wir uns vor Augen führen, daß LAMARCK schon Jahrzehnte vor DARWIN den stammesgeschichtlichen Wandel der Organismen entdeckt hatte. DARWIN hat die Tatsache der Evolution für sich selbst neu entdeckt, ungeachtet seiner vielen Vorläufer, darunter eben vor allem LAMARCK. Worum es dabei geht, ist nicht so sehr die Entdeckung, daß es Evolution „gibt", daß die Organismenarten veränderlich sind; das Hauptproblem ist, wie der evolutive Wandel der Lebewesen zu erklären sei. Hierzu lieferten LAMARCK und DARWIN verschiedene Antworten. Standen für LAMARCK die Lebensbedürfnisse der Organismen (oft fälschlich als die Annahme eines „Willens" zur Veränderung gedeutet), die aktive Umweltanpassung und die erwähnte Vererbung individuell erworbener Eigenschaften im Vordergrund seiner Theorie, rechnete DARWIN mit einem allerorten in der Natur herrschenden Wettbewerb ums Dasein, der infolge der natürlichen Auslese zum „Überleben des Tauglichsten" führe. Beide Theorien haben im 19. Jahrhundert ihre Anhänger gefunden, DARWINS Theorie jedoch wurde gleichsam zur „Lehrbuchtheorie" der Evolution und gilt als Fundament der modernen Evolutionsbiologie. Ich glaube, daß ein wichtiger Grund für die unterschiedliche Rezeptionsgeschichte dieser zwei Theorien folgender ist: LAMARCKs Theorie wurde und wird oft mehr als *naturphilosophisches* Gedankengebäude gesehen, weniger aber als *empirische, naturwissenschaftliche* Theorie (obwohl ihr Urheber ohne Zweifel enorme empirische Beiträge zur Biologie geleistet hat). LAMARCK nannte sein 1809 erschienenes Hauptwerk *Philosophie zoologique*. Mit der Verwendung des Wortes „Philosophie" folgte er einem seinerzeit – und auch später noch – durchaus üblichen Sprachgebrauch bei der Bezeichnung allgemeiner, methodologischer und theoretischer Reflexionen. Retrospektiv jedoch erscheint das manchen „harten" Empirikern als ein spekulativer Ansatz, wohingegen DARWINS Theorie der empirischen Überprüfung – und Bestätigung – zugänglicher ist. MAYR (1984, S. 275) bemerkt:

„Höchst bemerkenswert für einen Naturforscher des frühen 19. Jahrhunderts, ließ er [LAMARCK] die geographische Verbreitung völlig außer acht und verzichtete damit auf Tatsachenmaterial, das später zu einer der überzeugendsten Quellen von Darwins Theorie der gemeinsamen Abstammung wurde."

Ferner war LAMARCK ein Anhänger des Fortschrittsgedankens – für einen französischen Gelehrten im späten 18. und frühen 19. Jahrhundert wahrlich nichts Außergewöhnliches. Er hielt es für naturgegeben, daß die Organismen in der Evolution immer komplexere Organisationsformen annehmen, daß dieser evolutive „Fortschritt" ein der Organismenwelt innewohnendes Potential ist. Zwar war durchaus auch DARWIN von dem Gedanken an einen Fortschritt in der Evolution beseelt (siehe nächster Abschnitt), war aber, anders als LAMARCK, über jeden Verdacht erhaben, einen finalen, zielstrebig sozusagen nach oben führenden „Vervollkommnungstrieb" angenommen zu haben. In der Tat, was viele der Zeitgenossen DARWINS am meisten schockierte, war der Umstand, daß er jeden teleologischen Faktor, jeden Gedanken an eine „universelle Zweckmäßigkeit" in der Natur verabschiedet hatte und statt dessen eine mechanistische Theorie als Erklärung organischer Formen und deren Vielfalt einführte.

Ungeachtet dieser Unterschiede und vor allem der doch sehr unterschiedlichen Auswirkung der Theorien LAMARCKS und DARWINS auf die moderne Biologie müssen wir uns zwei Dinge vor Augen halten:

1. Beide Theorien enthalten wesentliche Aussagen über das Verhalten der Organismen und machen daher auch deutlich, daß die Verhaltensforschung von Anfang an evolutionäre Elemente enthielt.
2. Wenn die moderne Ethologie mit DARWIN beginnt – und nicht mit LAMARCK –, dann eben deshalb, weil so gut wie alle ihre weiteren Vertreter die Theorie DARWINS – und nicht die Theorie LAMARCKS – ihren Überlegungen zugrunde legten.

Aus *diesem* Grunde – und nicht weil LAMARCKS Beobachtungen und Schlußfolgerungen über das Verhalten der Organismen irrelevant gewesen wären – ist in einer historischen Rekonstruktion der Ethologie DARWIN viel wichtiger (abgesehen davon, daß LAMARCKS Auffassungen tatsächlich stärker von spekulativen naturphilosophischen Überlegungen beeinflußt waren, was wissenschaftshistorisch genauso interessant ist, aber im vorliegenden Rahmen kein großes Thema sein muß).

Was DARWIN betrifft, wäre es nun einseitig, nur den Einfluß seines Evolutionsdenkens auf die Verhaltensforschung zu berücksichtigen. Vielmehr müssen wir auch umgekehrt zur Kenntnis nehmen, daß seine Beobachtungen des Verhaltens der Tiere und des Menschen seine Evolutionskonzeption beeinflußt haben (BURKHARDT 1983). Schon seinem evolutionstheoretischen Hauptwerk (DARWIN 1859) hat er reichhaltiges Material über das Verhalten beigefügt und damit seine Auffassungen über Evolution gestützt. Das bedeutet also, daß er nicht nur seine Evolutionstheorie auf die Erklärung von Verhaltensphänomenen ausgedehnt, sondern diese von vornherein schon in seine Evolutionskonzeption eingebracht hat. Im Anschluß an DARWIN hat die Verhaltensforschung stets ihre Rolle bei der Rekonstruktion von stammesgeschichtlichen Beziehungen zwischen verschiedenen Organismenarten gespielt (vgl. z. B. HINDE 1973, LORENZ 1965a, ROE und SIMPSON 1969, TINBERGEN 1959, 1972). Wir kommen auf einige Aspekte dieser Beziehung zwischen Ethologie und Evolutionsbiologie noch in Abschnitt 2.3 zurück.

Allerdings gelangen „Durchbrüche" nur vereinzelt. Die Ethologie, wie sie heute als fest etablierte biologische Disziplin dargelegt werden kann, war nicht vor den vierziger und fünfziger Jahren des 20. Jahrhunderts wirklich anerkannt. Lehrbücher der Zoologie und allgemeinen Biologie widmeten der Morphologie bzw. Anatomie und Physiologie – also den „klassischen" biologischen Fächern – breiten Raum, berücksichtigten embryologische, zellbiologische Tatsachen und Probleme und zunehmend auch Gebiete wie Genetik und Ökologie (die schon zu den jüngeren Disziplinen der Biologie zählen), nahmen aber zunächst kaum auf das Studium des Verhaltens Bezug. So widmete ein im letzten Drittel des 19. Jahrhunderts offenbar weitverbreitetes *Lehrbuch der Zoologie* (CLAUS 1885) nur knapp 2 von 828 Seiten dem Problem „Psychisches Leben und Instinct". Ebenso wird man in OSCAR HERTWIGS einflußreichem Lehrbuch *Allgemeine Biologie* (1912) vergeblich nach mehr als ein paar Nebenbemerkungen zu verhaltensbiologischen Problemen suchen. Selbst MAX HARTMANN (1876–1962), der der Ethologie von Anfang an recht wohlwollend gegenüberstand, beschränkte sich in seiner umfangreichen Einführung in die Biologie (HARTMANN 1933) noch auf knapp gehaltene Ausführungen über unbedingte und bedingte Reflexe sowie Gestaltwahrnehmungen, schien aber von der Bedeutung des Studiums des Verhaltens auf evolutionstheoretischer Grundlage noch nicht wirklich überzeugt. Nicht anders war die Situation im angloamerikanischen Sprachraum. Nun müssen Lehrbücher keinesfalls den Stand einer wissenschaftlichen Disziplin wiedergeben – d. h., sie *müßten* schon, tun es aber nicht immer –, und ihre Autoren erlauben sich oft eine asymmetrische Darstellung der jeweiligen Probleme und Resultate des fraglichen Gebietes.

Ein Lehrbuch ist aber sehr wohl ein Spiegel der jeweils allgemein anerkannten Paradigmen, es folgt diesen Paradigmen und überzeugt so den Leser bzw. den Studierenden, der sein Examen zu bestehen hat, von der Richtigkeit der herrschenden Lehre(n) und der Bedeutung bestimmter Forschungsrichtungen. Die Ethologie oder Tierpsychologie gehörte lange Zeit nicht zu den bedeutenden Forschungsrichtungen in der Biologie oder wurde nicht als solche gesehen. Woher kommt das? Wieso wurden DARWINS Beiträge zum Studium des Verhaltens kaum in dem Maße wahrgenommen wie sein sonstiges evolutionstheoretisches Werk?

Man hat DARWIN lange nicht richtig verstanden. Ein Grund dafür mag sein, daß er, wie GHISELIN (1969) erklärt, eine Tendenz zu anthropomorpher Rede- bzw. Schreibweise zeigte (vgl. Abschnitt 1.2). Tatsächlich hat er damit gerungen, die enge Beziehung zwischen tierischem und menschlichem Verhalten darzutun, die gemeinsamen Wurzeln tierischen und menschlichen Verhaltens zu explizieren. Sicher waren weltanschauliche Gründe nicht unmaßgeblich dafür, daß selbst viele Biologen diesem Versuch ablehnend oder zumindest skeptisch gegenüberstanden. Da es sich bei der Verhaltensforschung auch um kein „exakten" Methoden zugängliches Gebiet zu handeln schien, sondern vielmehr um ein Feld, auf dem sich Amateure, Hobbyornithologen und Spekulanten tummelten, blieb die etablierte Zunft der Biologen zunächst mißtrauisch. Bezeichnend ist dazu folgende kleine Begebenheit, die LORENZ immer wieder erzählte. Er hielt im Jahre 1937 einen Vortrag in Berlin, in dem er in Grundzügen vor allem eigene Ergebnisse der Verhaltensforschung präsentierte. Im Auditorium saß auch MAX HARTMANN, damals einer der führenden Biologen in Deutschland. Nach dem Vortrag ging HARTMANN ans Rednerpult und fragte die übrigen Zuhörer, ob ihnen denn klargeworden sei, „daß hiermit ein Feld der induktiven Naturforschung zugänglich gemacht ist, das bisher ausschließlich Tummelplatz unfruchtbarer geisteswissenschaftlicher Spekulationen war". Das demonstriert recht schön die Haltung einer repräsentativen Zahl von Biologen damals: Verhaltensforschung war in ihren Augen einfach Spekulation, schlimmer noch, *geisteswissenschaftliche* Spekulation! (Wie wir in Abschnitt 3.4 noch sehen werden, kam dieser Eindruck von einer vitalistischen Ausrichtung der Verhaltensforschung, die viele Anhänger hatte und offenbar eine ganze Disziplin zu diskreditieren in der Lage war.) Erst nachdem der Brückenschlag von der Evolutionstheorie zur Verhaltensforschung vollzogen war *und* deutlich wurde, daß die Verhaltensforscher ihre Thesen durch einschlägige empirische Arbeiten stützen konnten und dabei *induktiv* vorgingen (das Studium einzelner Fälle zuerst, dann „große" Theorien!), war ein MAX HARTMANN bereit, sie im Verband ernstzunehmender Biologen zu akzeptieren.

LORENZ freilich schaffte den entscheidenden Durchbruch, andere Forscher wirkten fast im verborgenen, aber wegbereitend für die moderne Ethologie. Da war beispielsweise der amerikanische Zoologe CHARLES O. WHITMAN (1842–1910), der unter anderem auch zwei Jahre an der Universität von Tokio lehrte und – obwohl er dort nur vier Studenten hatte – von einem japanischen Kollegen als „Vater der Zoologie in Japan" bezeichnet wurde (vgl. LILLIE 1911). Er lehrte auch an amerikanischen Universitäten, vor allem an der University of Chicago, also nicht gerade an verborgenen Plätzen der akademischen Welt, doch wurden seine Arbeiten in ihrer Bedeutung für die Ethologie kaum wahrgenommen. Diese Arbeiten fanden unter anderem in einer umfangreichen Schrift über das Verhalten der Tauben ihren Niederschlag, wo WHITMAN die stammesgeschichtliche Identität verschiedener Verhaltensweisen bei den verschiedenen Taubenarten zeigen konnte. Erst über seinen Schüler WALLACE CRAIG (1876–1954), der selbst bedeutende Beiträge zur Ethologie geleistet und ebenso vor allem mit Tauben gearbeitet hatte, kamen LORENZ und HEINROTH auf WHITMAN und erkannten seine Priorität hinsichtlich wichtiger Einsichten.

OSKAR HEINROTH (vgl. S. 10) wurde von LORENZ (1980) als „Vater der vergleichenden Verhaltensforschung" bezeichnet und genießt in der Geschichte dieser Disziplin zweifelsohne größte Bedeutung. Der Verfasser eines vierbändigen Werkes über die Vögel Mitteleuropas, welches von 1924 bis 1928 erschien – und an dem seine erste Frau, MAGDALENA HEINROTH, erheblichen Anteil hatte –, hatte um die Jahrhundertwende Forschungs- und Sammelreisen zum Bismarck-Archipel unternommen, arbeitete ab 1904 am Zoologischen Garten in Berlin und wurde 1925 Leiter der Vogelwarte Rossitten (Ostpreußen). Er war kein Theoretiker, sondern – wie manche Pioniere seines Faches – in erster Linie Tierliebhaber und genauer Beobachter tierischen Verhaltens. Dennoch sind die theoretischen Implikationen seines Werkes von größter Wichtigkeit. Denn wie WHITMAN die gemeinsame stammesgeschichtliche Wurzel von Verhaltensweisen, ausgehend von seinen Taubenstudien, aufgezeigt hatte, konnte HEINROTH durch seine eingehenden Untersuchungen des Verhaltens der Entenvögel (Anatidae) dieselbe Einsicht gewinnen. Es spricht für HEINROTHS geistige Flexibilität und unterstreicht seine Forscherneugier, daß er – schon über sechzig Jahre alt – mit Enthusiasmus WHITMANS Arbeiten zur Kenntnis nahm, selbst Tauben zu halten und zu züchten begann und keineswegs darüber verärgert war, daß er mit seinen Einsichten keine Priorität genießen durfte (vgl. LORENZ 1958).

LORENZ stand mit HEINROTH zwischen 1930 und 1940 in einem regen Briefwechsel (vgl. KOENIG 1988), der ein wissenschaftshistorisch interessantes und wertvolles Dokument darstellt. Neben mancherlei amüsanten Bemerkungen über Tiere und persönlichen Mitteilungen lesen wir in diesen

Erzeugnisse der Entwicklung der Gemütsbewegungen		Gemütsbewegungen	Wille
	50		
	49		
	48	wilde civilisirte Ges.	
	47		
	46		
	45		
	44		Wille
	43		
	42	menschliche	
	41		
	40		
	39		
	38		
	37		
	36	teilweise menschliche	
	35		
	34		und
	33		
	32		
	31		
	30		
	29		
Scham, Reue, Verschlagenheit, Lustigkeit	28		
Rachsucht, Zorn	27	Soziale Erregungen	
Kummer, Haß, Grausamkeit, Wohlwollen	26		
Nacheifrg., Stolz, Empfindlk., ästh. Vorliebe, Schreck	25		
Sympathie	24		
	23		Reflextätigkeit
Neigung	22		
Eifersucht, Ärger, Spielerei	21		
elterl. Zuneig., soz. Gef., geschl. Ausw., Kampfl., Neug.	20	Schutz der Art und Selbstschutz	
geschlechtl. Gefühle, ohne geschlechtl. Auswahl	19		
Überraschung, Furcht	18		
	17		
	16		
	15		
	14		
	13		
	12		Neurilität
	11		
	10		
	9		
	8		
	7		Unterscheidung
	6		
	5		Leitu.
	4		
	3		
	2		Reizbarkeit
	1		

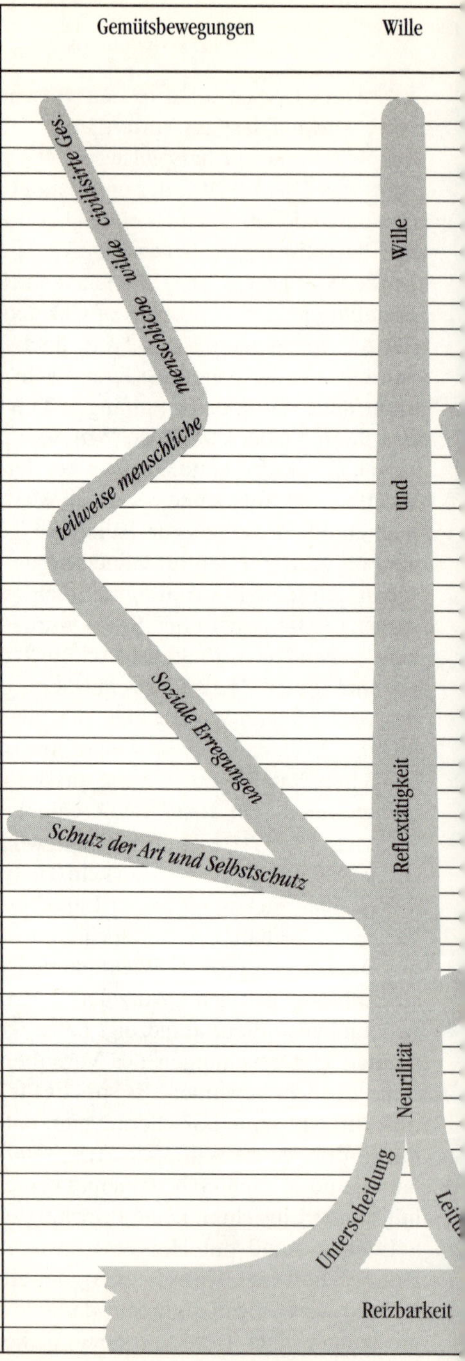

Abb. 7: ROMANES' Vorstellung der stufenweisen Entwicklung psychischer Phänomene in der Tierwelt. (Nach ROMANES 1885.)

tellektuelle Fähigkeiten		Erzeugnisse der intellektuellen Entwicklung	Psychologische Stufenleiter	Entwicklungsstufe des Menschen
	50			
	49			
	48			
	47			
	46			
	45			
	44			
	43			
	42			
	41			
	40			
	39			
	38			
	37			
	36			
	35			
	34			
	33			
	32			
	31			
	30			
	29			
	28	Unbestimmte Moralität	Anthrop. Affen u. Hund	15 Monate
	27	Benutzung von Werkzeugen	Affen und Elefant	12 Monate
	26	Verständnis von Mechanismen	Raubt., Nager u. Wiederk.	10 Monate
	25	Verständn. von Worten, Träume	Vögel	8 Monate
	24	Mitteilung von Ideen	Hymenopteren	5 Monate
	23	Erkennung von Personen	Reptile u. Cephalopoden	4 Monate
	22	Vernunft	Höhere Krustazeen	14 Wochen
	21	Assoziation durch Ähnlichkeit	Fische u. Batrachier	12 Wochen
	20	Erkg. d. Nachkschft., sek. Instinkte	Insekten u. Spinnen	10 Wochen
	19	Assoz. durch Contiguität	Mollusken	7 Wochen
	18	Primärer Instinkt	Insektenlarven, Ringelw.	3 Wochen
	17	Gedächtnis	Echinodermen	1 Woche
	16	Lust und Schmerz		Geburt
	15		Cölenteraten	
	14	Nervöse Anpassungen		
	13			
	12		Unbekannte Tiere, wahrsch. Cölenteraten vielleicht ausgestorben	
	11	Teilweise nervöse Anpassungen		
	10			Embryo
	9			
	8			
	7	Nicht-nervöse Anpassungen	einzellige Organismen	
	6			
	5			
	4			
	3	Protoplasmatische Bewegungen	Protoplasma-Wesen	Ei und Samenzelle
	2			
	1			

Briefen auch über die Tragweite und Perspektiven der Ethologie. So etwa schrieb HEINROTH am 26. Februar 1931 an seinen jüngeren Kollegen:

„Man soll überhaupt den Menschen aus dem Tier heraus kennen und auffassen lernen. Mir gibt es immer einen Stich, wenn ich mitanhören muß, wie ‚rührend' ein Vogelpaar seine Jungen füttert und dergleichen. Ja, um Gottes willen, wenn das nicht der Fall wäre, gäbe es diese Vögel schon lange nicht mehr, und besser könnte man vielleicht fragen, warum betreut denn der Mensch seine Kinder, der sich doch der ganzen Sache bewußt ist und seine eigenen Triebe durchschaut." (In: KOENIG 1988, S. 43 f.)

Offensichtlich stand also HEINROTH auf dem Boden der Theorie DARWINS. Er hatte die *arterhaltende* Bedeutung von Verhaltensweisen erkannt und damit die Ethologie schon schwerpunktmäßig darauf konzentriert, was sie später in erster Linie werden sollte: das Studium von Verhaltensweisen unter dem Gesichtspunkt ihrer biologischen Zweckmäßigkeit.

Es ist im übrigen interessant zu sehen, daß viele der Pioniere der Ethologie Ornithologen waren und grundlegende Einsichten durch Beobachtungen an Vögeln gewonnen haben. Auf CRAIG, HEINROTH, LORENZ und WHITMAN trifft das in besonderem Maße zu. Aber auch TINBERGEN hat wichtige ornithologische Beiträge geleistet und resümierte die Bedeutung der Vogelforschung in der Ethologie und die auf diesem Gebiet erzielten Fortschritte beim zehnten Internationalen Ornithologen-Kongreß in Uppsala im Juni 1950 (vgl. TINBERGEN 1951). Nicht zu vergessen ist JULIAN HUXLEY (1887–1975), der eminente Evolutionstheoretiker, der sich mit vielen biologischen Problemen befaßte, auch Verhaltensforscher – und eben Vogelbeobachter – war. HUXLEY (1959) hat dargelegt, daß die Ornithologie in Großbritannien eine lange Tradition hat und daß mehrere britische Ornithologen sich als Wegbereiter der modernen Ethologie ausgewiesen haben, so z. B. EDMUND SELOUS (1858–1934), der die Möglichkeit einer Evolution von Lebensgewohnheiten durch natürliche Auslese nachzuweisen versucht hatte (siehe auch THORPE 1979). Der schon auf S. 10 erwähnte WHEELER ist als Entomologe unter den ‚alten' Verhaltensforschern eher die Ausnahme, ähnlich FABRE (vgl. S. 10), der mit seinen *Souvenirs entomologiques* entscheidend zur Kenntnis der Lebensweise der Insekten beitrug. (Vgl. FABRE 1989)

Nun, die Bedeutung des Evolutionsdenkens für die Begründung der Verhaltensforschung (Ethologie) mag hiermit deutlich genug sein. Was aber Schwierigkeiten verursacht und einer differenzierteren Betrachtungsweise bedarf, ist der Umstand, daß es strenggenommen nicht *die* Evolutionstheorie gibt, sondern mehrere *Evolutionstheorien* entwickelt worden sind (vgl. WUKETITS 1988). Dabei ist nicht nur an die Unterschiede zwischen den

Theorien LAMARCKS und DARWINS zu denken. Hinsichtlich der Fragen, wie Evolution im einzelnen verläuft und welche Mechanismen ihr zugrunde liegen, von welchen – wenn man so will – „Motoren" sie „angetrieben" wird, gibt es nach wie vor viele Kontroversen und unterschiedliche theoretische Konzeptionen. Davon kann das Studium des Verhaltens nicht unbeeinflußt bleiben. Die moderne Ethologie steht, wie schon gesagt, auf dem Fundament der Selektionstheorie DARWINS, ist also „darwinistisch" orientiert. Sie ist ferner „adaptationistisch", weil sie den Verhaltensweisen in erster Linie *adaptive* Funktionen, d. h. Anpassungsfunktionen, zuordnet und stets ihren „Anpassungswert" herausstreicht. Es gibt in der Verhaltensforschung – außerhalb der „klassischen" Ethologie – jedoch auch andere Ansätze, die aus einer von DARWINS Theorie verschiedener Evolutionsauffassung resultieren.

Zu nennen sind hier beispielsweise die Arbeiten von JEAN PIAGET (1896–1980) (eine knappe Übersicht gibt WIMMER 1993). PIAGET ist in erster Linie in der *Entwicklungspsychologie* hervorgetreten, veröffentlichte aber darüber hinaus (zuerst) eine Reihe von zoologischen Abhandlungen und (später) zahlreiche Arbeiten über erkenntnistheoretische Fragen und befaßte sich ebenso mit allgemein biologischen Problemen. Verhalten sah er nicht als Anpassung an vorgegebene Umweltbedingungen, sondern ging davon aus, „daß der Organismus in keinem Bereich die Umwelteinflüsse unverändert hinnimmt, sondern im Gegenteil sich ihnen gegenüber äußerst aktiv zeigt" (PIAGET 1974b, S. 33). Damit war für PIAGET Verhalten auch nicht einfach ein Resultat der Evolution, sondern eine wesentliche Determinante evolutiver Prozesse, gleichsam ein Evolutionsfaktor. Und Evolution insgesamt ist kein „passiver Vorgang", in dessen Verlauf sich Organismen auf Gedeih und Verderb an ihre Umwelt anzupassen haben; vielmehr handelt es sich um einen „aktiven Prozeß", der aus den Aktivitäten der Organismen resultiert. Damit ist PIAGETS Evolutionsverständnis in jene lange Reihe von Ansätzen einzuordnen, die zum Teil auf DARWINS Theorie basieren, aber darüber hinausgehen, zum Teil sogar im Gegensatz zu dieser Theorie stehen (vgl. WUKETITS 1988). Daraus lassen sich auch einige Kontroversen in und um die Verhaltensforschung erhellen, worauf aber in Kapitel 3 eingegangen wird.

Vorläufig bleibt nur nochmals festzuhalten, daß die Ethologie ohne Evolutionsdenken nicht vorstellbar ist. Auch andere Ansätze in der Verhaltensforschung – einschließlich Psychologie – haben vom evolutionären Denken wesentlich profitiert, auch wenn dieses nicht immer so explizit als Grundlage verstanden wird wie im Falle der Ethologie.

2.2 Evolutionäre Psychologie

> Wer den Pavian verstünde, täte mehr für die Philosophie als Locke.
>
> CHARLES DARWIN

Die Bemühungen, die graduelle Entwicklung von Verhaltensweisen in der Tierwelt bis zu den sehr komplexen psychischen und mentalen Phänomenen beim Menschen zu verstehen, finden ihren Niederschlag in einer *evolutionären Psychologie* (vgl. BUNGE und ARDILA 1987, GHISELIN 1969, MEDICUS 1985, WUKETITS 1990b). Eine umfassende Darstellung evolutionärer Theorien des Verhaltens, einschließlich des „mentalen Verhaltens" des Menschen, gab RICHARDS (1987), auf dessen Arbeit in der Folge oft Bezug genommen wird. Zwar sind diese Theorien maßgeblich von DARWIN beeinflußt, doch reichen ihre Wurzeln in der Geschichte weiter zurück und sind in bestimmte philosophische Grundüberzeugungen eingebettet. Dabei spielte insbesondere der *Empirismus* eine Rolle, die Auffassung also, daß (menschliches) Erkennen aus der Sinneserfahrung („Empirie") ableitbar sei. Der Empirismus wurde vor allem in England, von Denkern wie FRANCIS BACON (1561–1626), DAVID HUME (1711–1776) und JOHN LOCKE (1632–1704), begründet und vertreten; es wird daher nicht verwundern, daß DARWIN davon beeinflußt war (wovon noch die Rede sein wird).

HUME (1739 [1888, S. 22]) schrieb:

„Obgleich ... unsere Gedanken ... unbegrenzte Freiheit zu besitzen scheinen, zeigen sie sich doch bei näherer Untersuchung in Wahrheit in sehr enge Grenzen eingeschlossen. All die schöpferische Kraft der Seele ist nichts weiter, als die Fähigkeit, den durch die Sinne und die Erfahrung gewonnenen Stoff zu verbinden, umzustellen, zu vermehren oder zu vermindern."

Er meinte auch, daß der Geist „irgendwo beginnen" müsse und daß wir Menschen „das Folgern aus Erfahrung" mit den Tieren gemein haben; davon würde das Verhalten abhängen. Über *Instinkte* bei Tieren und Menschen schrieb HUME (1739 [1888, S. 106]):

„Die Instinkte sind vielleicht verschieden; aber es ist ein Instinkt, welcher den Menschen heisst, das Feuer zu meiden, wie es ein Instinkt ist, welcher dem Vogel die richtige Art des Brütens und die Einrichtung und Ordnung in Aufziehung seiner Jungen zeigt."

Verhaltensforschung anno 1739? Sicher darf man nicht den Fehler machen, auf der Suche nach Vorläufern für moderne Disziplinen und Theorien in möglichst alte Texte schon Bedeutungen hineinzulegen, die dann der fraglichen Disziplin oder Theorie ein respektables Alter bescheinigen, vom jeweiligen Autor jedoch vielleicht gar nicht gemeint waren. Andererseits hat, wie schon betont, das Verhalten der Lebewesen einschließlich seines eigenen Verhaltens den Menschen schon immer fasziniert, so daß so manche noch heute wichtige Einsicht früh gewonnen worden sein muß. HUME wußte noch nichts von Evolution, aber er sah ganz richtig die Existenz von Instinkten; er sah, daß es, wenn man so will, *naturgegebene* Mechanismen gibt, die einem Lebewesen gebieten, dieses oder jenes zu tun oder zu unterlassen; und daß diese Mechanismen *angeboren* sind und eine wichtige Rolle im Leben spielen.

Daher ist es sicher richtig, in HUME gewissermaßen einen philosophischen Vorläufer DARWINS zu sehen (vgl. RUSE 1986). Um bei HUMES Beispiel zu bleiben: Der Mensch meidet instinktiv Feuer, weil er immer und immer wieder die *Erfahrung* gemacht hat, daß Feuer Schmerzen verursacht; er zeigt daher eine *Neigung,* bei der Begegnung mit Feuer vorsichtig zu sein und also auch für die Zukunft jene unangenehmen Empfindungen (Schmerz) zu erwarten. Dabei verhält sich der Mensch nicht wesentlich anders als andere Lebewesen. Er verläßt sich auf Instinkte, die der Erhaltung seines Lebens dienen, und meidet Situationen, deren Gefahr ihm seine Instinkte „vor Augen führen". In diesem Sinne betonte ja auch DARWIN (1871 [1966, S. 80]), daß der Mensch mit den Tieren „einige Instinkte . . ., wie den Selbsterhaltungstrieb, die Geschlechtsliebe, die Liebe der Mutter zum neugeborenen Kind, den Trieb des letzteren, zu saugen usw." gemein habe. Wie RICHARDS (1987) darlegt, hat DARWIN im August des Jahres 1838 HUMES Werk *An Inquiry Concerning Human Understanding* (Eine Untersuchung über den menschlichen Verstand) zu lesen begonnen und muß darin genau die von ihm verfolgten Ideen gefunden haben. Schon sein Großvater ERASMUS DARWIN (1731–1802), hatte im Geiste des Empirismus das Problem der Instinkte bei Tieren studiert und verschiedenen Arten – etwa den Vögeln, wegen ihrer Fähigkeit, verschiedene Nestformen zu bauen – die Intelligenz zugeschrieben, sich unter verschiedenen Lebensbedingungen einzurichten. Selbst Insekten hatte er zugestanden, analog zur menschlichen Kunst ihr „Kunsthandwerk" zu erlernen und zu tradieren. Freilich hatte er bemerkt, daß es bei Tieren „Fertigkeiten" gibt, die schon unmittelbar nach der Geburt ausgeprägt sind und nicht individuell erlernt werden können. Da er eine hinreichende evolutionäre Erklärung dafür nicht zur Verfügung hatte, war für ihn die Embryonalentwicklung der Tiere maßgeblich: Die Fähigkeit der frisch aus dem Ei geschlüpften Kücken, Nahrung zu picken, war demnach auf ihre ständigen Bewegungen im Ei zurückzuführen (und somit doch wieder individuell erlernt).

Was nun CHARLES DARWIN bei HUME wohl vermißte, waren die spezifisch biologischen Grundlagen instinktiven Verhaltens, und so waren die Arbeiten seines Großvaters diesbezüglich eine wesentlich reichere Quelle der Inspiration (vgl. RICHARDS 1987). Sein Großvater jedoch stand in seinem Denken LAMARCK sehr nahe. Für diesen war die Vererbung der Resultate von *Gewohnheit* eine zentrale These (vgl. S. 37), Verhalten sowohl Produkt als auch Instrument der Veränderung der Arten. Ursprünglich vor allem mit der Anatomie und Klassifikation wirbelloser Tiere befaßt, gelangte LAMARCK später auch zu interessanten Vorstellungen über psychische und mentale Fähigkeiten der Tiere und des Menschen. Er räumte ein, daß höhere Tiere mit Vernunft ausgestattet sind, niedere Tiere hingegen bloß über Intelligenz verfügen. Hierin sah DARWIN, um das Auffinden einer Kontinuität in der Hierarchie der Organismen und ihrer Evolution bestrebt, einen deutlichen und inakzeptablen Bruch. Für ihn waren die Flexibilität des Verhaltens unter sich verändernden Lebensumständen eines Tieres und das Lernvermögen von Tieren Beweis genug für die Fähigkeit eines Lebewesens, rationale Entscheidungen zu treffen; selbst die Intelligenz von Insekten würde sich demnach nur graduell und durch eine geringere Komplexität von der des Menschen unterscheiden. Diese Auffassung fügt sich ein in DARWINS allgemeines Bild von einer graduellen Evolution, einer Entwicklung der Lebewesen in unzähligen kleinen Schritten, die Sprünge nicht erlaubt. *Natura non facit saltum,* so zitierte er (DARWIN 1859) eine – wesentlich ältere – naturphilosophische Überzeugung unter evolutionstheoretischen Prämissen.

Während DARWINS Auffassungen über Evolution und Verhalten also auf dem Boden der Tradition englischer Empiristen stehen, wird LAMARCKS Deutung des Verhaltens vom Geist des französischen *Rationalismus* umweht. Für die Rationalisten zählt die Erfahrung nicht; es zählt (beim Menschen) die Vernunft, die vor und unabhängig von jeder Erfahrung existiert. Der Rationalismus, vor allem von RENÉ DESCARTES (1596–1650) sehr einflußreich vertreten, hat eine nachhaltige Wirkung auf die Psychologie ausgeübt. Instinkte waren zwar auch den Rationalisten bekannt, doch bloß als blinde, angeborene Zwänge, die der Schöpfer seinen Kreaturen zu deren eigenem Wohlergehen auferlegt haben soll. Überdies sind Tiere aus dieser Sicht Maschinen – Menschen zwar auch, doch haben sie den Vorteil, mit einem Geist ausgestattet zu sein, der als unteilbare Entität getrennt vom Körper existiert. Dieser *Dualismus* von Körper und Geist widerspricht einer konsequenten evolutionstheoretischen Sicht; denn diese rechnet mit dem allmählichen Auftreten geistiger Phänomene als Eigenschaften eines komplexen Gehirns oder unterstellt allen Lebewesen solche Phänomene, die sich dann nur hinsichtlich ihrer Komplexität voneinander unterscheiden würden (siehe DARWIN!).

LAMARCK, der als erster eine fundierte Evolutionstheorie vorlegte, konnte eine strikt rationalistische Betrachtungsweise naturgemäß nicht einhalten. Aber es wundert nicht, daß ihn der Rationalismus, bzw. einige darin enthaltene Ideen, immer wieder eingeholt haben, denn diese waren die geistige Grundhaltung seiner Umgebung. So dauerte es seine Zeit, bis LAMARCK bereit war, auch den Menschen sozusagen der Evolution unterzuordnen und sich der Denkwelt DESCARTES' zu entziehen. Dennoch kam er nicht umhin, in seiner *Philosophie zoologique* (1809) noch ehrfurchtsvoll auf den „erhabenen Urheber" hinzuweisen, der in der Natur seinen Einfluß walten lassen soll. Aber man bedenke – das war vor fast zwei Jahrhunderten! LAMARCKS Versuch war wagemutig genug. Und er läßt sich durchaus in die seinerzeit bereits respektable Reihe französischer *Materialisten* einordnen, die eine Brücke von den Tieren zum Menschen zu schlagen versuchten; die die *Aufklärung* vorbereiteten und zum Teil mitvollbrachten; die auch nicht im Theoretischen verhaftet blieben, sondern die Überzeugung vertraten, Dinge ändern zu können. So meinte beispielsweise der Arzt und Philosoph JULIEN O. DE LAMETTRIE (1709–1751) in seinem umstrittenen und heftigst bekämpften Buch *L'homme machine* (*Der Mensch als Maschine*, vgl. 1985), der Mensch verdanke alles, was er ist, allein der Natur. Er führte sein Argument aber weiter und dachte, daß sozialer und moralischer Fortschritt durch eine Kontrolle der natürlichen Ursachen geistiger Fähigkeiten zu erzielen sei. Daß der Vielgeschmähte selbst unter den späteren – und einflußreicheren – Aufklärern in Frankreich und anderswo nur mäßig beachtet oder bekämpft wurde, ändert nichts an der Kraft, die von solchen Ideen ausging (und immer noch ausgeht).

Grundvoraussetzung einer evolutionären Psychologie jedenfalls war, wie bereits aus diesen wenigen Bemerkungen hervorgeht, zum einen die Auffassung, daß alle psychischen und geistigen Phänomene an biologische Organe gebunden sind, zum anderen die Überzeugung, daß die Kluft zwischen den Fähigkeiten der Tiere und jener des Menschen überbrückt werden kann. Kaum ein anderer Denker des 19. Jahrhunderts hat diese Grundvoraussetzung so umfassend dargelegt wie HERBERT SPENCER (1820–1903), dessen Bedeutung und Einfluß heute allerdings oft unterschätzt werden. Der in Derby (England) geborene Universalgelehrte hat ein gewaltiges Werk geschaffen, ein „System der Synthetischen Philosophie", in dem er die Zusammenhänge in Natur und Gesellschaft systematisch zu erhellen versucht und dabei ein allgemeines Entwicklungsprinzip eingeführt hat. Er war sicher einer der konsequentesten Evolutionstheoretiker. Und es bleibt daran zu erinnern, daß DARWIN seine Formel vom *survival of the fittest* von SPENCER übernahm, dessen Evolutionsdenken allerdings auch stark lamarckistische Züge trägt. Daß MAYR (1984) in SPENCERS Werk nichts weiter als metaphysische Prinzipien sieht und eine Quelle der Verwirrung, liegt wohl darin, daß er nur die negativen Aspekte dieses Werkes berücksichtigt und SPENCER im wesentlichen als den Fürsprecher einer – später irreführend als Sozial*darwinismus* bezeichneten – brutalen Gesellschaftstheorie identifiziert, die den „Kampf ums Dasein" zu einem sozialen Imperativ erhoben hat. In der Tat sind faire Einschätzungen von SPENCERS Werk heute selten (eine Ausnahme ist das Buch von RICHARDS 1987). In einer Geschichte der Verhaltensforschung jedenfalls darf SPENCER nicht nur nicht fehlen, sondern muß auch breite Erwähnung finden; zumal er die hier in Rede stehende evolutionäre Psychologie mit größter Konsequenz – wenn auch aus heutiger Sicht fehlerhaft – ausgearbeitet hat.

SPENCER (1882, S. 306) begann seine Untersuchung des Phänomens des Geistigen „damit, dass wir seine objectiven Kundgebungen in allen aufsteigenden Graden bei den mannichfaltigen Typen empfindender Wesen aufsuchen". Er war davon überzeugt, daß die Evolution eine Zunahme der Komplexität bedeutet und allmählich auch immer komplexere psychische und geistige Phänomene hervorgebracht hat. Wie vielen seiner Zeitgenossen war ihm auch die Rolle des Instinkts im Leben der Organismen klar. Er schrieb:

„Ein Hühnchen, das soeben erst aus dem Ei gekrochen ist, hält sich nicht allein im Gleichgewicht und läuft herum, sondern pickt auch schon seine Nahrung auf und zeigt damit, dass es seine Muskelbewegungen in einer Weise abzumessen vermag, welche geeignet ist, einen Gegenstand an einer vorher genau wahrgenommenen Stelle zu ergreifen. Offenbar setzt diese Handlung, welche, wie die Umstände beweisen, rein automatischer Natur ist, die Combination von zahlreichen Reizen voraus." (SPENCER 1882, S. 451)

Man muß hier bemerken, daß SPENCER – und damit stand er gewiß nicht alleine da – an den Fortschritt in der Evolution glaubte. Ähnlich wie DARWIN vertrat er auch die Vorstellung einer kontinuierlichen, graduellen Entwicklung. So meinte er:

„Wir sehen, dass, wenn der Instinct aus der Erfahrung hervorgegangen ist, die Entwicklung desselben vom Einfachen zum Zusammengesetzten fortschreiten muss und dass durch einen so bewerkstelligten Fortschritt derselbe unmerklich zu einer höheren Ordnung der psychischen Thätigkeit überleiten wird, und das ist genau die Erscheinung, die wir bei den höheren Thieren finden." (SPENCER 1882, S. 463)

SPENCER war, was hier nicht verwundern wird, Materialist. Über das (menschliche) *Bewußtsein* sagte er:

„Die Analyse lässt uns keinen anderen Ausweg übrig, als anzunehmen, dass die Wahrnehmung einer grossartigen Landschaft nur aus einer Unzahl von coordinirten Veränderungen besteht und dass aus eben solchen coordinierten Veränderungen auch die denkbar abstracteste Vorstellung des Philosophen aufgebaut ist." (SPENCER 1886, S. 291)

Und er sah das menschliche Bewußtsein aus tierischen Vorstufen entstehen, in einem Schritt, der „bei den allerniedrigsten Tieren, welche überhaupt Empfindlichkeit zeigen, stattgefunden habe" (SPENCER 1886, S. 293).

Was SPENCER damit schon – ähnlich anderen evolutionstheoretisch orientierten Autoren seiner Zeit – andeutete, war, was in neuerer Zeit als *Protopsychologie* bezeichnet wird (vgl. BEST 1963, 1972) und die Überzeugung zum Ausdruck bringt, daß auch „niedere", wirbellose Tiere psychische Leistungen zeigen, die man gemeinhin nur „höheren" Tieren, insbesondere Säugetieren, zuzuschreiben geneigt ist (z. B. Lernen und Emotion). Inwieweit und bei welchen Tieren nun solche Leistungen tatsächlich nachweisbar sind, kann hier nicht zur Diskussion stehen. Verhaltensforscher sprachen aber sogar von der Psyche der Einzeller, die „im Grunde genommen in der Arbeit des Protoplasmas oder gewisser Bezirke desselben" (TRUMLER 1946, S. 12) liegen würde, und postulierten den „Urnerv, das Organ der Urpsyche" (KLEIN 1947, S. 323). Ein gradualistisches Modell der Evolution, wie es SPENCER vertrat, legt jedenfalls das Vorhandensein von psychischen Phänomenen bei „niederen" Lebewesen zumindest analog zu den „höheren" Tieren nahe. Wir kommen darauf gleich noch zurück.

SPENCERS Beitrag zur Psychologie ist generell auf methodologischer Ebene zu orten. Die Psychologie war im 19. Jahrhundert alles andere als ein klar umrissenes Feld (mancher wird behaupten, daß sie das auch heute noch nicht sei), man verstand darunter im wesentlichen die „*Philosophie* des menschlichen Geistes" (vgl. z. B. DREVER 1949)* und war meist weit davon entfernt, sie als naturwissenschaftlich fundierte Disziplin zu betreiben. SPENCERS Verdienst bleibt, daß er in seinem groß angelegten systematischen Werk die Psychologie deutlich zur Biologie in Beziehung setzte: Die Psychologie setzt die Biologie voraus, weil die Phänomene des Bewußtseins Teilphänomene des Lebens im allgemeinen sind (PETERS 1962). Damit wird sie zu einer Naturwissenschaft mit dem Anspruch, psychische und mentale Phänomene kausal zu erklären. SPENCER (1882) betonte, daß die Analyse des Baus und der Funktionen des Nervensystems die grundlegenden Tatsachen der Psychologie bilden, so daß er in seinem Werk ihrer Darstellung

---

* Noch vor dreißig bis vierzig Jahren konnte man im Vorlesungsverzeichnis mancher Universität die Psychologie bloß als Anhang zur Philosophie finden.

breiten Raum widmete. Wohl hob er die „subjektiven Dimensionen" der Psychologie hervor und gestand derselben einen speziellen Status unter den (Natur-)Wissenschaften zu. Jedoch erwies sich ihm ihr Gegenstand letztlich als Verlängerung eines allgemeinen Entwicklungsprinzips:

„Wenn die Entwicklungslehre richtig ist, so folgt daraus als unvermeidliches Ergebniss, dass der Geist nur begriffen werden kann, indem man untersucht, wie der Geist sich allmählich entwickelt hat. wenn die Geschöpfe der höchst stehenden Arten jene hoch integrirte, ausserordentlich bestimmte und ausserordentlich ungleichartige Organisation, die sie wirklich besitzen, erreicht haben, indem sich einfach während einer unmessbar langen Vergangenheit Umgestaltung auf Umgestaltung häufte – wenn ebenso das hoch entwickelte Nervensystem solcher Geschöpfe seinen complicirten Bau und seine mannichfachen Functionen Schritt für Schritt erlangt hat, so müssen nothwendig auch die damit zusammenhängenden Formen des Bewusstseins, welche ja nur die Correlativerscheinungen dieser complicirten Structuren und Functionen sind, gleichfalls stufenweise entstanden sein." (SPENCER 1882, S. 305 f.)

Die von SPENCER somit hinsichtlich ihrer methodischen und theoretischen Prämissen dargelegte evolutionäre Psychologie und seine Bestimmung des Ausgangspunktes und der Tragweite der Psychologie überhaupt finden Entsprechungen bei anderen Autoren seiner Zeit. So etwa schrieb ROMANES (1885, S. 1):

„In der Familie der Wissenschaften steht die vergleichende Psychologie mit der vergleichenden Anatomie in sehr naher Verwandtschaft; denn sowie die letztere den anatomischen Bau der verschiedenen Tierarten miteinander in eine wissenschaftliche Verbindung zu bringen bestrebt ist, so trachtet die erste nach einer eben solchen Verbindung der geistigen Erscheinungen."

GEORGE JOHN ROMANES (1848–1894) war ein treuer Schüler DARWINS (sofern man „Schüler" eines Mannes sein kann, der nie irgendein Lehramt bekleidete). DARWIN soll ihn beim ersten persönlichen Zusammentreffen im Sommer 1874 mit den Worten empfangen haben: „Wie freue ich mich, daß Sie so jung sind!" (Vgl. RICHARDS 1987.) Leider sollte ROMANES nicht sehr alt werden. Seine Bedeutung für eine evolutionäre Theorie psychischer und mentaler Phänomene ist aber sehr groß. In seinem 1883 erschienenen Buch *Mental Evolution in Animals* (*Die geistige Entwicklung im Tierreich,* 1885) bemerkte er, daß die Anhänger des Evolutionsgedankens betreffend der Erklärung geistiger Phänomene beim Menschen in zwei Lager gespalten seien: Die einen würden – wie DARWIN – den menschlichen Geist und seine Entstehung in die graduelle psychische Evolution in der Tierwelt einordnen, die anderen aber glauben, der menschliche Geist habe sich überhaupt nicht entwickelt, sondern stehe für sich da. Das war in der Tat die Situation im letzten Drittel des 19. Jahrhunderts. Selbst ALFRED RUSSEL WALLACE (1823-1913), der entscheidende Beiträge zur Evolutionslehre geleistet und unabhängig von DARWIN den Mechanismus der natürlichen Auslese entdeckt hat, meinte,

„dass es eine Folge der eingeborenen fortschreitenden Kraft jener herrlichen Eigenschaften ist, welche uns so unermesslich weit über unsere Mitgeschöpfe erheben, und uns zu gleicher Zeit den sichersten Beweis liefern, dass es andere und höhere Existenzen, als wir selbst sind, giebt, von denen diese Eigenschaften hergeleitet sein mögen." (WALLACE 1870, S. 379)

Und an anderer Stelle bemerkte er: "Neither natural selection or (sic!) the more general theory of evolution can give us any account whatever of the origin of sensational or conscious life" (zit. nach RICHARDS 1987, S. 178). („Weder die natürliche Auslese noch die allgemeinere Theorie der Evolution kann uns irgendeine Erklärung des Ursprungs des sinnlichen oder bewußten Lebens geben" [Übersetzung des Autors].) Mit solchen und ähnlichen Auffassungen war noch Jahrzehnte später die Ethologie konfrontiert (siehe Abschnitt 2.6). Dabei spielten zweifelsohne auch religiöse Motive ihre Rolle. WALLACE bekannte sich zu einem Spiritualismus, während z. B. DARWIN und ROMANES Agnostiker waren. ROMANES, der in der empirischen Arbeit mit nerven- und sinnesphysiologischen Studien an Medusen und Stachelhäutern hervorgetreten war, sah eine stufenweise geistige Entwicklung in der Tierwelt bis zum Menschen. Er unterschied insgesamt fünfzig Stufen dieser Entwicklung und räumte dabei zweiundzwanzig Entwicklungsstufen den geistigen Fähigkeiten des Menschen ein (vgl. Abb. 7).

Wenn ROMANES wie selbstverständlich von der *geistigen* Entwicklung der Tiere sprach und damit einen üblicherweise für den Menschen reservierten Begriff verwendete, dann ist das keineswegs notwendigerweise eine illegitime Projektion menschlicher Eigenschaften auf andere Lebewesen. Vielmehr steckt dahinter die Überzeugung, daß geistige Phänomene nicht aus dem Nichts entstehen können und sich, wie gesagt, in der Evolution allmählich entwickelt haben müssen. Damit wurden auch, wie auf S. 10 bereits bemerkt wurde, die Grundlagen für die Tierpsychologie gelegt, als welche sich ja die Verhaltensforschung noch im 20. Jahrhundert verstanden hat. Allerdings blieb jene Überzeugung nie unwidersprochen, und zwar nicht bloß aus den angedeuteten religiösen oder ideologischen, sondern auch aus methodologischen und erkenntnistheoretischen Gründen. Der britische Naturforscher CONWY LLOYD MORGAN (1852-1936) forderte eine Beschränkung auf das Beobachtbare; das Theoretisieren über den *Prozeß* der Evolution wollte er lieber den „Lehnsessel-Philosophen" überlassen (vgl. THORPE 1979). Er kritisierte daher auch ROMANES und verlangte nicht nur begriffliche Schärfe, sondern auch die Wiederholung von Verhaltensexperimenten, um voreilige Schlußfolgerungen zu korrigieren oder zu verhindern. Im übrigen stammt von MORGAN der Begriff *trial and error* („Versuch und Irrtum") für den Bereich des Lernens.

Nicht übergehen darf man an dieser Stelle die Arbeiten von WILHELM WUNDT (1832–1920), dessen Leistung zunächst gerade darin bestand, das angedeutete methodische und empirische Defizit der Psychologie im 19. Jahrhundert zu überwinden (vgl. KÖNIG 1901). WUNDT unterschied ferner zwischen der (experimentellen) *Individualpsychologie* und der *Völkerpsychologie,* die mit „Sprache, Mythus und Sitte als Erzeugnisse des Gesamtgeistes" (WUNDT 1921, S. 26) Phänomene zu behandeln hätte, die über individualpsychologische Äußerungen hinausgehen, deren Behandlung daher auch die Anwendung besonderer Methoden notwendig machen würde. Im vorliegenden Zusammenhang noch wichtiger ist aber WUNDTS Auffassung über Triebe und Instinkte der Tiere und des Menschen, psychische Äußerungen im allgemeinen, die er – durchaus im Sinne einer evolutionären Psychologie – als stufenweise entwickelt betrachtete und ebenso in bezug auf die Gleichartigkeit ihrer basalen Elemente zu erklären suchte. So schrieb er:

„Das Tierreich bietet uns eine Reihe geistiger Entwicklungen dar, die wir als Vorstufen der geistigen Entwicklung des Menschen betrachten können, da sich das seelische Leben der Tiere überall als ein dem Menschen in seinen Elementen und in den allgemeinsten Gesetzen der Verbindung dieser Elemente gleichartiges verrät.

Schon die niedersten Tiere (Protozoen, Cölenteraten u. a.) zeigen Lebensäußerungen, die auf Vorstellungs- und Willensvorgänge schließen lassen. Sie ergreifen anscheinend spontan ihre Nahrung, entfliehen verfolgenden Feinden u. dgl." (WUNDT 1907, S. 341)

Der hier angesprochene „Wille" muß freilich nicht in einem metaphysischen Sinn verstanden werden, sondern als jene grundlegende Aktivität aller Organismen, die lebensnotwendige Erfahrungen möglich macht. Nur ein kleiner Schritt ist es daher von WUNDTS Willensbegriff zur Auffassung der Ethologen, wonach die unterschiedlichsten Verhaltensweisen der Organismen lebenserhaltende Bedeutung haben.

Die evolutionäre Psychologie präsentiert sich am Ende des 19. und zu Beginn des 20. Jahrhunderts jedenfalls nicht als eine einheitliche Theorie. Gemeinsam war ihren Vertretern (und auch einigen Naturforschern, Philosophen und Psychologen, die zwar in dieser Richtung dachten, sich aber nicht als „evolutionäre Psychologen" gesehen hätten) die Überzeugung, daß die an Lebewesen beobachtbaren Verhaltensweisen evolutionär erklärbar sind. Über Einzelheiten und methodologische Fragen gingen die Meinungen auseinander. Der Psychologe und Philosoph WILLIAM JAMES (1842–1910), Begründer der Philosophie des *Pragmatismus* – wonach menschliches Denken in der Hauptsache nach seiner Praxis im Leben zu bemessen ist (vgl. JAMES 1908) –, übernahm beispielsweise die Ideen DARWINS und stützte damit sein Argument für eine teilweise Unabhängigkeit des (menschlichen) Geistes von der Maschinerie des Gehirns: Wenn das Bewußtsein in der Evolution entstanden ist, so kann es nur dann von der Selektion begünstigt worden sein, wenn es einen zusätzlichen Nutzen zum Gehirnmaterial aufweist. DARWINS Theorie also bot unterschiedliche Möglichkeiten, und insgesamt wurden von dieser Theorie viele Kontroversen über die Evolution des Verhaltens und psychischer bzw. mentaler Phänomene gespeist.

Es bleibt hier nur daran zu erinnern, daß auch SIGMUND FREUD (1856–1939) verschiedene Ideen DARWINS und anderer Evolutionstheoretiker bereitwillig aufnahm (vgl. JONES 1961) und in verschiedene Kontroversen um die Tragweite des Evolutionsdenkens zumindest indirekt verstrickt war. FREUD hatte ja ursprünglich Zoologie studiert und war biologischen Ansätzen in der Psychologie insgesamt sehr zugänglich. Er setzte auch in die Tierpsychologie seine Hoffnungen und glaubte, daß das „Über-Ich" als allgemeines Schema eines psychischen Apparates nicht nur auf den Menschen Anwendung findet:

„Ein Über-Ich ist überall dort anzunehmen, wo es wie beim Menschen eine längere Zeit kindlicher Abhängigkeit gegeben hat. Eine Scheidung von Ich und Es ist unvermeidlich anzunehmen.

Die Tierpsychologie hat die interessante Aufgabe, die sich hier ergibt, noch nicht in Angriff genommen." (FREUD 1938 [1953, S. 11])

Nicht ohne eine gewisse Berechtigung kann man daher auch FREUD als einen Vertreter der evolutionären Psychologie ansehen, zumal diese, wie gesagt, unterschiedliche Variationen erfahren hat und verschiedene Gesichter zeigt. Bleibt natürlich die Frage, wie dann eine solch facettenreiche und in so verschiedene Richtungen zerstreute Disziplin (oder Theorie mit verschiedenen Variationsmöglichkeiten) strenger abgegrenzt werden kann.

Nun, sie ist sicher von ihrer schon weiter oben genannten Grundvoraussetzung her ziemlich klar abzugrenzen auch hinsichtlich ihrer Schlußfolgerungen, die zu einer allgemeinen Evolutionstheorie des Verhaltens, einschließlich mentalen Verhaltens (mag dieses nun auf den Menschen be-

Tab. 1. Wichtige Konzepte und Aussagen einer evolutionären Psychologie, Vorläufer und Vertreter bis zum ausgehenden 19. Jahrhundert.

Mensch und Tier folgern aus Erfahrung; ihr Verhalten beruht maßgeblich auf Instinkten
D. HUME, *An Inquiry Concerning Human Understanding* (1739)

Tiere verfügen über eine Intelligenz, sie vermögen sich unter verschiedenen Lebensbedingungen einzurichten
E. DARWIN, *Zoonomia or the Laws of Life* (1794)

Tiere sind mit Vernunft ausgestattet; ihre Gewohnheiten werden weitervererbt
J. B. DE LAMARCK, *Philosophie zoologique* (1809)

Psychische und mentale Fähigkeiten entwickeln sich graduell; die sehr vielfältigen Gemütsbewegungen beim Menschen und bei den Tieren haben sich in der Evolution durch natürliche Auslese entwickelt
CH. DARWIN, *The Expression of the Emotions in Man and Animals* (1872)

Es gibt ein universelles Entwicklungsprinzip; geistige Phänomene sind Resultate der Evolution, die in aufsteigenden Graden immer komplexere Phänomene hervorbringt
H. SPENCER, *Principles of Psychology* (1872)

Geistige Phänomene in der Tierwelt entwickeln sich stufenweise
G. J. Romanes, *Mental Evolution in Animals* (1883)

Parallel zur organischen Evolution hat eine mentale Evolution stattgefunden, die im Bewußtsein ihren Höhepunkt findet
C. L. Morgan, *Animal Life and Intelligence* (1890–1891)

Von der natürlichen Auslese ist die Entwicklung des Bewußtseins in teilweiser Unabhängigkeit vom – zusätzlich zum – Gehirnmaterial begünstigt worden
W. James, *Principles of Psychology* (1890)

---

schränkt sein oder nicht) führen. Tabelle 1 gibt eine Übersicht über die wichtigsten Konzepte und Aussagen der evolutionären Psychologie. Dort sind auch die Namen und Werke jener Personen aufgelistet, die maßgeblich zu ihr beigetragen haben.

Die später als vergleichende Verhaltensforschung oder Ethologie begründete Disziplin basiert auf verschiedenen der im Rahmen der evolutionären Psychologie schon im 19. Jahrhundert präsentierten Überlegungen, Theorien und Konsequenzen. Und verschiedene der in der evolutionären Psychologie enthaltenen philosophischen Prämissen gingen in die Ethologie ein. Schließlich wurden auch einige der späteren Kontroversen in der Ethologie und Streitigkeiten um ihre Voraussetzungen und Konsequenzen im Rahmen der evolutionären Psychologie vorweggenommen. Das betrifft beispielsweise, wie wir noch sehen werden, den Begriff der Instinkte.

Vielleicht ist hier der Eindruck entstanden, daß die evolutionäre Psychologie bloß ein Kapitel Geschichte ist und verschiedene Auffassungen des 19. Jahrhunderts kennzeichnet. Dieser Eindruck wäre aber irreführend. Vielmehr ist mit dem Ausdruck „evolutionäre Psychologie" *jede* Theorie (oder besser vielleicht jedes „Theorienbündel") gemeint, die (das), gestern und heute, als Erklärung psychischer und mentaler Phänomene bei Lebewesen die Evolution bzw. eine Evolutionstheorie strapaziert und selbst eine evolutionäre Theorie oder ein evolutionäres Theoriengebäude darstellt.

2.3 Der Vergleich als methodische Grundlage der Ethologie

Schon die Illustrationen in DARWINS Buch über den Ausdruck der Gemütsbewegungen zeigen, daß sich dessen Autor der Methode des *Vergleichs* bedient, um Ähnlichkeiten des Ausdrucks und die dahinterliegenden gemeinsamen Ursachen darzulegen. Und wie bereits bemerkt wurde, brachte ROMANES die Psychologie mit der *vergleichenden* Anatomie in Verbindung und betonte, daß aus dem Vergleich die Zusammenhänge im Bereich psychischer bzw. geistiger Phänomene erschlossen werden können, „um schliesslich", wie er meinte, „in den erhaltenen Resultaten eine Grundlage für die letzte Aufgabe jener Wissenschaften, für die Klassifikation der gefundenen Strukturen, zu gewinnen" (ROMANES 1885, S. 1). Nun geht es hierbei sicher nicht nur um eine Klassifikation, sondern vor allem um eine *kausale* Erklärung von Strukturen bzw. Verhaltensweisen. Ein knurrender, zähnefletschender Hund etwa zeigt praktisch den gleichen Ausdruck wie ein Wolf. Das könnte eine Entsprechung in der Funktion dieses Verhaltens bedeuten *(Analogie)* oder darauf hinweisen, daß beide Arten miteinander verwandt sind und eben deswegen so große Verhaltensähnlichkeiten zeigen *(Homologie)*.

Die Erkenntnis, daß zwei oder mehrere Strukturen nach demselben *Bauplan* entstanden und mithin *homolog* sind, reicht weit in die Geschichte der vergleichenden Anatomie zurück. Homologie als *Verwandtschaftsähnlichkeit* war schon vor der Etablierung der Abstammungslehre erkannt und spielte in der Evolutionsbiologie stets eine wichtige Rolle. Neuere Diskussionen des Homologie-Konzepts und auch seiner erkenntnistheoretischen bzw. philosophischen Implikationen geben z. B. BOCK (1989), RIEDL (1980) und WAGNER (1989). Eines der traditionellen Beispiele für homologe Or-

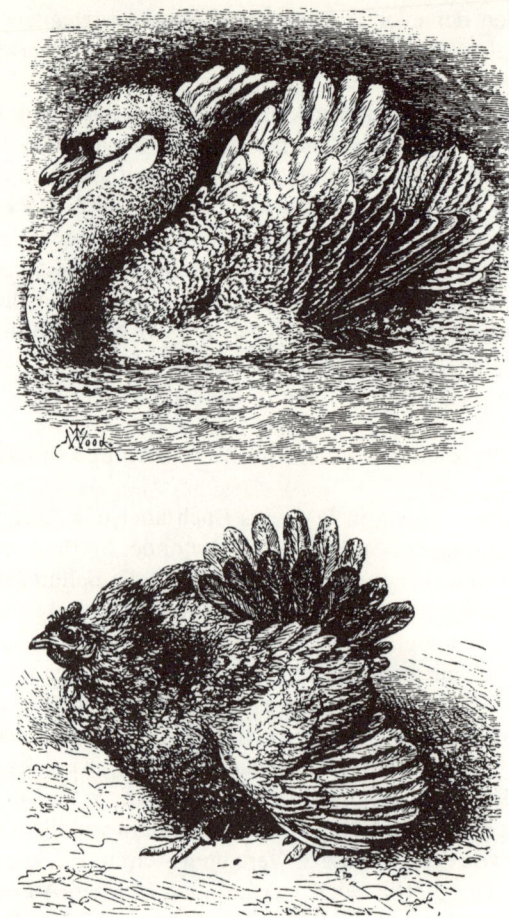

Abb. 8: DARWINS Beobachtungen der Ähnlichkeit von Gemütsbewegungen bei verschiedenen Tierarten. Oben: Schwan, der einen Eindringling vertreibt. Unten: Henne, die ihre Jungen vor einem Hund verteidigt. (Aus DARWIN 1872.)

gane sind die Extremitäten der Wirbeltiere: Sie sind stammesgeschichtlich identischen Ursprungs, ihre unterschiedliche Ausprägung (z. B. Fischflosse, Vogelflügel, Säugetierbein) werden als Anpassungen an unterschiedliche Lebensräume und die verschiedenen damit verbundenen Lebensbeanspruchungen erklärt. In der Anatomie und Morphologie ist also das Homologie-Konzept seit langem für die Rekonstruktion von stammesgeschichtlichen, verwandtschaftlichen Beziehungen zwischen verschiedenen Tiere (und Pflanzen) herangezogen worden. Dabei ist stets die Methode des Vergleichs von entscheidender Bedeutung gewesen. Die vergleichende oder komparative Methode gilt historisch und methodisch als Grundlage der Erkenntnis des *natürlichen Systems* der Organismen (siehe auch WUKETITS 1983). Nur allmählich wurde aber klar, daß diese Methode auch für die Verhaltensforschung eine entscheidende Rolle spielen kann und Verhaltensweisen genauso wie anatomische Strukturen *homologisiert* werden können.

Diese Einsicht ist schon deswegen interessant, weil Verhaltensweisen *Abläufe* sind, die nur am *lebenden* Organismus beobachtet werden und nicht konserviert werden können wie Knochen oder Zähne. Andererseits ist der Vergleich, wie LEYHAUSEN (1975, S. 467) bemerkt, im Bereich des Verhaltens eigentlich „das einzig verfügbare Mittel, das Geheimnis des stammesgeschichtlichen Werdens zu lüften; denn Verhaltensweisen sind ja – von seltenen und kümmerlichen Ausnahmen wie Grabspuren u. dgl. abgesehen – nicht fossilisierbar". HEINROTH und WHITMAN (vgl. S. 41) leisteten durch ihre Studien wichtige Beiträge zur Verhaltensforschung auf der Basis des Vergleichs. Deutlichere Konturen einer *vergleichenden* Verhaltensforschung zeichnete aber erst KONRAD LORENZ.

LORENZ, der 1903 in Altenberg an der Donau (etwa zwanzig Kilometer nordwestlich von Wien) geboren wurde und dort 1989 starb, studierte zunächst auf Wunsch seines Vaters Medizin, obwohl seine Liebe seit seiner Kindheit den Tieren galt (biographische Details finden sich bei WUKETITS 1990c). Sein Medizinstudium war allerdings auch für die Entwicklung der Ethologie nicht bedeutungslos. Denn sein Lehrer in Anatomie und Embryologie, FERDINAND HOCHSTETTER (1861–1954), machte ihn auf die Relevanz der vergleichenden Methode in diesen Fächern aufmerksam, und LORENZ erkannte, daß diese Methode auch für das Studium des Verhaltens von größter Wichtigkeit ist. Später, in einer Anfang der vierziger Jahre erschienenen umfangreichen Arbeit über Bewegungsabläufe bei Entenvögeln (vgl. LORENZ 1965a), zeigte er die gemeinsame stammesgeschichtliche Wurzel dieser Abläufe und deren evolutive Abwandlungen bei verschiedenen Entenarten auf. Dabei betonte er Merkmale des angeborenen arteigenen Verhaltens und schrieb:

„Der Tiergärtner, der über die Anatomie und womöglich auch Paläontologie sehr vieler Vertreter einer Tiergruppe verfügt, hat offensichtlich in den *Merkmalen des angeborenen arteigenen Verhaltens* eine Wissensquelle vor dem reinen Museumssystematiker voraus, die von ganz ausschlaggebender Bedeutung ist. Diese unzweifelhafte Tatsache ist nicht nur für den Systematiker von Bedeutung und Wert, viel näher noch geht sie den Psychologen an ... Auch psychisch sind alle Lebewesen etwas stammesgeschichtlich Ge-

Abb. 9:
Konrad Lorenz (1903–1989).

wordenes, dessen spezielles Sosein ohne Kenntnis des phylogenetischen Werdegangs völlig dunkel bleiben muß. Es besteht also für die vergleichende Psychologie, die bisher ja leider fast durchweg Programm geblieben ist, die dringende Aufgabe, an einer hierzu geeigneten Tiergruppe zunächst rein deskriptiv Verhaltensforschung zu treiben, um dann die so gewonnenen Merkmale mit allen nur irgend erreichbaren morphologischen Merkmalen zusammen in eine Feinsystematik der Gruppe einzubauen." (Lorenz 1965a, S. 332f.)

Ebenso stellte auch Tinbergen (1959) fest, daß, wo immer man Verhaltenscharaktere für die Systematik und Rekonstruktion stammesgeschichtlicher Zusammenhänge benutzt, das Ergebnis sehr ähnlich den auf anatomischen Studien beruhenden Resultaten sei. Und insgesamt steht für die Ethologen außer Zweifel, daß die aus dem Vergleich erschlossenen, homologisierten Verhaltensähnlichkeiten gleichsam das Grundgerüst ihrer Disziplin ausmachen. (Siehe hierzu z. B. auch Eibl-Eibesfeldt 1978, Immelmann 1979, Lorenz und Leyhausen 1968, Meissner 1976, Wickler 1974.) So wie also Anatomie und Paläontologie in sogenannten *Stammbäumen* ihren Niederschlag finden, kann auch die auf der vergleichenden Methode beruhende Ethologie zur Rekonstruktion der Verzweigungen und Verästelungen beitragen, die sich in der Evolution der Organismengruppen als Dif-

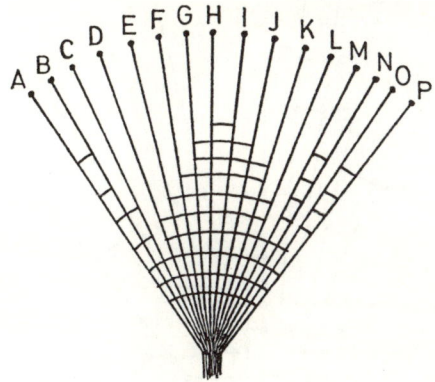

Abb. 10: Schema der zu erwartenden Merkmalsverteilung bei bauförmiger Verzweigung von Abstammungslinien. Die verbindenden Merkmale sind Folge gemeinsamer Entwicklungswege und entsprechend der gemeinsamen Abstammung verteilt. (Aus LORENZ 1965a.)

ferenzierungen von Merkmalen ergeben (vgl. Abb. 10 und 11). Grundsätzlich gilt: „Aus der einheitlichen Abstammung alles Lebens folgt auch seine Vergleichbarkeit" (KOEHLER 1968, S. 118).

Die vergleichende Verhaltensforschung ist somit die Fortsetzung und Verfeinerung jener vorhin beschriebenen Ansätze, die im 19. Jahrhundert schon den Rahmen für eine evolutionäre Psychologie gezogen haben. Nahm bereits ROMANES (1885), wie wir gesehen haben, für die Entwicklung psychischer bzw. geistiger Phänomene einen hypothetischen Stammbaum an, so konnte die moderne Ethologie noch verschiedene dabei maßgebliche Einsichten vertiefen und die Vorstellung eines solchen Stammbaums präzisieren (vgl. MEDICUS 1985, 1987; Abb. 12).

Da man heute, einem einseitigen Wissenschaftsverständnis gemäß, nicht selten die Meinung antrifft, daß die mit den Methoden der Beobachtung, der Beschreibung und des Vergleichs arbeitenden Wissenschaften nicht „exakt" seien, sind hier noch einige Bemerkungen nötig, um vor allem Mißverständnisse aus dem Weg zu räumen.

Ich sagte schon in Abschnitt 1.3, daß man die Rolle von Beobachtung und Beschreibung nicht unterschätzen dürfe. Dasselbe gilt in noch höherem Maße für den Vergleich. Es ist sicher richtig, daß in der Ethologie (wie in anderen Disziplinen, die sich der vergleichenden Methode bedienen) die aus dem Vergleich gezogenen Schlüsse nicht „absolut" sind und Fehlerquellen enthalten können (vgl. auch WEINBERGER 1980, 1983). Aber für welche Methode gilt das nicht! Es wäre völlig unsinnig zu glauben, daß die „exak-

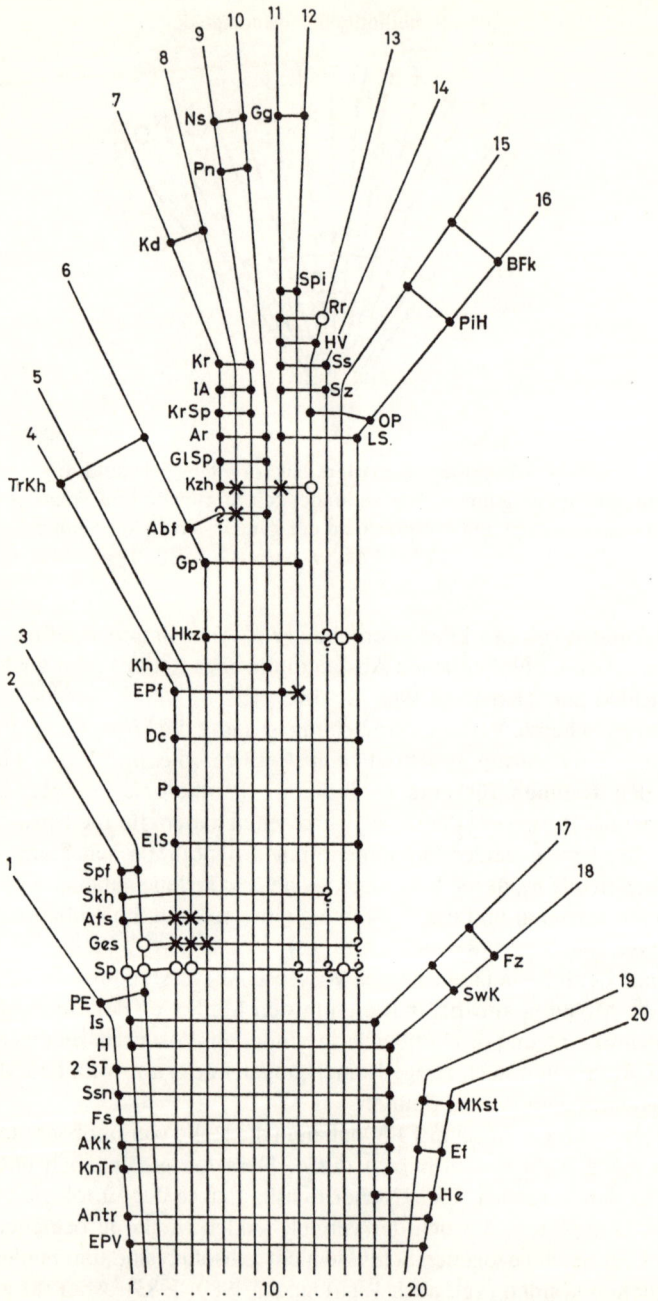

Abb. 11: Schema stammesgeschichtlicher Beziehungen von 20 Entenarten auf der Basis von Verhaltensmerkmalen. (Aus LORENZ 1965a.)

Merkmale

EPV	einsilbiges Pfeifen des Verlassenseins	KrSp	schwarzgoldgrüner Krickentenspiegel
Antr	Antrinken	TrKh	an das Triumphgeschrei erinnerndes Kinnheben
KnTr	Knochentrommel an der Trachea des Männchens	IA	isoliertes, nicht an Kurzhochwerden gekoppeltes Aufreißen
AKk	Anatinen-Kükenkleid		
Fs	Flügelspiegel	Kr	Krickpfiff
Ssn	Seihschnabel mit Hornlamellen	Kd	*küdick* der eigentlichen Krickenten
2 ST	zweisilbiger Kükenstimmfühlungslaut	Pn	Paarungsnachspiel mit Aufreißen und Nickschwimmen
H	Hetzen der Ente		
Is	Schütteln als Balz- bzw. Imponiergeste	Ns	Nickschwimmen der Ente
		Gg	*geeeeegeeeee*-Laut der echten Spießerpel
PE	zielende Kopfbewegung als Paarungseinleitung	Spi	spießartig verlängerte mittlere Steuerfedern
Sp	Scheinputzen des Erpels hinter dem Flügel	Rr	R-Laute der Ente beim Hetzen und Stimmfühlungslaut
Ges	Gesellschaftsspiel der Erpel		
Afs	Aufstoßen	HV	Hetzen mit hoch erhobenem Vorderkörper
Skh	seitliche Kopfbewegung der Ente beim Hetzen	Ss	stufiges Steuer
Spf	besondere, dem Scheinputzen dienende Federdifferenzierungen	Sz	Schnabelzeichnung mit Firstfleck und hellen Seiten
		OP	Fehlen des Pfiffs der Erpel
EIS	einleitendes Sichschütteln	LS	lanzettförmige Schulterfedern
P	Pumpen als Paarungseinleitung	BFk	blaues Flügelkleingefieder
Dc	Decrescendoruf der Ente	PiH	Pumpen als Hetzbewegung
EPf	Erpelpfiff	Fz	schwarzweiße und rotbraune Flügelzeichnung der Casarcinen
Kh	Kinnheben		
Hkz	Hinterkopfzudrehen des Erpels		
Gp	Grunzpfiff	SwK	schwarzweißes Kükenkleid
Abf	Abaufbewegung	MKst	mehrsilbiger Kükenstimmfühlungslaut der Anserinen
Kzh	Kurzhochwerden		
GlSp	nach Geschlechtern gleiche Flügelspiegel	Ef	einfarbiges Kükenkleid
		He	Halseintauchen als Paarungseinleitung
Ar	Aufreißen		

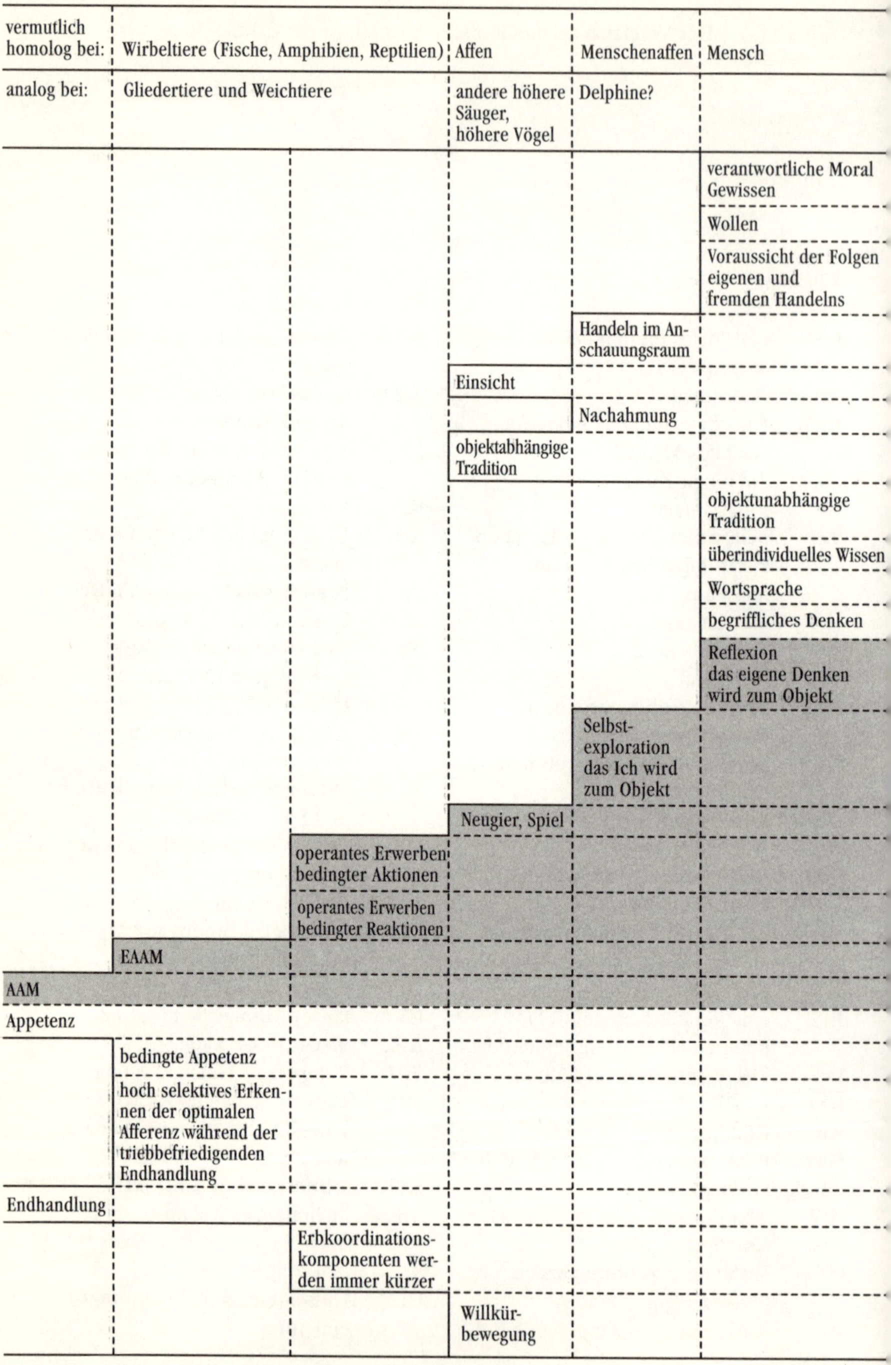

vermutlich homolog bei:	Wirbeltiere (Fische, Amphibien, Reptilien)	Affen	Menschenaffen	Mensch
analog bei:	Gliedertiere und Weichtiere	andere höhere Säuger, höhere Vögel	Delphine?	
				verantwortliche Moral Gewissen
				Wollen
				Voraussicht der Folgen eigenen und fremden Handelns
			Handeln im Anschauungsraum	
		Einsicht		
			Nachahmung	
		objektabhängige Tradition		
				objektunabhängige Tradition
				überindividuelles Wissen
				Wortsprache
				begriffliches Denken
				Reflexion das eigene Denken wird zum Objekt
			Selbstexploration das Ich wird zum Objekt	
		Neugier, Spiel		
	operantes Erwerben bedingter Aktionen			
	operantes Erwerben bedingter Reaktionen			
EAAM				
AAM				
Appetenz				
	bedingte Appetenz			
	hoch selektives Erkennen der optimalen Afferenz während der triebbefriedigenden Endhandlung			
Endhandlung				
		Erbkoordinationskomponenten werden immer kürzer		
		Willkürbewegung		

Abb. 12: Hypothetisches Schema der Entwicklung psychischer Leistungen aus moderner Sicht. (Nach MEDICUS 1985.)

ten", experimentellen Methoden stets zu der Weisheit letztem Schluß führen und frei von Fehlerquellen sein können. MAYR (1984) – der in seiner Geschichte der biologischen Gedankenwelt der Verhaltensforschung erstaunlich wenig Raum widmet – bemerkt mit Recht, daß der Unterschied zwischen der vergleichenden und der experimentellen Methode gar nicht so groß ist, wie es scheint. Denn in beiden Fällen werden Daten gesammelt und in beiden Fällen spielt die Beobachtung eine Rolle. (Auch der Experimentator muß ja schließlich seine Versuche und deren Ergebnisse *beobachten!*) Sicher besteht aber der Unterschied darin, daß der Experimentator die *Bedingungen* seiner Untersuchungen frei wählen kann, während der Beobachter und mit Vergleichen arbeitende Forscher stets „Experimente der Natur" zur Kenntnis zu nehmen hat und die Bedingungen erst im nachhinein erschließen muß.

Ferner wäre es völlig falsch zu denken, daß aus dem Vergleich keine *Gesetzeserkenntnis* zu gewinnen sei. Denn wie MOHR (1977) feststellt, hat eine vergleichende Biologie im allgemeinen zwei Aufgaben:

1. Sie hat zu einer Klassifikation der Organismen beizutragen und so das Verständnis der Stammesgeschichte zu unterstützen.
2. Sie muß – was vielleicht noch wichtiger ist – funktionale Erklärungen und Erklärungen über die Zweckmäßigkeit von Lebewesen bzw. ihren Teilen liefern.

Vor allem diese zweite Aufgabe der vergleichenden Biologie zeigt, daß Gesetzeserkenntnis angestrebt wird und möglich ist: Man vergleicht einzelne Organe oder Verhaltensweisen miteinander und stellt fest, ob sie ähnlichen Funktionen dienen. Falls das zutrifft, kann es sich natürlich um bloße Analogien handeln. Es kann sich aber auch um Homologien handeln, wonach dann die stammesgeschichtlichen Zusammenhänge erhellt werden können. Anatomen und Morphologen haben längst Kriterien festgelegt, denen zufolge das Vorliegen von Homologien mit relativ hoher Wahrscheinlichkeit ermittelt werden kann.

Eine andere methodische Kontroverse muß zumindest kurz behandelt werden. Die Ethologen haben immer wieder darauf insistiert, daß sie *induktiv* vorgehen, von einzelnen Fällen auf allgemeinere Gesetze schließen. In seinem in russischer Kriegsgefangenschaft zwischen 1944 bis 1948 auf Zementsackpapieren geschriebenen – dann verschollenen und erst vor wenigen Jahren wieder aufgetauchten – Manuskript bringt LORENZ (1992, S. 77) die Sache auf den Punkt:

„Die große Stärke der induktiven Methode liegt darin, daß der *Wahrscheinlichkeitsgrad* der Richtigkeit jeder aufgefundenen Gesetzlichkeit bekannt ist. Je *größer* die *Zahl* konkreter Einzeltatsachen, in denen eine bestimmte Regelmäßigkeit nachweisbar ist, desto geringer wird die Wahrscheinlichkeit, daß diese auf Zufall beruhe."

Das klingt plausibel. Und in der Tat hat man die Erfolge der modernen Naturwissenschaften oft der induktiven Methode zugeschrieben, wonach die Geschichte der Naturwissenschaften als kontinuierliche Akkumulation von Einzelbeobachtungen verstanden – und mißverstanden – werden könnte. In der Biologie während der ersten Hälfte des 20. Jahrhunderts hat (im deutschen Sprachraum) besonders MAX HARTMANN (vgl. S. 39) zu diesem Methodenverständnis beigetragen, der aber sehr wohl betonte, daß die Induktion stets mit der *Deduktion* (also dem Schließen vom Allgemeinen auf das Besondere) eng verknüpft sei (HARTMANN 1933, 1965). Die Methode des Vergleichs paßt gut mit der Induktion zusammen: Man vergleicht verschiedene Organe oder Verhaltensweisen der Arten einer bestimmten Tiergruppe miteinander, geht zur nächsten Tiergruppe über usw. – bis man allgemeine Prinzipien oder Gesetzmäßigkeiten entdeckt.

In Wirklichkeit sind aber die Ethologen keineswegs immer nach diesem strengen Schema vorgegangen. Es ist zwar richtig, daß CRAIG, HEINROTH, LORENZ, WHITMAN und andere der älteren Ethologen einzelnen Tiergruppen ihr Interesse widmeten und diese sehr detailliert studierten, jedoch kann man nicht sagen, daß ihre Beobachtungen, Beschreibungen und Vergleiche strikt theorienfrei waren. Denn sie alle akzeptierten ja von vornherein DARWINS Theorie als gleichsam ihre Arbeit leitendes Paradigma. Besonders für LORENZ' frühe, in den dreißiger Jahren entstandene Arbeiten läßt sich die Bedeutung der Theorie recht schön zeigen (vgl. KALIKOW 1975). Immerhin ging es ihm, wie in diesem und im nächsten Kapitel noch gelegentlich ausgeführt wird, um die Widerlegung bestimmter Theorien und die Erhärtung anderer. Außerdem ist schon die Wahl einer bestimmten Methode – hier: Vergleich – eine theoretische Vorentscheidung. Fakten allein führen ja auch zu keiner Theorie; es bedarf des schöpferischen Geistes, um aus Bündeln von Fakten eine Theorie herauszuarbeiten, und der schöpferische Geist neigt stets dazu, zu „spekulieren". So hat in der Biologie eben keinesfalls die Methode der Induktion allein zu wichtigen Schlußfolgerungen und Theorien geführt. DARWIN bediente sich der *hypothetisch-deduktiven Methode* (vgl. GHISELIN 1969, MAYR 1984), d. h., er stellte zunächst eine Hypothese auf und sammelte dann Belege dafür. Allerdings ist gerade DARWINS Vorgehensweise sehr komplex. Denn er mußte zuerst die Tatsache der Evolution für sich selbst entdecken, wofür ihm viele Einzelbeobachtungen und die Lektüre einiger einschlägiger Werke dienten; dann dämmerte ihm die Theorie der natürlichen Auslese, unter die er schließlich unzählige Einzelphänomene zu subsumieren versuchte.

Wenn also hier der Vergleich als methodische Grundlage der Ethologie bezeichnet wird, so muß man sich immer vor Augen führen, daß die Ethologen dabei vielfach schon bestimmte Hypothesen oder Theorien bestätigen oder widerlegen wollten und kaum „theorienfrei einfach Verhaltensweisen miteinander verglichen". Hierbei hat sich noch eine andere „Methode" als bedeutungsvoll erwiesen. Wenn ich sie unter Anführungszeichen setze, so deshalb, weil es sich nicht um eine Methode im strengen wissenschaftstheoretischen Sinne handelt, sondern vielmehr um eine Eigenschaft unserer Wahrnehmung, der die Verteidiger „exakter" Methoden gern skeptisch begegnen: die *Gestaltwahrnehmung*.

2.4 Gestaltwahrnehmung als Quelle der Erkenntnis

„Die Gestalt ist keinem Bestandstück des Komplexes, sondern nur dem Ganzen eigen, es bildet ein neues Merkmal desselben" (KREIBIG 1911, S. 11). Oder, wie ALVERDES (1937, S. 231) über die Spinne sagte: „Sie schafft ihr Netz als ein Ganzes, als ‚Gestalt'." Das klingt nun vielleicht etwas kryptisch. Was ist Gestalt? Was ist ein Ganzes?

Die Schriften vieler Verhaltensforscher sind voll mit Hinweisen auf die Bedeutung der *ganzheitlichen* Betrachtung, und vor allem LORENZ hat sich wiederholt gegen eine *reduktionistische* Betrachtungsweise in der Ethologie gewehrt und betont, daß das Ganze stets mehr als die Summe seiner Teile sei und daß daher auch die Biologie methodisch nicht auf Physik und Chemie reduziert werden könne. „Das Ziel des Biologen", so meinte er (LORENZ 1978, S. 31), „ist ... das Verständlichmachen eines organischen Systems als *Ganzen*." Das ganzheitliche Denken hat in der Biologie eine lange Tradition; viele Kontroversen sind in diesem Zusammenhang entstanden und beeinflußten auch die Entwicklung der Ethologie. Wie erinnerlich (vgl. S. 5), standen einander immer wieder Mechanisten und Vitalisten gegenüber; die ersteren wollten Lebewesen und die an ihnen beobachtbaren Erscheinungen mechanisch erklärt wissen, die letzteren postulierten zusätzlich bestimmte (allerdings nicht immer wirklich bestimmbare) Vitalfaktoren. Die Ethologen haben sich sowohl gegen die Mechanisten als auch gegen die Vitalisten zur Wehr gesetzt. Im nächsten Kapitel wird noch davon die Rede sein. Auf die Gedankenwelt von KONRAD LORENZ nahm in diesem Zusammenhang vor allem die *Gestaltpsychologie* erheblichen Einfluß.

Während seines Studiums an der Universität Wien besuchte LORENZ auch Lehrveranstaltungen des Psychologen KARL BÜHLER (1879–1963), der bis

1938 in Wien lehrte und dann, wie damals so viele, in die Vereinigten Staaten emigrierte. BÜHLER lieferte wichtige Beiträge zur Sprach- und Kinderpsychologie und bemühte sich um eine Synthese verschiedener methodischer Ansätze in der Psychologie. Seine gestaltpsychologischen Ansätze übten auf LORENZ große Attraktion aus. Die Gestaltpsychologie war gewissermaßen aus der Unzufriedenheit mit bestimmten psychologischen Richtungen (vor allem der „atomistischen" Richtung) entstanden (vgl. PETERS 1962). Es war wohl der österreichische Philosoph CHRISTIAN EHRENFELS (1859–1932), der als erster von *Gestaltqualitäten,* „die gegenüber den in sie eingehenden Elementen eine gewisse Unabhängigkeit besitzen" (HOFSTÄTTER 1957, S. 143), gesprochen hatte. Doch auch schon bei ERNST MACH (1838–1916) finden wir die Feststellung:

„Farben, Töne, Wärmen, Drücke, Räume, Zeiten u. s. w. sind in mannigfaltiger Weise miteinander verknüpft, und an dieselben sind Stimmungen, Gefühle und Willen gebunden. Aus diesem Gewebe tritt das relativ Festere und Beständigere hervor, es prägt sich dem Gedächtnis ein und drückt sich in der Sprache aus. Als relativ beständiger zeigen sich zunächst räumlich und zeitlich (funktional) verknüpfte *Komplexe* von Farben, Tönen, Drükken u. s. w., die deshalb besondere Namen erhalten, und als Körper bezeichnet werden." (MACH 1922 [1985, S. 1f.)

Das kann durchaus gestaltpsychologisch interpretiert werden. Auch die Ansätze des Psychologen und Philosophen OSWALD KÜLPE (1862–1915) verdienen hier Erwähnung, zumal KÜLPE – ähnlich wie MACH – meinte, daß Empfindungen „Raumcharakter" haben und „sich alle Gestalten und Räumlichkeiten zu einer Einheit bzw. Gesamtheit zusammen[schließen]" (KÜLPE 1922, S. 161).

Die ganzheitliche Betrachtungsweise hat also in den Verhaltenswissenschaften eine respektable Tradition. LORENZ stellte sich auf den Boden dieser Tradition und meinte, daß Gestaltwahrnehmung eine wichtige Quelle wissenschaftlicher Erkenntnis sei. In einem 1959 veröffentlichten längeren Aufsatz, den er KARL BÜHLER zum achtzigsten Geburtstag widmete, kam er

„zu dem Schlusse, daß die Wahrnehmung komplexer Gestalten eine völlig unentbehrliche Teilfunktion im Systemganzen aller Leistungen ist, aus deren Zusammenspiel sich unser stets unvollkommenes Bild der außersubjektiven Wirklichkeit aufbaut. Sie ist damit eine ebenso legitime Quelle wissenschaftlicher Erkenntnis wie jede andere an diesem System beteiligte Leistung. Sie ist sogar, in jeglicher Reihe von Schritten, die zu einer Erkenntnis führen, der Anfang und das Ende, das Alpha und das Omega." (LORENZ 1965a, S. 570)

Man muß sich hierzu vor Augen führen, daß die modernen Naturwissenschaften stark auf Quantifizierung, d. h. auf Maß und Zahl, ausgerichtet sind, auf die *Reduktion* komplexer Phänomene auf ihre kleinen und kleinsten Teilchen. Daher wird auch, wie schon erwähnt, anderen Methoden gern „Exaktheit" abgesprochen. Genau dagegen haben LORENZ und andere Ethologen ihre Stimme erhoben. Auch TINBERGEN (1972, S. 73) betonte, indem er auf die Bedeutung des Gestaltprinzips hinwies, „daß die Reizkonfigurationen, auf die ein Tier antwortet, nicht einfach meßbar sind", und er räumte ein, daß der Gestaltcharakter eine Grenze für den Verhaltensforscher bezeichne. Doch als ein dem Experiment und der Kausalanalyse verpflichteter Forscher akzeptierte TINBERGEN diese Grenze nicht als unverrückbar und postulierte für den Ethologen die Suche und das Hinzuziehen anderer Methoden. Der Einfluß der Gestaltpsychologie und des ganzheitlichen Denkens ist in der Ethologie außerhalb des deutschen Sprachraums freilich geringer. Das überrascht nicht, da die Gestaltpsychologie in der Hauptsache in Deutschland und Österreich begründet wurde und hier stets GOETHES Geist stärker in die Naturforschung eindringt:

> Alle Gestalten sind ähnlich
> und keine gleichet der andern.
> Und so deutet das Chor
> auf ein geheimes Gesetz,
> auf ein heiliges Rätsel.

Allerdings gibt es für die moderne Ethologie kein „geheimes Gesetz" oder „heiliges Rätsel". Nur bei einigen wenigen Verhaltensforschern aus neuerer Zeit klingt ein wenig Mystik mit, wenn sie die ganzheitliche Betrachtungsweise fordern und von Gestalten reden. Das gilt etwa für den Schweizer Zoologen ADOLF PORTMANN (1897–1982), der beispielsweise das Leben als „die Erscheinung eines ‚Innern' im ‚Äußern'" (PORTMANN 1953, S. 64) charakterisierte oder „die Feder im Dienste der Erscheinung" des Vogels sah (PORTMANN 1984, S. 50).

Das Erfassen von Gestalten hat viel mit Intuition zu tun – das ist wohl mit ein Grund dafür, daß ihm die Experimentatoren und Analytiker mit Skepsis begegnen. LORENZ hat ja vieles am tierischen und menschlichen Verhalten buchstäblich *intuitiv erschaut*, und er hat sich so auch, pointiert gesagt, in Tiere hineindenken können. Seine wiederholte Äußerung, daß nur der, der als „Gans" von Gänsen akzeptiert ist, wirkliche „Insider-Informationen" über diese Tiere bekommt, ist mehr als nur ein Bonmot. Jedoch birgt die Gestaltwahrnehmung auch Fehlerquellen. So glaubte LORENZ (1950), daß der Haushund vom Wolf und vom Schakal abstammt. Das ist falsch. Die durch Gestaltwahrnehmung gewonnene Überzeugung muß korrigiert werden, denn im Haushund fließt kein Schakalblut, er stammt nur vom Wolf ab (vgl. HASSENSTEIN 1990, HERRE und RÖHRS 1990, ZIMEN 1988).

Aber Fehler passieren mit jeder Methode. Die Frage, inwieweit die Gestaltwahrnehmung eine *wissenschaftliche* Methode ist, ist eine andere. Unser Wahrnehmungsapparat und auch der Wahrnehmungsapparat anderer Lebewesen ist so beschaffen, daß aus einer Fülle wahrnehmbarer und wahrgenommener Merkmale eines Gegenstandes nur die essentiellen Merkmale abstrahiert werden. Weiß man beispielsweise einmal ungefähr, was ein Hund ist, dann wird man auch jede der in Abb. 13 gezeichneten Figuren als „Hund" erkennen, obwohl es sich nur um grobe Skizzen bzw. Umrißbilder handelt. Allerdings hat das mit *rationaler* Erkenntnis nichts zu tun. Also wird man geneigt sein zu sagen, daß Gestaltwahrnehmung auch keine wissenschaftliche Methode sein kann. Doch wäre es abermals ein falsches Verständnis von Wissenschaft, würde man die Rolle vorrationaler Erkenntnis bzw. der Intuition leugnen und nur akzeptieren, was analytisch und experimentell, durch Messung und Zählung an Resultaten gewonnen wurde. Ganzheitliche Betrachtung, Gestaltwahrnehmung ist vielleicht nicht das Alpha und das Omega der Erkenntnis, aber sie ist sicher eine legitime und notwendige Komponente im wissenschaftlichen Erkenntnisprogreß.

„Verhalten ist eine besondere Leistung des lebenden Systems als Ganzem" (LUNDBERG 1981, S. 262). Wenn ein Verhaltensforscher beispielsweise vom *Balzverhalten* eines Tieres spricht, dann hat er natürlich das *ganze* Tier im Auge sowie die Funktion, die jenes Verhalten im Systemganzen erfüllt. Die der ganzheitlichen Betrachtungsweise verpflichteten Ethologen haben ja nie behauptet, daß damit schon alles gesagt sei. Gerade LORENZ (1988, S. 24) betonte: „Das Vorgehen von Forschung und Lehre in der Richtung *von* der Ganzheit des untersuchten Systems *zu* seinen Teilen ist in der Biologie *obligat*." Damit wird die Überzeugung ausgedrückt, daß biologische Erkenntnis stets mit zwei komplementären Methoden gewonnen wird; der ganzheitlichen, synthetischen Methode, die von ganzen Organismen bzw. deren Gestalten ausgeht, und der analytischen, die sozusagen von oben nach unten die kleinen und kleinsten Elemente der Organismen aufspürt und deren Zusammenwirken untersucht. Die moderne Ethologie wäre ohne eine dieser Methoden und Betrachtungsweisen nicht denkbar. Jede Wissenschaft braucht synthetische Geister, die Gestalten wahrnehmen, Zusammenhänge sehen und zu kühnen Schlußfolgerungen neigen; und sie braucht analytische Geister, die sich mit den Details beschäftigen und sozusagen den Dingen auf den Grund gehen. TINBERGEN (1988, S. 310) erinnert sich an seine intensive Zusammenarbeit mit LORENZ, die auf die dreißiger Jahre zurückgeht: „Konrad war immer ... der Mann mit den Hypothesen, und ich mehr der Nachprüfer." Und: LORENZ „war nicht nur der Mann mit den Ideen, son-

Gestaltwahrnehmung als Quelle der Erkenntnis

Abb. 13: Beispiel für Gestaltwahrnehmung des Menschen. Jede dieser Figuren erkennen wir als „Hund", obwohl es sich nur um grobe Umrißzeichnungen handelt. Wir abstrahieren die für Hunde essentiellen Merkmale, die „Hundegestalt", und erkennen diese auch in vereinfachenden Abbildungen, sofern nur die betreffenden Merkmale herausragen.

dern auch immer der mehr philosophisch veranlagte und begabte Partner". Es war diese Partnerschaft zweier im „wissenschaftlichen Temperament" unterschiedlicher Naturen, die den Werdegang der Ethologie sehr gefördert hat.

Nun hob LORENZ (1974, 1988) im Zusammenhang mit der Gestaltwahrnehmung vor allem auch die Analogie als Erkenntnisquelle hervor. Ich habe bereits auf S. 29 auf die Bedeutung der Analogie in der Verhaltensforschung hingewiesen und an anderer Stelle (WUKETITS 1983) die Rolle von Analogiemodellen in der Biologie betont. Schon auf der Ebene der Alltagserfahrung ist es evident, daß wir intuitiv Ähnlichkeiten (Analogien) erfassen und dahinter auch gleiche oder ähnliche Ursachen vermuten. In der vergleichenden Verhaltensforschung wurde die Analogie bzw. der Analogieschluß vor allem im sogenannten Tier-Mensch-Vergleich relevant, der – und wir kommen darauf noch zurück – stets viel Kritik erfahren hat. Sicher kann man darüber streiten, ob es, wie LORENZ (1988, S. 291) meinte, „ein sicherer Indikator" für die intuitiv entdeckte Ähnlichkeit zwischen tierischem und menschlichem Verhalten ist, „wenn wir uns vom Verhalten eines Tieres emotional angesprochen fühlen". Denn emotional angesprochen sind wir beispielsweise vom Großen Panda sehr, doch gibt es Tierarten, die uns verwandtschaftlich mindestens so nahe, wenn nicht näher sind, uns aber weniger emotional ansprechen. Und besondere Vorsicht ist geboten, wenn wir von unserem eigenen Erleben auf ein entsprechendes bei Tieren schließen; dieser Analogieschluß drängt sich zwar auf, „doch hat er keine Beweiskraft und verliert um so mehr an Gewicht, je unähnlicher uns eine Tierart ist" (EIBL-EIBESFELDT 1978, S. 22).

Daher hat LORENZ (1988) die Analogie richtigerweise nicht nur als Wissens-, sondern auch als Fehlerquelle erkannt. Andererseits sind Analogieschlüsse und darauf beruhende Verallgemeinerungen durchaus legitim und erreichen einen hohen Grad an Wahrscheinlichkeit, wenn sich der Verhaltensforscher an folgende Kriterien hält (vgl. RENSCH 1973):

1. Struktur und Funktion von Sinnesorganen, Gehirnen und darauf beruhenden Fähigkeiten der Unterscheidung von Reizqualitäten müssen mit Strukturen, Funktionen usw. jener Organe übereinstimmen, denen ähnliche Fähigkeiten zugesprochen werden können.
2. Wenn man bei Tieren von üblicherweise vom Menschen bekannten Eigenschaften wie „Intelligenz", „Gedächtnis", „Schmerzempfindung", aber auch „Sehen", „Hören" usw. spricht, dann ist das legitim, wenn diese Tiere über entsprechende Organe verfügen und man jene Fähigkeiten auch experimentell testen kann.

Damit kann sich die Verhaltensforschung in vielen Fällen auch dem Vorwurf entziehen, Tiere zu vermenschlichen, illegitimerweise vom Menschen auf

Tiere – oder auch umgekehrt – zu schließen. Auf der Basis gemeinsamer physiologischer Ursachen kann der Ethologe Zusammenhänge formulieren, die auch einen entsprechenden Grad an „Objektivität" aufweisen. Damit können schließlich auch verschiedene der im Rahmen der evolutionären Psychologie verwendeten Begriffe präzisiert werden, und die Verhaltensforschung insgesamt gewinnt ein höheres begriffliches Niveau.

2.5 Verhaltensphysiologie – kausale Analyse des Verhaltens

Es wäre natürlich verfehlt zu sagen, daß man in der Verhaltensforschung erst im 20. Jahrhundert nach den Ursachen spezifischer Verhaltensweisen zu suchen begann und die kausale Analyse des Verhaltens erst in diesem Jahrhundert postulierte. Dennoch blieb die Kausalanalyse lange Zeit in ihren Anfängen stecken. Das hängt damit zusammen, daß die Entwicklung von Disziplinen wie *Sinnes-* und *Neurophysiologie*, die hierbei unentbehrlich sind, erst in den letzten Jahrzehnten einen ungeheuren Aufschwung erhielt. Für die Ethologie ist die Physiologie also eine unabdingbare Grundlage. Das bedarf keiner näheren Erörterung: „Verhaltensweisen entstehen durch Aktivität von Muskeln, Drüsen und Nerven; hierfür ist die Physiologie zuständig" (BAERENDS 1973, S. 265).

Das Programm einer Verbindung der Verhaltenswissenschaften im allgemeinen mit der Physiologie wurde allerdings schon vor geraumer Zeit formuliert. Sehr klare Konturen erhielt dieses Programm etwa in den Werken des Philosophen, Psychologen und Psychiaters THEODOR ZIEHEN (1862–1950), der der Psychologie sowohl ein geisteswissenschaftliches wie ein naturwissenschaftliches Fundament verleihen wollte und sich gegen den Dualismus von Gehirnvorgängen und psychischen Vorgängen stellte. In seinem auf Vorlesungen beruhenden *Leitfaden der Physiologischen Psychologie* schrieb er:

„Wie die psychischen Vorgänge den Gehirnerregungen parallel gehen, geht die physiologische Psychologie . . . der Hirnphysiologie parallel. Wo die letztere ihr genügende Erkenntnis noch nicht bietet, wird die physiologische Psychologie die psychischen Erscheinungen wohl provisorisch rein als solche erforschen dürfen, jedoch immer geleitet von dem Gedanken, daß auch für diese psychischen Erscheinungen wenigstens die Möglichkeit eines Parallelismus zu zerebralen Vorgängen nachgewiesen werden muß." (ZIEHEN [1914, S. 2f.])

Später bemerkte ZIEHEN (1923, S. 7), „daß der Terminus ,physiologische Psychologie' sich sowohl auf . . . Verwertung der physiologischen Beziehungen der seelischen Vorgänge als auch auf die Verwertung der physiologischen Methoden . . . bezieht", und meinte mit diesen Methoden das Experiment.

Versuche, die Psychologie auf eine „exakte" Grundlage zu stellen, reichen in der Geschichte aber weiter zurück. GUSTAV THEODOR FECHNER (1801–1887) ragt dabei mit seiner *Psychophysik* heraus, die ihm angeblich am Morgen des 22. Oktober 1850 im Bett blitzartig in den Kopf schoß, in Form der Idee, „daß der Zuwachs der geistigen Intensität einer Empfindung proportional sei zu dem Verhältnis des Zuwachses der lebendigen Kraft der Bewegung zu der schon vorhandenen lebendigen Kraft" (LASSWITZ 1910, S. 73). Wir wollen diese Idee hier nicht weiterverfolgen. Interessant und wichtig ist indes, daß man schon früh die Psychologie zu einer Naturwissenschaft zu erheben bemüht war und sie von spekulativen Ansätzen befreien wollte. Dabei schlug allerdings das Pendel oft zu weit ins andere Extrem; die Folge war ein reduktionistisches Bild von psychischen Vorgängen.

In der Ethologie mit ihren ganzheitlichen Denkansätzen versuchte man demgegenüber, die Physiologie zwar auf breiter Basis heranzuziehen, das Studium des Verhaltens aber nicht auf die Physiologie zu reduzieren. EIBL-EIBESFELDT (1978, S. 20f.) stellt dazu fest:

„Während sich die Physiologen . . . im allgemeinen um die kausale Erforschung einfachster Verhaltensweisen (z. B. Herzschlag, Atmung, Muskeleigenreflexe, Arbeitsweise der isolierten Muskelfaser etc.) bemühen, untersuchen die von der Zoologie herkommenden Verhaltensforscher in erster Linie das Verhalten des gesamten Organismus in seiner Auseinandersetzung mit der belebten und unbelebten Umwelt . . . Sie arbeiten also auf einem höheren Integrationsniveau als die Physiologen."

In der Folge soll das Gebiet der Verhaltensphysiologie in seiner historischen Entwicklung kurz charakterisiert werden, wobei ich nur die wichtigsten Konzepte berücksichtigen will.

Bahnbrechend für die Verhaltensphysiologie waren die Arbeiten von ERICH VON HOLST (1908–1962), der vielen überhaupt als der Begründer dieser Disziplin gilt (vgl. HASSENSTEIN 1976). HOLST, als Forscher und Mensch ein eigenwilliger Charakter, Experimentator und brillanter „Seher", arbeitete am Aufbau eines „Max-Planck-Instituts für Verhaltensphysiologie" und lud LORENZ nach Deutschland ein. Ab 1955 leiteten sie zusammen das bekannte Institut in Seewiesen, das längst zu einem weltweit bedeutenden Zentrum für Verhaltensforschung geworden ist. Zur Gründung des Instituts faßte HOLST (1954) programmatisch zusammen, was Verhaltensphysiologie ist und nicht ist:

Abb. 14: KONRAD LORENZ und ERICH V. HOLST in Seewiesen.

1. Die Analyse ist eine wichtige Aufgabe der Verhaltensphysiologie; ihr muß aber die Synthese zur Seite stehen. „Synthese" und „Ganzheitlichkeit" sollen keine beliebten leeren Worte bleiben.
2. Die Verhaltensphysiologie umfaßt das Studium des Nervensystems, der Sinnesorgane und des Bewegungsapparates in funktioneller Hinsicht, ferner das vergleichende Studium angeborener Bewegungsakte und das Studium der Reize und Reizsituationen sowie Lernleistungen.
3. Verhaltensphysiologie soll nur das objektiv Erfaßbare, die Aktivitäten der Organismen, das physiologische Geschehen erforschen.

4. Über die „Tierseele" oder die „Menschenseele" kann die Verhaltensphysiologie keine Aussagen machen; denn was sie nicht erfahren kann, darüber soll sie nicht sprechen.

HOLST selbst hat in seinen Arbeiten dieses Programm mit größter Akribie zu erfüllen gesucht. Hervorzuheben sind zunächst seine Untersuchungen über das *Zentralnervensystem* (vgl. HOLST 1942). Wichtig war ihm dabei der Nachweis einer funktionellen Autonomie des Nervensystems und die Widerlegung der Annahme, alle zentralnervösen Funktionen seien aus Reflexen zu erklären (siehe Abschnitt 3.2).

Andere seiner Arbeiten vor allem auf dem Gebiet experimenteller Analysen beziehen sich auf den Vogelflug und das Prinzip der *relativen Koordination* (Übersicht bei HASSENSTEIN 1976). Insbesondere durch Untersuchungen am Rückenmark von Fischen gelangte HOLST abermals zu der Überzeugung, daß das Zentralnervensystem funktionsordnende Teilsysteme in sich schließt, die nicht auf Reflexketten zurückführbar sind.

Zu den wichtigsten Entdeckungen der Verhaltensphysiologie gehört das von HOLST und MITTELSTAEDT (1950) formulierte *Reafferenzprinzip*. Dieses bezeichnet einen Regelvorgang im Nervensystem zur Rückmeldung und Kontrolle eines Reizerfolgs. Das bedeutet: Wird von einem nervösen Zentrum eine Erregung (Efferenz) ausgesandt, welche einen Bewegungsablauf zur Folge hat, so wird in einem nachgeschalteten untergeordneten Zentrum eine Kopie von dieser Efferenz hergestellt; der infolge der ausgesandten Erregung ablaufende Bewegungsvorgang aktiviert dann seinerseits Rezeptoren im Erfolgsorgan, die wiederum ihrerseits Rückmeldungen, *Reafferenzen*, über den erfolgten Bewegungsvorgang senden. Wenn die Reafferenz mit der Efferenzkopie übereinstimmt, wird letztere gelöscht, weil dann der notwendige Bewegungsablauf erfolgt ist. Bestehen aber Unterschiede zwischen der Efferenzkopie und der Reafferenz – bewirkt etwa durch Außeneinflüsse –, so ist eine Korrektur durch entsprechende Meldungen an die übergeordneten Zentren nach demselben Prinzip möglich.

Wie man sieht, hat HOLST also die *kybernetische* bzw. *regeltheoretische* Methodik in die Verhaltensforschung eingeführt. Man wundert sich nur, daß ihm die Verleihung des Nobelpreises nicht vergönnt war.

Der schon mehrfach erwähnte holländische Verhaltensforscher NIKOLAAS TINBERGEN (1907–1989) hatte damit mehr Glück. Von seinem Vater hatte er zwar wiederholt hören müssen, daß Vogelbeobachtungen keine Grundlage für einen soliden Beruf seien (worin jener sich in nichts von LORENZ' Vater unterschied); aber es reichte allemal für die Mitbegründung einer wissenschaftlichen Disziplin und die höchste Auszeichnung, die auf wissenschaftlichem Gebiet zu vergeben ist.

TINBERGENS Beiträge zur Verhaltensphysiologie liegen vor allem auf dem Gebiet der Untersuchung von Instinkten (vgl. TINBERGEN 1948, 1972). Wie wir bereits im Abschnitt über evolutionäre Psychologie gesehen haben, spielte der Instinktbegriff schon im Vorfeld einer wissenschaftlichen Verhaltensforschung eine Rolle. Er sollte auch später große Kontroversen verursachen (siehe Kapitel 3). Es ist wesentlich TINBERGENS Verdienst, daß der Instinktbegriff entmystifiziert und der „objektivistischen" Methode der Physiologie zugänglich gemacht wurde. TINBERGEN (1948, S. 121) schrieb:

„Die Ethologie behauptet nicht etwa, das Tier sei eine Maschine; sie behauptet nur, daß das Tier (physiologische) Mechanismen hat, daß es nur diese Mechanismen sind, die für die Verursachung des Verhaltens verantwortlich sind, und daß man diese Mechanismen nur mit Hilfe objektivistischer Methoden untersuchen kann."

Doch wollte auch TINBERGEN keine reduktionistischen Ansätze in der Ethologie akzeptieren. Es ging ihm um die Integration mehrerer Ebenen. Daher betonte er:

„Das Studium der *Mechanismen*, vermöge welcher ein Tier handelt, hat mit Sinnes- und Nervenphysiologie, Hormonforschung und selbst mit Muskelphysiologie zu tun. Sie gipfelt im Erfassen des Zusammenspiels ihrer aller, der *Integration*." (TINBERGEN 1972, S. 2)

Vieles in TINBERGENS Arbeiten kreist um die Mechanismen des angeborenen Verhaltens, worauf wir noch in Abschnitt 3.1 zurückkommen werden. An dieser Stelle ist vielleicht wichtig zu bemerken, daß TINBERGEN eine *Hierarchie* angeborener Auslösemechanismen und motorischer Zentren annahm und an Beispielen zu verdeutlichen wußte. Wir wollen hier beispielhaft seine Erörterungen über die hierarchische Stufenfolge organisierten Verhaltens beim Fortpflanzungsverhalten des Stichlingsmännchens herausgreifen. Abb. 15 zeigt, über welche Stufen (Verhaltensaktivitäten) der Fortpflanzungsinstinkt zu spezifischen Endhandlungen (Endinstinkten) führt und in welchen Aktivitäten diese bestehen. Wir ersehen daraus auch, daß Verhaltensweisen in einer bestimmten Ordnung auftreten. Diese Ordnung besteht sowohl in einem zeitlichen Nacheinander als auch in einem zeitlichen Nebeneinander.

Das auch von BAERENDS (1976) diskutierte Hierarchie-Modell des Verhaltens hat sich als recht fruchtbar erwiesen. Es entspricht den von HOLST gewonnenen Einsichten und macht, noch über TINBERGENS Ansätze hinausweisend, vor allem klar, wie untergeordnete Zentren sehr häufig von mehreren übergeordneten Zentren kontrolliert werden. Experimentell hat man verschiedene Möglichkeiten entwickelt, die Zusammenschaltung der ein-

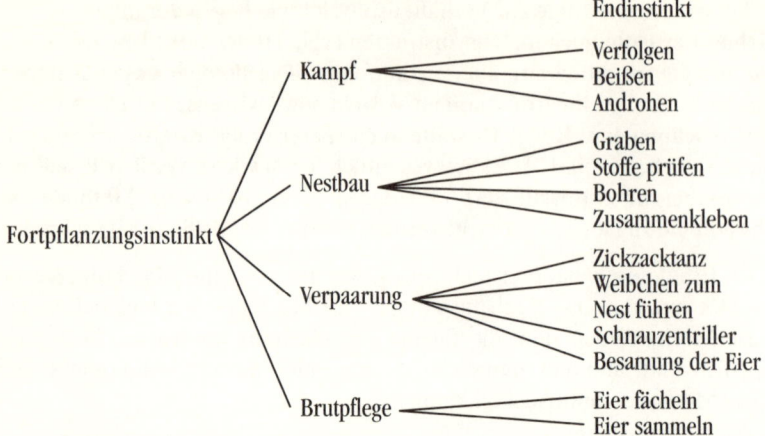

Abb. 15: Prinzip der hierarchischen Organisation am Beispiel des Fortpflanzungsinstinkts des Dreistachligen Stichlingsmännchens. (Aus TINBERGEN 1972.)

zelnen Verhaltensweisen herauszuarbeiten. Beispielsweise kann die Frage, „ob ... eine Ablauffolge von Außenreizen abhängig ist oder innerhalb des Systems programmiert wird, ... durch Manipulation der auslösenden Reize" beantwortet werden (EIBL-EIBESFELDT 1978, S. 250).

Ausgehend von neurophysiologischen Überlegungen hatte aber bereits Anfang der vierziger Jahre PAUL WEISS eine Theorie der zentralnervösen Hierarchie entwickelt und sechs Integrationsstufen dabei unterschieden (WEISS 1941): einzelne motorische Einheiten, motorische Einheiten eines Muskels, koordinierte Funktion von ein Gelenk bedienenden Muskelgruppen, koordinierte Bewegung einer Extremität, koordinierte Zusammenarbeit mehrerer Glieder, schließlich die Bewegung des ganzen Tieres. WEISS war insgesamt um eine systemtheoretische Sicht der Lebewesen bemüht und betrachtete ein lebendes System als Beispiel für einen Schichten-Determinismus (WEISS 1969).

Wichtig sind verhaltensphysiologische Untersuchungen seit Jahrzehnten auch in den Arbeiten des englischen Verhaltensforschers ROBERT A. HINDE, der sich unter anderem mit visuellen Stimuli bei Vögeln befaßt hat. In seinem großen Werk über das Verhalten der Tiere betont HINDE (1973, Bd. 1, S. 24) die Wichtigkeit physiologischer Aspekte in der verhaltensbiologischen Theorienbildung: „Ein theoretisches System, das nicht mit den physiologischen Daten übereinstimmt, besitzt mit hoher Wahrscheinlichkeit nicht einmal auf dem Verhaltensniveau eine weitreichende Gültigkeit."

Da, wie vor allem die Arbeiten von HOLST schon früh deutlich machen konnten, für die Analyse verhaltensphysiologischer Mechanismen die Kenntnis der Funktionen des Gehirns bzw. Nervensystems unerläßlich ist, hat sich in neuerer Zeit als ethologische Teildisziplin die *Neuroethologie* ausgebildet, die die neuronale Verschaltung von Verhaltensweisen analysiert und somit die nervösen bzw. cerebralen Grundlagen des Verhaltens zu erhellen sucht. Diese Disziplin fehlt heute in keinem Ethologie-Lehrbuch (vgl. z. B. EIBL-EIBESFELDT 1978, FRANCK 1985, TEMBROCK 1980). Besondere Schwierigkeiten ergeben sich hierbei allerdings noch für die Analyse der nervösen bzw. cerebralen Grundlagen sehr komplexer Verhaltensweisen bei „höheren" Tieren einschließlich des Menschen. Für die Zukunft ist, wenn man die stürmische Entwicklung der Gehirnforschung in Betracht zieht, auf diesem Gebiet jedoch sicher noch viel zu erwarten.

Zusammenfassend kann man also sagen, daß die Verhaltensphysiologie als kausale Verhaltensforschung die Ebene der deskriptiven Ethologie, die sich zuallererst auf die Erstellung von Ethogrammen konzentriert (vgl. S. 27), maßgeblich ergänzt und nur mit dieser gemeinsam zu einem umfassenden Bild der Strukturen und Funktionen des Verhaltens führt. Verhaltensforschung ist also keineswegs nur Verhaltensphysiologie, aber erst die konsequente Einbeziehung physiologischer Studien konnte den Ethologen einen tieferen Einblick in die „Ursachen" des Verhaltens geben und ihre Disziplin rascher in die konstruktive Phase führen (vgl. S. 8).

2.6 Sonderstellung des Menschen?

Seit der Etablierung des Evolutionsdenkens im vorigen Jahrhundert stellt sich mit großer Beharrlichkeit die Frage, ob der Mensch nicht eine Ausnahme ist, ob nicht für die Erklärung seines Wesens ganz andere als biologische, evolutionstheoretische Faktoren maßgeblich sind. Die Verhaltensforscher wurden von Anfang an mit dieser Frage konfrontiert und mußten vor allem der Kritik, daß sie den Menschen auf das Tier reduzieren, entgegentreten. Hierzu sind nun zunächst einige allgemeine Bemerkungen angebracht.

Es gibt Millionen von Tierarten, von denen jede durch eine Reihe spezifischer Merkmale, auch Verhaltensmerkmale, gekennzeichnet ist. Eine erkenntnislogische Voraussetzung für die sinnvolle Anwendung der Methode des Vergleichs ist die Wahl eines Vergleichsrahmens. Kein Verhaltensforscher wird daher wahllos, sagen wir, das Verhalten einer Honigbiene mit dem Verhalten eines Känguruhs vergleichen. Ebensowenig hat je ein Verhaltensforscher behauptet, daß der Mensch mit jedem beliebigen Tier vergleichbar sei. Nur eine Mißachtung der von den Ethologen tatsächlich gemachten Prämissen kann daher zu solchen Kritiken führen, wie sie beispielsweise von PILZ und MOESCH (1975) ausführlich vorgetragen wurden. „Der ach so plausibel klingende Einwand ‚Der Mensch ist keine Graugans' entbehrt also jeder kritischen Relevanz" (OESER 1984, S. 33).

Inzwischen jedoch hat sich längst als wichtigstes Teilgebiet der Verhaltensforschung die *Humanethologie* herauskristallisiert (vgl. EIBL-EIBESFELDT 1984), die auf der Basis allgemeiner Einsichten in das Verhalten von Lebewesen und sehr wohl unter Berücksichtigung menschlicher Eigenarten die Wurzeln und Ausformungen des Verhaltens des Menschen studiert. Die Humanethologie beruht im wesentlichen auf den folgenden Prämissen, die ihrerseits auf alten Einsichten beruhen:

1. Der Mensch ist ein Lebewesen und ist also solches, wie alle anderen Organismen, der Evolution entsprungen.
2. Wie das Verhalten anderer Lebewesen zeigt auch das Verhalten des *Homo sapiens* viele Spuren seiner Vergangenheit, viele, wenn man so will, „historische Reste".
3. Zwar verfügt unsere Spezies über enorme Lernleistungen und eine enorme Fähigkeit, sich neuen Situationen anzupassen, aber auch diese Verhaltensplastizität ist nicht unbegrenzt.
4. Im Gegensatz zu anderen Organismenarten hat die Spezies *Homo sapiens* eine Vielzahl von Kulturen hervorgebracht, innerhalb dieser Spezies findet sich also eine enorme kulturelle Vielfalt.
5. Diese Vielfalt hat aber eine gemeinsame biologische Basis. Im Kulturenvergleich kann also versucht werden, das Gemeinsame herauszuarbeiten.
6. Kulturelle Einflüsse auf das Verhalten des Menschen sind nicht zu leugnen, sie können aber sein biologisches, stammesgeschichtliches Erbe nicht zudecken.

Der Einwand, daß beim Menschen „die biologische Gesetzlichkeit allein nicht ausreicht, um zu verbindlichen Erklärungen zu kommen" (SCHMIDBAUER 1974, S. 15), geht somit ins Leere, weil die (Human-)Ethologie sehr wohl den kulturellen Faktoren im Leben des Menschen Rechnung trägt.

Wir werden im nächsten Kapitel noch einige der Kontroversen behandeln, die ausgehend von der Verhaltensforschung um den Menschen entstanden sind. Ein historischer Rückblick soll aber zunächst noch die Wurzeln verschiedener Kontroversen darlegen und die geschichtlichen Dimensionen der in Rede stehenden Probleme behandeln.

Die Entrüstungen, die DARWINS Theorie im 19. Jahrhundert hervorgerufen hat – und immer noch hervorruft! –, sind hinreichend bekannt. Zunächst hat DARWIN (1859) zwar nur vorsichtig darauf hingewiesen, daß die

Evolutionslehre auch „viel Licht" auf den Menschen und seinen Ursprung werfen wird, hat aber auch gemeint:

„In einer fernen Zukunft sehe ich die Felder für . . . Untersuchungen sich öffnen. Die Psychologie wird sich mit Sicherheit auf den von HERBERT SPENCER bereits wohlgegründeten Satz stützen, dass nothwendig jedes Vermögen und jede Fähigkeit des Geistes nur stufenweise erworben werden kann." (DARWIN 1859 [1988, S. 564])

Was DARWIN somit von SPENCERS Theorie zu erwarten schien, attestierte seiner eigenen Theorie sein großer Mitstreiter THOMAS HENRY HUXLEY (1825–1895), der oft spöttisch „DARWINS Bulldogge" genannt wurde. DARWINS Theorie, meinte HUXLEY (1863), sei dazu angetan, biologische und psychologische Theorien für die nächsten drei oder vier Generationen zu leiten. Womit er durchaus recht behalten sollte. Widerstände gegen die Theorie haben sich allerdings auch hartnäckig gehalten.

Gründe für diese Widerstände liegen zu einem erheblichen Teil darin, daß man nicht akzeptieren wollte, daß der Mensch nur ein Glied der Evolution sein und tierische Vorfahren haben soll. (Mancher will das auch heute nicht akzeptieren.) Wie wir gesehen haben (vgl. S. 53), gingen selbst unter den Anhängern der Evolutionslehre die Meinungen über den Menschen auseinander. Vielleicht fällt es einfach nur schwer, sich vorzustellen, daß ein *qualitativ* offenbar so andersartiges Wesen wie der Mensch auf „ganz natürliche Weise" aus der Tierwelt hervorgegangen ist? Vielleicht ist der Mensch aber nur *graduell* von den anderen Lebewesen verschieden? In diesem Fall fielen manche Schwierigkeiten weg.

Diejenigen, die der Vorstellung einer Evolution der kleinen Schritte huldigen, können in der Tat problemlos den Übergang zum Menschen akzeptieren. So wurde auch die Meinung vertreten, daß die psychische Entwicklung des Menschen bloß eine Vermehrung der *Assoziationen* sei, die parallel gehe mit einer fortschreitenden Vermehrung des Gehirnvolumens (DINGLER 1941). Andererseits haben gerade Verhaltensforscher in neuerer Zeit die Auffassung von der qualitativen Andersartigkeit des Menschen vertreten, so LORENZ (1973), wenn er sagt, daß das geistige Leben des Menschen eine „neue Art von Leben" sei. Also doch – Sonderstellung des Menschen?

Aus biologischer Sicht muß man strenggenommen jeder Spezies eine „Sonderstellung" einräumen; jede Spezies unterscheidet sich von allen anderen durch eine Fülle von Merkmalen und ist einzigartig. So gesehen wäre die „Sonderstellung" des Menschen nicht weiter aufregend. Nur wenn man qualitative Unterschiede zwischen dem Menschen und allen übrigen Lebewesen annimmt, gewinnt das Postulat von der Sonderstellung des Menschen an Bedeutung. Und eben das haben viele Ethologen getan. In

Tabelle 2 sind einige Aussagen über den Menschen zusammengestellt, von denen einige ganz besonders unsere „Sondernatur" unterstreichen. Dabei sind die Aussagen eher willkürlich herausgegriffen, die Liste könnte verlängert werden. Während sich LAMETTRIE erdreistete, den Menschen als Maschine zu bezeichnen (vgl. S. 49), und Vertreter einer mechanistischen Biologie davon überzeugt waren, daß alle Lebewesen als Maschinen zu charakterisieren sind (vgl. z. B. LOEB 1906), ist für die Ethologen eine nichtreduktionistische Haltung typisch, die die Annahme erlaubt, daß der Mensch „*wesensverschieden* vom Tier sei" (HASSENSTEIN 1972, S. 95); wobei das Tier selbst auch nicht als Maschine aufgefaßt wird. Insbesondere für die Ethologen des deutschen Sprachraums ist diese Haltung charakteristisch. Meist wird dabei hervorgehoben, die Ethologie befasse sich einerseits mit den Übereinstimmungen im Verhalten des Menschen und anderer Organismen, andererseits mit den Unterschieden, also der Eigenart der Spezies *Homo sapiens*.

Viel stärker wird unsere „tierische Natur" in den häufig verunglimpften Publikationen des britischen Biologen DESMOND MORRIS (vgl. z. B. MORRIS 1968) oder in Büchern wie dem von TIGER und FOX (1971) und den Arbeiten der Soziobiologen (siehe Abschnitt 4.2) hervorgehoben. Aber alle Ethologen sind zugleich von der „Naturhaftigkeit" des Menschen überzeugt und sehen Gemeinsamkeiten in den *Ursachen* tierischen und menschlichen Verhaltens. Wie bei allen anderen Lebewesen, werden demnach auch beim Menschen Verhaltensweisen in Termini wie „Arterhaltung" und „Selektionsvorteil" beschrieben und erklärt. Die Konzepte der Humanethologie werden aber noch in Abschnitt 4.1 behandelt.

Die massive Kritik, die die Verhaltensforschung erfahren hat – und immer noch erfährt –, wäre wohl nicht verständlich, würde man nicht zwei eigentlich „außerwissenschaftliche" Faktoren berücksichtigen, die diese Kritik stets begleitet haben.

Da ist einmal die Kompetenzfrage. Für den Menschen, so läßt sich eine lange Reihe von Kritikern auf einen gemeinsamen Nenner bringen, ist die Ethologie nicht relevant, sind Ethologen nicht kompetent; mögen sie bei ihren Silberreihern, Graugänsen und Hamstern bleiben; für den Menschen sind andere Disziplinen zuständig. Diese Kritik ist allerdings irrelevant. Denn in der Wissenschaft kommt es nicht, wie in einer Behörde, darauf an, wer wofür zuständig ist – wer welches Blatt Papier beschriften und bestempeln darf –, sondern nur auf *Lösungen von Problemen*, gleich, wer die Lösung eines Problems findet. So hat FREUDS Psychoanalyse nicht unmaßgeblich von biologischen Konzepten profitiert, und so profitieren heute die Sozialwissenschaften ebenso von den Einsichten der Ethologen in die Menschennatur.

Tab. 2. Aussagen von Verhaltensforschern über den Menschen und seine „Sondernatur".

„Zweifellos ist der Unterschied zwischen der Seele des tiefstehenden Menschen und der des höchstentwickelten Tieres ganz ungeheuer groß."
(CH. DARWIN 1872 [1966, S. 160])

„Das Studium der Ethologie der höheren Tiere . . . wird uns immer mehr zu der Erkenntnis bringen, daß es sich bei unserem Benehmen gegen Familie und Freunde, beim Liebeswerben und ähnlichem um rein angeborene, viel primitivere Vorgänge handelt, als wir gemeinhin glauben."
(O. HEINROTH 1910 [in KOENIG 1988, S. 43])

„So überzeugt uns das Studium sozial lebender Tiere davon, daß jene menschlichen Reaktionen, die wir als ‚altruistisch', als ‚moralisch hochwertig' bezeichnen, auf uraltem biologischem Erbmaterial beruhen und mitnichten ein Kennzeichen der Spezies homo sapiens sind."
(E. v. HOLST 1954, S. 274).

„Der Mensch muß auch dem Biologen vor Augen sein als das ganz besondere Wesen mit Geschichte, als die Daseinsform mit einer ihr eigentümlichen zweiten Natur, der Kultur."
(A. PORTMANN 1956, S. 25)

„Auch der Mensch ist ein Tier. Es ist eine beachtliche und in vieler Hinsicht einzigartige Art, aber ein Tier ist er doch."
(N. TINBERGEN 1972, S. 195)

„Es ist . . . keine Übertreibung zu sagen, daß *das geistige Leben des Menschen eine neue Art von Leben sei.*"
(K. LORENZ 1973, S. 229)

„Der Mensch folgt vielfach biologischen Verhaltenstendenzen. Doch gehört es auch zum Selbstverständnis des Menschen, prinzipiell willensfrei und verantwortlich handeln zu können, im entscheidenden Augenblick also unabhängig von naturbedingten Verhaltenstendenzen zu sein."
(B. HASSENSTEIN 1973, S. 287)

„Beim Menschen wächst die Distanzierungsfähigkeit mit der Einsicht in die Gründe seines Handelns. Selbsterkenntnis trägt in diesem Sinne zur Freiheit des Menschen bei."
(I. EIBL-EIBESFELDT 1976a, S. 278)

„Das Säugetier-Erbe . . . liefert nach wie vor den eigentlichen Kern unserer personalen Struktur."
(P. LEYHAUSEN 1988, S. 66)

Der zweite Faktor ist vielleicht schwerwiegender; er erwächst aus *ideologischen* Momenten. Es ist bekannt, daß LORENZ nicht zu jenen Wissenschaftlern zählte, die sich im Dritten Reich von den Nazis distanzierten (vgl. BISCHOF 1993, HASSENSTEIN 1990, WUKETITS 1990c). Weniger bekannt scheint zu sein, daß er seinen Irrtum später eingesehen und eingestanden hat und politisch ein naiver Mensch war. Die Rolle der Ideologie bei der Entwicklung seiner ethologischen Konzepte ist daher häufig betont worden (vgl. z. B. KALIKOW 1983). Man braucht – und kann – einige der Äußerungen von LORENZ in den späten dreißiger und frühen vierziger Jahren nicht begrüßen. Man braucht sie auch nicht zu entschuldigen. Ich bin aber mit RICHARDS (1987) der Ansicht, daß LORENZ' Anliegen damals nicht die Nazi-Ideologie, sondern die Theorie DARWINS war, in deren Tradition er stand und die leider ideologisch gedeutet und fehlgedeutet wurde. (Welcher stolze „arische Herrenmensch" hätte aber zugegeben, affenartige Vorfahren zu haben, wovon LORENZ allerdings, eben wegen seiner Verwurzelung in der Theorie DARWINS, überzeugt war!)

Biologen, Verhaltensforscher in jenen unglückseligen Jahren haben, das ist wahr, gar seltsame geistige Pirouetten gedreht, um ihren Beitrag zur Klärung von Weltanschauungsfragen zu leisten. Wäre die ganze Angelegenheit nicht so tragisch, so könnte man nur schmunzeln über den Versuch des Verhaltensforschers JAENSCH (1939), den Hühnerhof „als Forschungs- und Aufklärungsmittel in menschlichen Rassenfragen" heranzuziehen. Daraus nun zu schließen, die Ethologie insgesamt sei von ideologischen Motiven geleitet, ist völlig falsch. Der *naturalistische* Ansatz in der Erklärung des Menschen mit allen seinen Eigenarten geht in der Geschichte weit zurück und entspringt dem Bedürfnis, Gemeinsamkeiten im Verhalten des Menschen und anderer Lebewesen zu finden. Das hat mit Ideologie nichts zu tun. Jede wissenschaftliche Theorie wird von ihren Vertretern auf möglichst viele Phänomene angewandt, ausgedehnt, und man kann dann ihre Reichweite kritisch prüfen und unter Umständen einschränken. Es gehört zum Wesen der konstruktiven Phase der Ethologie, daß ihre Vertreter bemüht sind, allgemeingültige Gesetzmäßigkeiten zu formulieren, die zwar Eigenarten – z. B. im Verhalten des Menschen – zulassen, jedoch nur als „besondere Fälle" des allumfassenden Prinzips. Wenn man akzeptiert, daß Evolution stattgefunden hat – und immer noch stattfindet –, wenn man ferner akzeptiert, daß der Mensch ein Resultat der Evolution ist, dann ist es geradezu unvermeidlich, sein Verhalten aus der Evolution heraus zu erklären.

Die Verhaltensforschung hat natürlich einen wichtigen Beitrag zur Überbrückung der Kluft zwischen Tier und Mensch geleistet. Schon LINNÉ stellte in seinem System der Natur den Menschen in unmittelbare Nähe zum

Sonderstellung des Menschen?

Abb. 16: Beispiel für „einsichtiges" Verhalten eines Schimpansen, der Kisten aufeinanderstapelt, um eine Banane zu erreichen. (Nach KÖHLER 1921.)

Schimpansen und zum Gorilla. Daß diese Primaten, wie auch der Orang-Utan, unsere nächsten Verwandten sind, geht auch aus Untersuchungen über deren Verhalten hervor.

Schon klassisch sind dabei die „Intelligenzprüfungen an Anthropoiden" (1917) von WOLFGANG KÖHLER (1887–1967), einem Mitbegründer der Gestaltpsychologie (vgl. S. 67), dessen Interesse hauptsächlich den Phänomenen Wahrnehmung und Lernen bei Tier und Mensch galt. KÖHLER war in den Jahren 1912 bis 1921 Direktor der von der Preußischen Akademie der Wissenschaften auf Teneriffa unterhaltenen Menschenaffenstation. Der Ausgangspunkt der von KÖHLER vor allem an Schimpansen durchgeführten Untersuchungen war recht einfach. Er stellte die Tiere vor eine Situation, in der der direkte Weg zu einem Ziel nicht gangbar, der indirekte jedoch offen war. So zeigte sich, daß die Tiere, um eine Banane zu erwischen, Rohre zusammensteckten oder Kisten aufeinanderstapelten (Abb. 16). Die daraus von KÖHLER (1921 [1973, S. 191]) gezogene Schlußfolgerung war: „Die Schimpansen zeigen einsichtiges Verhalten von der Art des beim Menschen bekannten."

Im Anschluß an KÖHLERS Forschungen sind die Intelligenzleistungen von Menschenaffen von zahlreichen Forschern untersucht worden, die stets eine große Ähnlichkeit mit den menschlichen Intelligenzleistungen herausarbeiten konnten, vor allem auch eine große Ähnlichkeit des Ausdrucks bei Intelligenzaufgaben. So stellte beispielsweise KORTLANDT (1968) fest, daß sich Schimpansen bei schwierigen Aufgaben ebenso wie Menschen bei Mathematikaufgaben am Kopf kratzen. RENSCH (1968, 1973) beschrieb Experimente mit Gorillas und Orang-Utans, die die Annahme erhärten, daß diesen Menschenaffen ähnlich wie uns eine *Zielvorstellung* während längerer Handlungsfolgen vorschwebt. LETHMATE (1976, 1977) überprüfte die Experimente KÖHLERS an Orang-Utans und kam zu dem Schluß, daß diese Tiere in ihrem Problemlösungsverhalten kaum von Schimpansen abweichen. Auch die *Kommunikationssysteme* der Affen wurden wiederholt untersucht und in zahlreichen Einzelarbeiten beschrieben (siehe zur Übersicht z. B. PLOOG 1969, 1972 und PREMACK 1976, 1984).

Alle diese Untersuchungen bestätigen verschiedene Annahmen, die im Rahmen einer evolutionären Psychologie schon im 19. Jahrhundert formuliert worden sind: Unser eigenes Verhalten zeigt mit dem Verhalten anderer Lebewesen Ähnlichkeiten, diese Ähnlichkeiten sind auf gemeinsame Abstammung zurückzuführen, und unsere Sonderstellung, so wir denn davon reden dürfen, kann ebenfalls nur aus der Evolution heraus erklärt werden. Aber noch eines wird daraus deutlich: Manche der Eigenschaften, die viele als spezifisch menschlich zu werten gewillt sind, kommen auch anderen Tieren zu. Und das ist nun nicht Ergebnis einer Vermenschlichung der Tiere, sondern einer auf dem Vergleich beruhenden Einsicht, die eine gemeinsame Basis des Verhaltens von Tier und Mensch enthüllt.

Ähnlich wie DARWIN kam aber auch KÖHLER (1921 [1973, S. 192]) zu dem Schluß, der doch wieder das qualitativ Neuartige unserer Spezies betont:

„Reichliches Zusammensein mit den Schimpansen läßt mich vermuten, daß außer in dem Fehlen der Sprache in recht engen Grenzen nach dieser Richtung hin der gewaltige Unterschied begründet ist, der ja immer noch zwischen Anthropoiden und selbst den allerprimitivsten Menschen besteht."

Damit blieb nun für die Verhaltensforscher ein beträchtlicher „Restunterschied" zwischen dem Menschen und anderen Lebewesen. Es könnte sein, daß dieser auch in Zukunft bleibt, was allerdings die Ähnlichkeiten zwischen dem Menschen und anderen Lebewesen niemals schmälern wird. Nur wird man vielleicht immer am *qualitativ Andersartigen* des Menschen festhalten wollen, nicht anders als die meisten Naturhistoriker früherer Zeiten:

„Auch die Fähigkeiten der Thiere sind zuweilen individuell verschieden und erlauben besonders unter Zuthun des Menschen eine gewisse Vervollkommnung. Allein Alles was hier geleistet wird und geleistet wurde, beschränkt sich immer auf das Individuum und geht mit ihm zu Grunde. Der Affe, der Elephant, der Hund, die heute geboren und dressirt werden, sind dieselben und weiter als diejenigen, welche vor hundert und tausend Jahren lebten und dressirt wurden. Denn ihnen fehlt vollkommen der über das leibliche und individuelle Wohl und Interesse hinausgehende Gedanke, der das Errungene als einen Fortschritt anerkennt, festhält und immer weiter entwickelt." (BISCHOFF 1867, S. 91)

3. Die „großen Kontroversen"

In der Einleitung wurde betont, daß sich die Geschichte der Verhaltensforschung – als Ethologie – wesentlich aus Kontroversen, aus dem Widerstreit zwischen Begriffen, Theorien und Modellen verstehen läßt. Wiederholt war bisher schon von Kontroversen die Rede. Aber erst etwa zwischen 1930 und 1970 wurden jene Kontroversen ausgetragen, als deren Resultat die Klärung so elementarer Begriffe wie „Instinkt", „angeborenes Verhalten", „Aggression" usw. steht, und die die konstruktive Phase in der Entwicklung der Ethologie maßgeblich geformt und die integrative Phase dieser Entwicklung begründet haben. Daher muß diesem Zeitraum und den fraglichen Kontroversen hier besonderes Augenmerk geschenkt werden. Natürlich wird dabei in der Geschichte häufig auch weiter zurückgegriffen werden müssen. Die Entwicklung von Begriffen und Konzepten einer Wissenschaft und die Diskussionen, die sich diesen Begriffen und Konzepten anschließen, geschehen nicht im luftleeren Raum; sie haben ihre „Vorgeschichte". Was beispielsweise den Instinktbegriff betrifft, so haben wir schon im letzten Kapitel gesehen, daß er eine lange Tradition hat und früh in der Geschichte der Verhaltenswissenschaften strapaziert wurde. Aber auch die Kontroverse um angeborenes und erlerntes Verhalten, womit wir uns hier zuerst beschäftigen wollen, geht weit in der Geschichte zurück. Dabei waren es abermals oft „außerwissenschaftliche" Faktoren – irrationale Erwartungen, Hoffnungen, Ideologien –, die die Diskussionen angeheizt haben. Mit welcher Vehemenz und mit welchen Emotionen wurde doch z. B. die Debatte um die Aggressivität geführt! Vor allem eine Wissenschaft, deren Aussagen und Theorien eng mit dem menschlichen Leben verknüpft sind, kann offenbar nur sehr schwer von „emotionalen Diskussionselementen" befreit werden. Diesem Umstand bleibt in der Darstellung ihrer Geschichte Rechnung zu tragen.

3.1 Angeboren oder erlernt?

> Das Lamm flieht den Wolf, den es nie zuvor sah: Es braucht nicht erst im Plinius zu lesen, daß er sein Feind sei.
>
> ANTOINE DILLY

Der Streit um angeborene und erlernte Eigenschaften bzw. Verhaltensweisen der Tiere und des Menschen – anders gesagt: die „Anlage-Umwelt-Debatte" – durchzieht Jahrhunderte unserer Geistesgeschichte und hat unser Welt- und Menschenbild gespalten. Auf der einen Seite steht die *Vererbungstheorie*, auf der anderen die *Milieutheorie*. In ihren radikalen Versionen sind diese Theorien voneinander so verschieden, wie Theorien nur sein können. Tabelle 3 gibt eine Übersicht über die wichtigsten Aussagen und Richtungen dieser Theorien. Doch handelt es sich hier nicht nur um „Theorien" im streng wissenschaftlichen Sinne; es handelt sich auch um Weltanschauungen, die in ihren letzten Konsequenzen Unheil über viele Menschen gebracht haben.

Es dürfte jedem Tierbeobachter schon im Vorfeld jeder wissenschaftlichen Analyse des Verhaltens auffallen, daß Jungtiere bestimmte Fertigkeiten zeigen, noch bevor sie die Gelegenheit hatten, ihre Umgebung zu beobachten, woraus sie etwas hätten lernen können. Ebenso auffallend sind bestimmte Aktivitäten des menschlichen Säuglings praktisch gleich nach der Geburt. Die inzwischen durch zahlreiche Untersuchungen erhärtete These vom *angeborenen* Verhalten oder von angeborenen *Verhaltensdispositionen* hat sich also schon im „vorwissenschaftlichen" Bereich herauskristallisiert. Es mag daher erstaunen, daß sie erst im 20. Jahrhundert eine solide wissenschaftliche Basis erhielt.

In einer schon klassisch gewordenen Arbeit untersuchten LORENZ und TINBERGEN (1939) die Eirollbewegung der Graugans. Sie stellten fest, daß dabei maßgeblich Instinkthandlungen beteiligt sind. Darauf kommen wir noch in Abschnitt 3.5 zurück. Jedenfalls handelt es sich um angeborene Verhaltensweisen. Schon 1936 wollte LORENZ einmal genau beobachten, wie ein Grauganskücken aus dem Ei schlüpft. Nachdem sich das beobachtete Küken aus den Eischalen befreit hatte, ruhte es aus und sah ins Gesicht seines Beobachters, der gerade irgendeine Bewegung machte und etwas sagte. Daraufhin vollzog der kleine Vogel die – wie man heute weiß: *angeborene* – Gebärde des Grüßens, senkte nach der Art der Graugänse seinen Kopf mit vorgestrecktem Hals und nach unten durchgedrücktem Nacken und äußerte den dazugehörigen (Gruß-)Laut. LORENZ schob dann das Tierchen ins Bauchgefieder der Hausgans, die er als Pflegemutter ausersehen hatte, und nahm an, daß es sich mit seinem Verwandten wohlfühlen wird. Das Gegenteil davon geschah. Das Gössel verließ die Hausgans und folgte dem Menschen, also LORENZ, auf Schritt und Tritt; es stieß einen Verlassenheitslaut aus, wenn er wegging. So also „adoptierte" LORENZ das kleine Tier und gab ihm den Namen Martina. Diese schon sehr oft (z. B. auch von HASSENSTEIN 1984) erzählte Geschichte ist ein Meilenstein in der Entwicklung der Ethologie. Sie demonstriert ein grundlegendes Phänomen tierischen (und menschlichen) Verhaltens, nämlich die *Prägung* (siehe hierzu z. B. IMMELMANN 1971). Zu den Kriterien der Prägung zählen

1. der Umstand, daß der Lernvorgang nur innerhalb eines kurzen, zeitlich eng umgrenzten Zeitraums, d. h. in einer *sensiblen* Phase, früh in der Entwicklung abläuft („was Hänschen nicht lernt, lernt Hans nimmermehr"),
2. der *Irreversibilität* des Vorgangs, wodurch die in der sensiblen Phase festgelegte Objektkenntnis nicht mehr rückgängig gemacht, nicht mehr verändert werden kann.

Tab. 3. Zentrale Aussagen, Tendenzen und Richtungen in der „Vererbungstheorie" und in der „Umwelttheorie", vor allem im Hinblick auf die Bestimmung des Menschen.

Vererbungstheorie	*Umwelttheorie*
Genetischer Determinismus:	Umweltdeterminismus:
Lebewesen sind in erster Linie oder ausschließlich Resultate ihrer Erbanlagen	Lebewesen sind in erster Linie oder ausschließlich Resultate ihrer Umwelt; der Mensch ist Resultat seiner Kultur
Lebewesen sind genetische Maschinen bzw. Vehikel ihrer Gene (Soziobiologie, siehe Abschnitt 4.2)	Lebewesen sind Reflexmaschinen, ihr Verhalten wird durch Umweltreize bestimmt (Behaviorismus, siehe Abschnitt 3.3)
Der Mensch ist genetisch programmiert	Der Mensch wird von der Umwelt (durch Erziehung) programmiert
Schon bei der Geburt eines Lebewesens sind dessen Verhaltensweisen festgelegt	Jedes Lebewesen ist bei seiner Geburt eine „unbeschriebene Tafel" (eine *tabula rasa*)
Der Mensch ist bereits bei der Geburt mit unveränderlichen Verhaltensprogrammen ausgestattet	Der Mensch ist durch Erziehung beliebig formbar

Alle Menschen sind aufgrund ihrer Erbanlagen verschieden	Alle Menschen sind von ihren Anlagen her gleich, sie werden erst durch äußere Einflüsse verschieden gemacht
Ideologische Implikationen:	Ideologische Implikationen:
Die jeweiligen gesellschaftlichen Zustände werden durch die Natur legitimiert	Der Mensch ist „gesellschaftlich machbar"
Rassismus: Es gibt „höher-" und „minderwertige" Rassen	Egalitarismus: Es gibt keine Unterschiede zwischen den Menschen
Sozialdarwinismus: Durch „künstliche Zuchtwahl" können bestimmte Merkmale gefördert, andere eliminiert werden	Historischer Materialismus: Durch Veränderungen des „Bewußtseins" können die sozialen Verhältnisse verändert werden
Geistige Eigenschaften und bestimmte Neigungen, z. B. Kriminalität, sind genetisch festgelegt	Geistige Eigenschaften sind Resulate der Erziehung, sie können „an-" und „aberzogen" werden; Kriminalität entsteht nur unter bestimmten sozialen Bedingungen
Biologismus: Soziokulturelle Phänomene sind ausschließlich biologisch erklärbar	Kulturismus: Soziokulturelle Phänomene haben mit Biologie nichts zu tun

LORENZ hatte erste einschlägige Untersuchungen dazu auch an Dohlen bereits im Jahre 1926 gemacht (vgl. LORENZ 1965a). Später haben sich mehrere Verhaltensforscher mit dem Phänomen der Prägung beschäftigt, wobei Vögel besonders beliebte Objekte waren (vgl. HESS 1964). In mancher Hinsicht ist dieses Phänomen geeignet, die Verschränkungen von angeborenen und erlernten Komponenten im Verhalten der Organismen zu verdeutlichen. Daß „angeboren" und „erlernt" nicht notwendigerweise einander widersprechen, war lange Zeit keineswegs so klar, wie es vielleicht heute manchem scheint.

GARCIA (1991) beschreibt die Situation in der Verhaltensforschung in den vierziger Jahren in den USA, wo vor allem CLARK L. HULL sehr einflußreich wirkte. HULL war von der Idee einer mathematisch-deduktiven Theorie rein mechanischen Lernens beseelt und postulierte:

1. Im Anfang waren Organismen unbeweglich oder bewegten sich zufällig.
2. Gewohnheitsaktionen erwarben sie durch Verstärkung.
3. Jede Aktion war mit einer Gegenaktion (Reaktion) verbunden, d. h. einer reaktiven Hemmung.

Diese Theorie spiegelt methodische Ansprüche, die solchen Ethologen wie KONRAD LORENZ fremd waren. HULLS Ansatz fügt sich den großen Strömungen in anderen Naturwissenschaften, dem Ideal einer exakten Messung und Zählung der Phänomene; demnach trat er für eine numerische, mathematische Behandlung des Verhaltens ein. Anders LORENZ, der, wie schon betont wurde, ein Faible für die qualitative Beschreibung hatte, was bei ihm einherging mit einer grundlegenden Skepsis, ja einer Abneigung gegen Graphen und Kurven, Zahlen und Gleichungen, die auch Autoren in biologischen Zeitschriften langsam zu faszinieren begannen. Ich denke, daß sich manche der Kontroversen in der Verhaltensforschung im 20. Jahrhundert auf diesen Methodenstreit zurückführen lassen.

Was die Ethologen als „angeboren" bezeichneten, ließ sich keineswegs sehr klar definieren. Da wurden Verhaltensweisen beobachtet, die ein Tier gleich nach seiner Geburt vollführte, die also angeboren sein mußten. Was aber war „das Angeborene"? Wie sollte man es erklären? Die bereits zitierte Arbeit von LORENZ und TINBERGEN (1939) ist hierzu sehr aufschlußreich.

In dieser Arbeit werden sogenannte *Instinktbewegungen* oder *Erbkoordinationen* beschrieben:

„Wobei der Name Erbkoordination bereits ausdrückt, daß das Angeborensein das entscheidende Kriterium dieser Bewegungsabläufe ist. Der Ausdruck „angeboren" bezeichnet dabei die Tatsache, daß die den Bewegungen zugrunde liegenden neuromotorischen Strukturen sich in einem Prozeß der Selbstdifferenzierung entwickeln aufgrund der im Erbgut festgelegten Entwicklungsanweisungen." (EIBL-EIBESFELDT 1978, S. 39)

Trotzdem kann man immer noch einwenden, daß dadurch die angeborenen von erworbenen, erlernten Elementen nicht klar getrennt sind. Daher haben die Ethologen Experimente entworfen, die eine deutlichere Trennungslinie ziehen sollten.

Ein besonders schönes Beispiel für solche Experimente sind die von SCHLEIDT (1961) ausführlich beschriebenen Versuche über die Flugfeind-Reaktionen von Hühnervögeln, Gänsen und Enten (vgl. Abb. 17). Dabei zeigte sich, daß diese Vögel auf Attrappen von Raubvögeln reagierten, wobei vor allem das Merkmal „kurzer Hals" die Tiere in Alarm versetzte. Man spricht dabei vom *angeborenen Auslösemechanismus* (AAM) (TINBERGEN 1972), früher wurde vor allem der Ausdruck *angeborenes auslösendes Schema* dafür gebraucht (vgl. SCHLEIDT 1962). Daran erinnert das bekannte *Kindchenschema* (vgl. HEINROTH 1986, LORENZ 1965a, TINBERGEN 1972). Die in Abb. 18 auf der linken Seite gezeichneten Figuren sprechen den menschlichen Pflegeinstinkt viel eher an als die Figuren auf der rechten Seite, d. h., sie senden Schlüsselreize aus, auf die unser Wahrnehmungsapparat „positiv" reagiert. Die den Pflegeinstinkt auslösenden Signalreize sind dabei ein kurzes Gesicht unter einer hohen Stirn, relativ große Augen,

Angeboren oder erlernt?

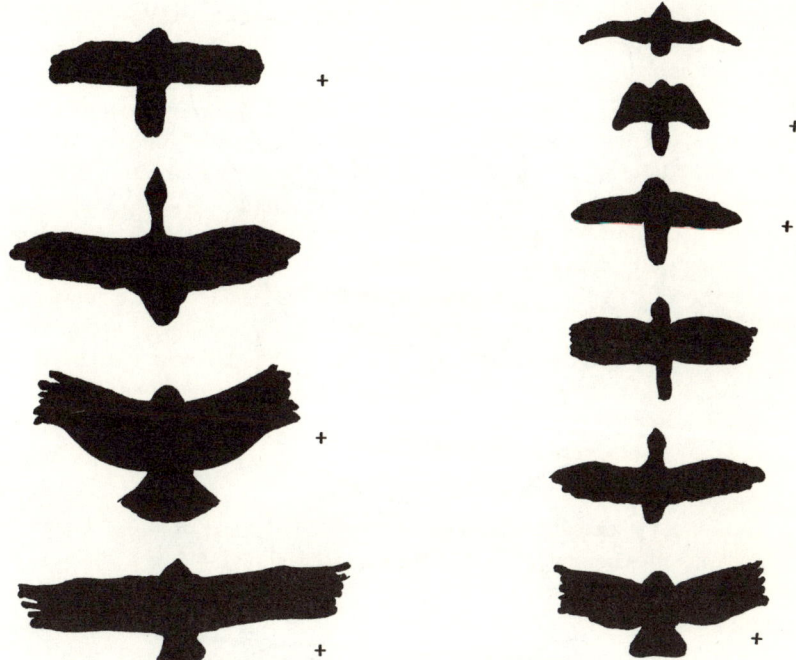

Abb. 17: Vogelattrappen, mit denen verschiedene Vogelarten auf ihr Verhalten und ihre Reaktion gegen überfliegende Raubvögel untersucht wurden. Die mit + gekennzeichneten Attrappen lösten Fluchtreaktionen aus. (Nach TINBERGEN 1972.)

rundliche vorstehende Backen, kurze Finger, runde Formen. Beim lebenden Objekt kommen dann noch tolpatschige Bewegungen hinzu. Aussagekräftig in bezug auf die Frage „angeboren oder erlernt?" sind allerdings Experimente nur dann, wenn man Tiere unter Erfahrungsentzug beobachtet. Wenn Hühner, die nie zuvor mit einem Raubvogel konfrontiert waren, auf eine Raubvogel-Attrappe aufgeregt und mit Flucht reagieren, dann liegt der Schluß nahe, daß sozusagen das Schema des Raubvogels angeboren ist. So betont auch TINBERGEN (1972, S. 48) die methodische Prämisse:

„Der einzige Weg, um sicher festzustellen, welche Verhaltensweisen ererbt und welche im Lauf des individuellen Lebens erworben sind, ist isolierte Aufzucht, Beobachtung des sich entwickelnden Verhaltens und planmäßiges Variieren der Umwelteinflüsse."

Gemeint sind hier also „Kaspar-Hauser-Versuche". Der Wert dieser Versuche für die Feststellung angeborenen Verhaltens ist aber nicht von allen

Abb. 18: Kindchenschema. Die Figuren auf der linken Seite lösen üblicherweise den Pflegeinstinkt aus. (Nach TINBERGEN 1972.)

Verhaltensforschern von Anfang an anerkannt worden, was verschiedentlich Debatten ausgelöst hat. So beschrieben bereits MAIER und SCHNEIRLA (1935) Experimente mit isoliert aufgezogenen Katzen, die regelmäßig mit Ratten konfrontiert wurden. Nur neun von zwanzig isoliert aufgewachsenen Katzen haben demnach Ratten gejagt und getötet. Auf der anderen Seite haben achtzehn von einundzwanzig „normal" aufgewachsenen Katzen Ratten getötet, was auf die Bedeutung der Umwelteinflüsse hinzuweisen scheint. Daher meint auch HINDE (1973), daß der Begriff „angeboren" problematisch und irreführend sei. BARNETT (1970) schlug vor, größeres Augenmerk auf die Entwicklung des Verhaltens (beim Individuum) zu richten. Die Individuen einer Art, so sein Argument, sind mit den gleichen genetischen Anlagen ausgestattet; individuelle Unterschiede im Verhalten können daher nicht auf die genetische Konstitution, sondern müssen auf Unterschiede in der Entwicklung zurückgeführt werden. Wenn daher ein Lebewesen ein bestimmtes Entwicklungsstadium erreicht hat, hat eine Änderung der Umwelt keinen Einfluß auf das Verhalten: "If a spider makes a web, it makes a web of the sort characteristic of its species, whatever the circumstances" (BARNETT 1970, S. 211). („Wenn eine Spinne ein Netz webt, dann webt sie das Netz unabhängig von äußeren Umständen so, wie es für ihre Art charakteristisch ist" [Übersetzung des Autors].)

Man könnte das nun so interpretieren: Ererbt ist im Verhalten praktisch alles, die individuelle Entwicklung eines Lebewesens kann aber das Ererbte in verschiedene Richtungen tragen. Die vielleicht bekannteste Form der Frage nach Erbanlagen und Umwelteinflüssen ist die: Wieviel Prozent sind angeboren, wieviel Prozent sind umweltbedingt? Ebenso erscheint die Frage legitim, warum denn dem Prozentsatz an „Entwicklungsfreiheit" überhaupt Grenzen gesetzt sein sollen, warum das Angeborene nicht zu hundert Prozent modifizierbar sein soll. Doch scheint eine hundertprozentige Beeinflussung des Verhaltens durch die Umwelt absurd; Verhalten ist aber auch nicht zu hundert Prozent genetisch determiniert. Ausgehend von solchen Überlegungen wird auch in jüngster Zeit der Begriff der „Erblichkeit" des Verhaltens kritisiert (vgl. HESCHL 1992). Man sieht, es kommt wieder einmal auf die Art und Weise der Fragestellung an. Daher ist zu überlegen, was die Ethologen mit „angeboren" oder „ererbt" tatsächlich gemeint haben.

Kehren wir noch einmal kurz zu den Experimenten mit Erfahrungsentzug zurück. EIBL-EIBESFELDT (1978) referiert eine Reihe solcher Experimente, beispielsweise die folgenden: Tauben wurden in so engen Käfigen aufgezogen, daß sie nicht mit Flügeln schlagen konnten; freigelassen flogen sie dennoch genauso gut wie ihre „normal" aufgewachsenen Geschwister. Schon in den zwanziger Jahren wurden in einer Reihe von Versuchen einige Kaulquappen unter Dauernarkose aufgezogen, während einige Geschwistertiere sich „frei" entwickelten. Als von den narkotisierten Tieren das Betäubungsmittel entfernt wurde, schwammen diese genauso gut wie die anderen. Auch Kreuzspinnen brachte man unmittelbar nach ihrer Geburt in ungewöhnliche Situationen, indem man sie in so enge Glasröhren gab, daß sie sich gerade noch umdrehen, aber keine Fäden ziehen konnten. Nachdem man sie aber nach ihrer ersten Häutung freiließ, waren sie in der Lage, ebenso schöne Netze zu spinnen wie die unbehindert aufgewachsenen Tiere.

Da es sich bei den Tieren in diesen Experimenten um ganz verschiedene Arten, Arten auf unterschiedlichen evolutiven Entwicklungsstufen gehandelt hat, liegt der Schluß nahe, daß angeborene Verhaltensdispositionen in der Tierwelt universell sind, daß alle Tiere mit bestimmten Fertigkeiten zur Welt kommen und diese nicht erst erlernen müssen. Damit bestätigen diese

Experimente eine Vermutung, die schon vor Jahrhunderten ausgesprochen worden war. Der Franzose ANTOINE DILLY meinte schon am Ende des 17. Jahrhunderts, daß das Lamm vor dem Wolf fliehen würde, ohne zu wissen, daß er sein Feind sei. Und nur wenig später gebrauchte HERMANN SAMUEL REIMARUS schon den Ausdruck „angeboren" für verschiedene Verhaltensweisen, die, wie er dachte, der Erhaltung der Art dienten. Um so merkwürdiger mag uns daher der Umstand erscheinen, daß die eigentlich bedeutsamen Diskussionen um angeborenes Verhalten erst im 20. Jahrhundert begannen. Dafür sehe ich zwei Hauptgründe.

Erstens trat die Ethologie als einigermaßen klar umrissene Disziplin erst im 20. Jahrhundert auf und wurde erst vor wenigen Jahrzehnten salonfähig gemacht. In früheren Jahrhunderten befaßten sich nur vereinzelt Forscher mit verhaltensbiologischen Fragen, nun aber wurde die Ethologie auch institutionalisiert.

Als sich LORENZ im Jahre 1937 habilitierte, konnte – obwohl er sich schon seit gut einem Jahrzehnt überwiegend mit ethologischen Fragen beschäftigt hatte – „Tierpsychologie" erst an zweiter Stelle (nach Anatomie) in seiner *venia legende* stehen, weil es das Fach offiziell gar nicht gab. Erst nach und nach wurden Institute für Verhaltensforschung gegründet: gleich nach dem Zweiten Weltkrieg die „Biologische Station Wilhelminenberg" (Wien), Anfang der fünfziger Jahre eine Forschungsstelle für Verhaltensphysiologie in Buldern (in der Nähe der westfälischen Stadt Münster), etwas später das schon erwähnte Institut in Seewiesen. Über das Leben und die Atmosphäre in diesen Instituten und ihre Bedeutung für die Entwicklung der Ethologie unterrichtet anhand von „Augenzeugenberichten" recht schön der umfangreiche Sammelband von KOENIG (1983). Aufschlußreich ist auch der von SCHLEIDT (1988) herausgegebene Band mit persönlichen Reminiszenzen, Anekdoten und auch Histörchen (ich meine das nicht abwertend!).

Die Rolle von Instituten sollte man nicht überschätzen. Ein einzelner Forscher hat oft mehr geleistet als ganze Forschungsgruppen und Institute (auch, weil ihm die Intrigen eines Institutslebens erspart geblieben sind). Andererseits steigt die Bedeutung einer wissenschaftlichen Disziplin mit ihrer institutionellen Festigung, ganz abgesehen davon, daß finanzielle Zuwendungen an Institute auch die Forschung ankurbeln können.

Den zweiten Grund sehe ich darin, daß die Ethologen im 20. Jahrhundert experimentelle Bedingungen schufen, die ihre Behauptungen der Kritik zugänglicher machten. Nicht *jedes* Experiment unter Erfahrungsentzug muß die Rolle angeborener Verhaltensdispositionen zeigen, aber wenn diese Verhaltensdispositionen überhaupt erkennbar gemacht werden sollen, dann eben durch solche Experimente. Sicher, von der Grundidee her sind diese

Experimente sehr alt – man denke an jenen Pharao im alten Ägypten, der die „Ursprache" ergründen wollte, indem er Kinder isoliert, ohne jeden Kontakt mit anderen Menschen aufwachsen ließ –, aber sie wurden erst im 20. Jahrhundert systematisch konzipiert und an vielen verschiedenen Tierarten durchgeführt.

Um die Kontroversen besser zu verstehen, muß nun auch dem Begriff des *Lernens* in der Verhaltensforschung Beachtung geschenkt werden. Mit Lernen bezeichnen Psychologen „Veränderungen in der Wahrscheinlichkeit, mit der Verhaltensweisen in bestimmten Reizsituationen auftreten" (HOFSTÄTTER 1957, S. 195). Das klingt etwas abstrakt, man kann es auch anders ausdrücken: Lernen ist eine Veränderung des Verhaltens bzw. seiner Steuerung aufgrund individueller Erfahrung. Daß das nicht nur für den Menschen zutrifft, bedarf keiner besonderen Erwähnung. Jeder Hundebesitzer weiß, daß Tiere ebenso lernen können. Und zwar zeigen nicht nur die mit uns enger verwandten Säugetiere oft erstaunliche Lernleistungen, sondern auch Insekten können damit beeindrucken.

KARL VON FRISCH (1886–1982) – der für seine Untersuchungen mit LORENZ und TINBERGEN 1973 mit dem Nobelpreis ausgezeichnet wurde – befaßte sich über Jahrzehnte mit dem Verhalten der Bienen, wies nach, daß sie Farben sehen können, und stellte mit ihnen Dressurversuche an, die beachtliche Lernleistungen bei diesen Tieren demonstrierten. Später wurden diese Leistungen in weiteren Versuchen bestätigt (vgl. KOLTERMANN 1969, LINDAUER 1970). Daß auch Ameisen lernen können, hat THEODORE C. SCHNEIRLA in vielen Freiland- und Laboruntersuchungen nachweisen können: Er entwarf Labyrinthe, um das Lernvermögen der Ameisen zu testen, und stellte fest, daß Tiere, die einmal den Irrgarten auf dem Weg zum Futter überwunden haben, diesen Weg schnell wiederfinden können, selbst dann, wenn sie nicht einem bestimmten Geruchspfad folgen (vgl. TINBERGEN 1970).

Der Nachweis von Lernleistungen bei Tieren unterstreicht wiederum die Bedeutung der Umwelt. Lernen wurde daher auch definiert als die Fähigkeit, zwei oder mehrere ähnliche Erfahrungen miteinander zu kombinieren bzw. zu assoziieren, und zwar in Fällen, in denen das Zusammentreffen jener Erfahrungen durch die Umwelt determiniert ist (MAIER und SCHNEIRLA 1935). Die Kontroverse „angeboren oder erlernt?" konnte nur dadurch entstehen, daß je einer der Komponenten ein Ausschließlichkeitsanspruch zugeordnet wurde. Nun haben die Ethologen, die die Bedeutung angeborenen Verhaltens herausarbeiteten, keinesfalls die Bedeutung des Lernens geleugnet. Aber sie haben diesen wichtigen Aspekt am Anfang vernachlässigt. Vor allem in den vierziger Jahren konzentrierten sie sich auf die Erforschung angeborenen Verhaltens, so daß auch LORENZ (1978, S. 6) zugibt:

„Wenn man Kritik an dieser Zeit glücklicher Forschung üben will, kann man ihr Einseitigkeit vorwerfen, ja sogar einen gewissen Mangel an ganzheitsgerechtem Denken. Dieser lag darin, daß *Lernvorgänge* weitgehend außer Betracht gelassen wurden. Vor allem wurden die Beziehungen und Wechselwirkungen, die zwischen den neugefundenen angeborenen Verhaltensmechanismen und den verschiedenen Formen des Lernens bestehen, kaum untersucht."

Allerdings wurden später praktisch von allen Ethologen die Lernleistungen von Tieren angemessen gewürdigt. Nur aus methodischen Gründen wurden diese Leistungen ursprünglich ausgeklammert, denn, wie HASSENSTEIN (1984, S. 42) bemerkt: „Wer ... angeborenes Verhalten studiert, muß erlerntes Verhalten meiden, weil es ihm sein Handwerk verdirbt." Aber die Vorteile einer Methode können nicht das Vorhandensein von Aspekten zudecken, nur weil es die Methode nicht erfaßt. Schon das Phänomen der Prägung jedoch hat, wie gesagt, wichtige Aspekte des Lernens ans Tageslicht befördert, obwohl LORENZ (1965a) den Prägevorgang vom gewöhnlichen Lernen unterschied, da er tatsächlich nur in einem eng abgegrenzten Abschnitt der individuellen Entwicklung eines Lebewesens stattfinden kann. Warum die Ethologen das Lernen zwar methodisch, aber nicht sachlich ausklammern konnten, wird durch den Umstand erklärt, daß das von ihnen postulierte angeborene Programm ja nicht als etwas Starres, Umwandelbares gesehen wurde. Die Theorie DARWINS als Grundlage würde eine solche Sichtweise gar nicht erlauben. Lernen bedeutet auf der Grundlage dieser Theorie die Komplettierung oder Änderung des angeborenen Programms oder „ganz einfach die Individualisierung von angeborenem Verhalten" (SJÖLANDER 1984, S. 13). Die Verhaltensänderungen, die sich als Ergebnisse von Lernprozessen einstellen, sind adaptiv und tragen zum Überleben des Individuums bei (EIBL-EIBESFELDT 1978).

Man kann nun die hier diskutierten Auffassungen der Ethologen wie folgt zusammenfassen: Jede Spezies verfügt über ein bestimmtes Repertoire angeborener Verhaltensweisen, die sich im Laufe ihrer Evolution als lebenswichtig herausgebildet haben und daher jedem ihrer Individuen schon bei seiner Geburt mitgegeben werden. Aber die Entwicklung des Individuums kann diese angeborenen Programme in verschiedene Richtungen lenken, verändern und ergänzen. Freilich bleibt die Frage, woher denn die Fähigkeit der Lebewesen kommt, überhaupt etwas zu lernen. Sie muß nach Auffassung der Ethologen natürlich wiederum ein Ergebnis der Evolution sein; das *Lernvermögen* oder die *Lerndisposition* ist demnach den Lebewesen angeboren, und zwar je nach „Evolutionsniveau" mit unterschiedlicher Breite.

So einfach das auch klingt und so plausibel es jedem erscheinen mag, der die Evolutionslehre – insbesondere die Theorie DARWINS – akzeptiert: Man wird die Kontroversen kaum verstehen, solange man nicht weiß, gegen welche Richtungen in den Verhaltenswissenschaften sich die Ethologen in der ersten Hälfte unseres Jahrhunderts stellten und welche Auffassungen sie glaubten bekämpfen zu müssen. Hierzu ist es erforderlich, in der Geschichte wieder ein wenig zurückzugehen.

3.2 Pawlows Hund und die „Reflexologie"

Zu den bekanntesten Gestalten der Psychologiegeschichte gehört zweifelsohne der russische Physiologe IWAN PETROWITSCH PAWLOW (1849–1936), der in unserer Erinnerung untrennbar mit „seinem Hund" verbunden ist und dessen Arbeit im Jahre 1904 mit dem Nobelpreis ausgezeichnet wurde (es war das erste Mal, daß ein Physiologe diese Auszeichnung erhielt). PAWLOWS Leben und Werk schilderte – sehr sympathetisch – sein Schüler ASRATJAN (1978). PAWLOW war der Sohn eines Geistlichen, seine Mutter stammte ebenfalls aus einer geistlichen Familie. Er begeisterte sich früh für naturwissenschaftliche Probleme und war bereits als Zwanzigjähriger besonders von der Physiologie fasziniert. Im Jahre 1863 war die Monographie *Reflexe des Gehirns* von IWAN MICHAILOWITSCH SETSCHENOW erschienen, den PAWLOW selbst als den „Vater der russischen Physiologie" bezeichnete und der auf seine eigene Entwicklung offenbar prägenden Einfluß haben sollte.

PAWLOW war, was man einen Laboratoriumsbiologen bezeichnen kann. In einer Rede im Dezember 1909 (anläßlich des 12. Kongresses der Naturwissenschaftler und Ärzte in Moskau) faßte er die methodischen Prämissen seines Arbeitsgebietes wie folgt zusammen:

„Der Forscher, der sich an die Registrierung aller Einwirkungen der Umgebung auf den tierischen Organismus heranwagt, bedarf ganz außergewöhnlicher Forschungsmittel. Er muß alle äußeren Einflüsse in seiner Gewalt haben. Das ist die Erklärung dafür, weswegen für diese Untersuchungen ein vollkommen neuer, bis jetzt nicht dagewesener Typ von Laboratorien benötigt wird, wo es keine zufälligen Geräusche, kein plötzliches Flackern des Lichtes, keinen sich unvermittelt ändernden Luftzug gibt usw., wo, kurz gesagt, das größtmöglichste Gleichmaß herrscht ... Hier muß wahrlich ein Wettstreit zwischen der modernen Technik der physikalischen Geräte und der Vollkommenheit der tierischen Analysatoren stattfinden." (Vgl. PAWLOW 1953, S. 164)

Hier sieht man deutlich den Unterschied in den methodischen Ansätzen: PAWLOW folgte strikt den methodischen Postulaten der „exakten" Naturwissenschaften, ja, dem Ideal einer Naturbeherrschung, das seit Beginn der Neuzeit große Bereiche der Naturforschung dominierte; die Ethologen hingegen waren um das qualitative Erfassen der Tiere und ihres Verhaltens bemüht, und viele von ihnen gewannen ihre Erkenntnisse aus der Freilandbeobachtung. Abermals also ist die Quelle von Kontroversen im methodischen Bereich zu finden. Und es wundert nicht, daß PAWLOWS Ansatz und ähnliche Ansätze von den Ethologen „als geradezu groteske Simplifikationen" (TINBERGEN 1972, S. 94) bezeichnet wurden.

Abgesehen von den methodischen Prämissen seiner Forschung, also in der Sache selbst, kam PAWLOW zu Schlußfolgerungen, die man oft spöttisch als *Reflexologie* bezeichnet. Sie beeindruckten aber selbst noch LORENZ. Ich erwähnte schon auf S. 40 jenen Vortrag, den LORENZ im Jahre 1937 in Berlin hielt und von dem MAX HARTMANN so beeindruckt war. Nach dem Vortrag spielte sich etwas ab, was zwar nur als kleine Geschichte oder gar bloß Anekdote gilt, für die Situation der Verhaltensforschung damals – und für die weitere Entwicklung der Gedankenwelt von LORENZ – aber charakteristisch und bedeutsam ist. ERICH VON HOLST wohnte nämlich dem Vortrag bei, er soll während des Vortrags immer wieder gemurmelt haben: „Menschenskind, es stimmt, es stimmt!" Am Ende des Vortrags aber soll er sich mit dem Wort „Idiot" auf die Stirn getippt haben. LORENZ war nämlich noch von der Reflexkettentheorie beeinflußt. Später erzählte er immer wieder, daß HOLST bloß zehn Minuten benötigt habe, um ihn für immer von der Idiotie dieser Theorie zu überzeugen.

Worin liegt nun das Wesen dieser Theorie? Ist sie wirklich so „idiotisch"? Warum wurde sie von den Ethologen rundweg abgelehnt?

Zunächst ist nicht daran zu zweifeln, daß PAWLOW sowohl in der Methode als auch inhaltlich neue Wege der Verhaltensforschung beschritten hat: in der Methode, weil er das Studium des Verhaltens von allen dunklen Faktoren befreien wollte und daher für „saubere Experimente" plädierte, inhaltlich, weil er neue Erkenntnisse über die Natur von Lernvorgängen gewinnen konnte. Vor allem untersuchte er die *bedingten Reflexe* an Experimenten mit Hunden und stellte fest, daß ein Hund *konditioniert* werden kann: Verbindet man im Experiment das Darbieten von Nahrung mit einem davon völlig unabhängigen Signal (z. B. einem Glockenton), so wird nach einer gewissen Anzahl von Versuchen bereits durch diesen – ursprünglich neutralen – Reiz die Speichelsekretion (auch ohne Nahrung) ausgelöst. Der Hund assoziiert nämlich das Futter mit dem Glockenton, er erkennt nicht, daß dieser mit dem Futter selbst grundsätzlich nichts zu tun hat.

Die Rolle der bedingten Reflexe im Verhalten von Tier und Mensch ist nicht zu unterschätzen. Kein Ethologe hat später diese Rolle geleugnet. Nur beispielsweise kann hierzu HASSENSTEIN (1987, S. 275) zitiert werden, der feststellt: Geht einem auslösenden Reiz für einen Reflex mehrmals ein anderer Reiz voraus, dann „kann dies einen Lernvorgang verursachen mit dem Ergebnis, daß fortan schon dieser andere, zunächst nur angekündigte Reiz die Reaktion auslöst". In gewissem Sinne liegt hier eine „Ökonomie des Lernens" vor: Ein Lebewesen macht die Erfahrung, daß zwei (oder mehrere) Ereignisse gemeinsam oder rasch nacheinander auftreten, verbindet diese Ereignisse miteinander und *reagiert* bereits auf das Eintreffen des einen – vielleicht vom „wichtigen Geschehen" völlig unabhängigen – Ereignissen, also auf den Glockenton, auf einen Lichtreiz oder was auch immer. Was soll nun daran so anrüchig sein? Sind das nicht eigentlich biologische bzw. psychologische Gemeinplätze?

Den Widerstand der Ethologen gegen PAWLOW auf seine Lehre wird man erst verstehen, wenn man sich die Schlußfolgerungen und Verallgemeinerungen vor Augen führt, die PAWLOW und seine Schüler aus den genannten Experimenten über bedingte Reflexe gezogen haben. Verhalten, so argumentierten sie, ist nichts anderes als eine Kette von Reflexen, Lebewesen sind im Grunde bloß Reflex- oder Reiz-Reaktions-Maschinen. Die von PAWLOW und seiner Schule somit vertretene Psychologie ist ein System auf „assozionistischer" und mechanistischer Basis, welches den Anspruch erhebt, völlig objektiv zu sein (THORPE 1979); ein Bild, das Organismen als Maschinen portraitiert, die auf Knopfdruck aktiviert werden können (HAYS 1973). Dieses Bild paßt natürlich perfekt zur Idee – oder soll man sagen: zum Mythos? – der Beherrschung der Natur, der Lebewesen. Es stellt Lebewesen als von außen beherrschte und beherrschbare Systeme dar und verwischt deren Fähigkeiten zur spontanen Aktivität. Die Ethologen erkannten: „Verhalten ist zugleich spontan und reaktiv, d. h., es wird von inneren und von äußeren Faktoren beeinflußt" (TINBERGEN 1948, S. 121). Die sich auf PAWLOW gründende Richtung akzeptierte nur die reaktive Seite des Verhaltens und die Außeneinflüsse.

PAWLOW (1935 [1953]) berichtete von einem Hund mit heftigem Charakter und einer „gewissen Wildheit". Wenn man diesen Hund aber, so erzählte PAWLOW, unter ganz bestimmte Bedingungen stellte, ihm eine Schlinge um den Hals legte, dann änderte sich sein Charakter sofort, er ließ sich führen und zeigte keine Spur mehr von seiner Wildheit. Also alles nur eine Frage von *Bedingungen*. Ähnliches wird mancher Hundebesitzer festgestellt haben. Was aber nicht die Frage beantwortet, ob das Verhalten des Hundes bzw. seine Verhaltensänderung nicht aus der *Spontaneität* heraus erklärbar ist.

PAWLOWS Lehre widersprach (und widerspricht) also offensichtlich der Annahme vom angeborenen Verhalten, welches ein Tier gleichsam von innen her veranlaßt, dieses oder jenes zu tun oder zu unterlassen. Gleichwohl ist seine Lehre materialistisch und ist zumindest in dieser Hinsicht in die Tradition jener Forscher einzuordnen, die – vor und nach DARWIN – *natürliche* Ursachen für das Verhalten zu ergründen suchten. Zumindest zum Teil sind also Argumente gegen seine Lehre in jener Weltanschauung verwurzelt, die ein wenig vom Dualismus (vgl. S. 48) retten wollte und will. „Wir müssen begreifen", schrieb PAWLOW (1935 [1953, S. 454]) selbst, „daß die bedingten Reflexe in der physiologischen Welt deswegen eine Ausnahmestellung einnehmen, weil viele wegen ihrer dualistischen Weltanschauung gegen sie Abneigung empfinden."

PAWLOW hatte richtig beobachtet. Zu seiner Zeit wie auch noch später gab es nicht wenige Verhaltensforscher, die einen strikt naturwissenschaftlichen Zugang zum Studium des Verhaltens aus weltanschaulichen Gründen ablehnten; oder sagen wir: einem *materialistisch-naturwissenschaftlichen* Zugang zum Studium des Verhaltens feindlich gegenüberstanden. Der baltische Gelehrte JAKOB VON UEXKÜLL (1864–1944) etwa meinte: „Für jedes einzelne Tier ... bilden seine Funktionskreise eine Welt für sich, in der es völlig abgeschlossen sein Dasein führt" (UEXKÜLL 1928 [1973, S. 150]). Und an anderer Stelle (UEXKÜLL 1939, S. 114) finden wir die Empfehlung:

„Ich rate meinen Schülern, wenn sie auf eine besonders rätselhafte Eigenschaft bei einem Lebewesen stoßen, die Frage nach ihrer ursächlichen Entstehung zu unterdrücken – da wir von der Kompositionskunst der Natur noch nichts wissen –, sondern sich damit zu begnügen, nach dem Kontrapunkt zu fragen, der immer vorhanden ist."

Von der „Kompositionskunst" der Natur wiederum wollte PAWLOW nichts wissen; er akzeptierte auch nichts Rätselhaftes an Lebewesen, sondern legte schon seine Experimente so an, daß alles beobachtbar wurde und die Ursachen aufgespürt werden konnten. Hier prallen Welten aufeinander: Verhaltensforschung mit dem Anspruch, exakte Wissenschaft zu sein, und Naturverehrung mit bewußtem Verzicht auf kausale Analyse.

Aber so, wie den „Naturverehrern" schon aufgrund ihrer Haltung Erkenntnisgrenzen gesetzt sind, so waren auch PAWLOW und seiner Schule von vornherein Grenzen eingebaut: Der mechanistische Ansatz bedeutete, daß letztlich jedes komplexe Phänomen, das nicht durch einfache analytische Methoden greifbar ist, übersehen oder simplifiziert werden mußte (ALLEN 1978).

Es wäre jedoch verfehlt, PAWLOWS Lehre bloß als wichtiges Element im Methodenstreit in der Verhaltensforschung hinzustellen, denn sie wurde bald wesentlich mehr: die Grundlage einer Weltanschauung. Um das zu verstehen, muß jener Schule Beachtung geschenkt werden, die vielleicht die einflußreichste Schule in der Psychologie des 20. Jahrhunderts war oder jedenfalls sehr weitreichende, über die Verhaltenswissenschaften hinausgehende Wirkungen hatte und mit deren Vertretern die Ethologen besonders heftige Kontroversen führten.

3.3 Der Behaviorismus

In einem 1951 erschienenen Aufsatz mit dem Titel "How to Teach Animals" („Wie man Tiere unterrichtet") beschrieb SKINNER einige einfache Techniken, mit deren Hilfe man, wie er sich zuversichtlich gab, einem Hund das Tanzen und einer Taube das Klavierspielen beibringen könne – und die die Prozesse des Lernens beim Menschen erhellen würden. BURRHUS F. SKINNER (1904–1990), Feindbild der Ethologen und Hoffnungsträger vieler Sozialwissenschaftler, Politiker und Pädagogen, hatte es tatsächlich fertiggebracht, Tauben auf Pingpongspielen und auf Hacken nach friedlichen Artgenossen zu dressieren. Auf der Grundlage der Forschungen PAWLOWS fand er die Gesetzmäßigkeiten der *operanten Konditionierung*, durch die das Auftreten von *bedingten Aktionen* (z. B. Drücken eines Hebels, um Futter zu erhalten) verändert wird. Seine Botschaft war, daß Tiere und Menschen praktisch beliebig dressierbar, manipulierbar oder, weniger drastisch ausgedrückt, „erziehbar" seien. Eine solche Botschaft aber hatte schon der eigentliche Begründer des *Behaviorismus*, JOHN B. WATSON (1878–1958), im Jahre 1930 parat:

„Gebt mir ein Dutzend gesunder, wohlgebildeter Kinder und meine eigene Umwelt, in der ich sie erziehe, und ich garantiere, daß ich jedes nach dem Zufall auswähle und es zu einem Spezialisten in irgendeinem Beruf erziehe: zum Arzt, Richter, Künstler, Kaufmann oder zum Bettler und Dieb, ohne Rücksicht auf seine Begabungen, Neigungen, Fähigkeiten, Anlagen und die Herkunft seiner Vorfahren." (Zit. nach VERBEEK 1992, S. 425)

Größer kann der Kontrast zu einigen der Grundannahmen der Ethologen kaum sein! Die Behavioristen widersprachen den Ethologen vor allem in zwei Punkten:

1. Es gibt kein angeborenes Verhalten, keine inneren Bedingungen oder Antriebe des Verhaltens bei Tier und Mensch.
2. Daher spielen auch evolutionäre Überlegungen in der Verhaltensforschung keine Rolle.

Ein wichtiger Grund dafür, daß die Behavioristen dem Evolutionsdenken praktisch kaum eine Rolle zuordneten, liegt nach RICHARDS (1987) in dem

Abb. 19:
BURRHUS F. SKINNER (1904–1990).
(Foto: Ullstein-Camera Press Ltd.)

Umstand, daß im ausklingenden 19. und beginnenden 20. Jahrhundert die großen Entwürfe zu einer evolutionären Psychologie zunehmend in philosophische Gedankengebäude eingebaut und nicht in das Gewebe der Naturwissenschaft eingenäht wurden. Sie verloren daher ihre Attraktivität zumal für jene Biologen, die, wie schon PAWLOW, ihre Disziplin in der Hauptsache als eine Laboratoriumswissenschaft verstanden. Die Haltung der Ethologen hingegen war, wie schon betont, dazu völlig entgegengesetzt. Eine Anekdote trifft es genau. Als LORENZ einmal in Seewiesen von einem englischen Kollegen besucht wurde und dieser sich nach dem *lavatory* (Toilette) erkundigte, verstand LORENZ *laboratory* und antwortete: „O, we don't have, we are doing everything outside" („O, das haben wir hier nicht, wir machen alles draußen").

Wohl aber hätte der Behaviorismus nicht die Beachtung gefunden, die ihm tatsächlich zuteil wurde, hätten seine Vertreter nur Methodenprobleme im Sinn gehabt und wäre er allgemein nur als ein besonderer Zugang zum Studium des Verhaltens verstanden worden. Es ging von Anfang an um mehr. Um die Wunschvorstellung nämlich, daß der Mensch machbar, planbar sei, bei seiner Geburt mit einem „leeren Gehirn" ausgestattet ist, das man nach und nach mit Inhalten füllen kann, wie man es gerade braucht. Sicher ist es interessant, daß der Behaviorismus – wie auch SJÖLANDER (1984) zu bedenken gibt – in den USA und in der Sowjetunion gleich willkommen war.

WATSON fand für seine Doktrin in den USA ein sehr günstiges Klima vor. Immerhin gab er unbegrenzten Möglichkeiten Ausdruck, *jeder* gute amerikanische Bub war dazu geeignet, Präsident seines Landes zu werden – harte Arbeit und eine gute Erziehung vorausgesetzt. Freilich mußte er noch mindestens an drei Phänomene Konzessionen machen, die schwer als *angeborene* emotionale Reaktionen zu leugnen waren: Angst, Wut und Liebe. Aber unter der Hand der „Verhaltenstechnologen", so hoffte er, müßte daraus ein sehr spezifisches Verhalten geformt werden können. Nun hatte WATSON angeblich schon die größten Probleme mit sich selbst, doch tat das seiner Lehre und den daraus entwickelten Hoffnungen keinen Abbruch. Die radikalen Vertreter des Behaviorismus, allen voran SKINNER, hielten daran fest, daß Verhalten von außen programmierbar sei. Konzepte wie „Instinkt", „Geist" usw. mußten daher eliminiert werden – sie bekamen von den Behavioristen ihren Platz in der Metaphysik zugewiesen und hatten in einer „harten Naturwissenschaft" nichts mehr zu suchen. Und wo *mentales* Verhalten akzeptiert wurde, dort wurde es als *erlernt* interpretiert. Im Lernen lag zugleich die große Hoffnung. Das Credo war, daß fast jedes Verhalten Resultat von Konditionierungen und unser Verhalten eine Reaktion auf die Umwelt sei (siehe auch SPARKS 1982).

Weder die organische noch die kulturelle Evolution, so argumentierte SKINNER (1971), ist ein Garant für die Verbesserung des Menschen. Er bezog sich dabei auf jene Evolutionstheoretiker, die, wie DARWIN, an einen Fortschritt in der Evolution glaubten, und lehnte diese Meinung strikt ab. Evolution, evolutionäres Denken benötigte SKINNER ja auch nicht, da er sich, wie die anderen Behavioristen, vornehmlich mit der individuellen Entwicklung der Organismen und ihrer (individuellen) Manipulierbarkeit befaßte. SKINNERS Botschaft an die Menschheit war, daß durch die Anwendung seiner Verhaltenstechnologien – und nur dadurch – Fortschritt erzielt werden könnte. Er schrieb: "What is needed is more 'intentional' control, not less, and this is an important engineering problem" (SKINNER 1971, S. 169). („Was wir brauchen, ist mehr ‚intentionale' Kontrolle, und nicht weniger; und das ist ein wichtiges technologisches Problem" [Übersetzung des Autors].)

Auf einige Einzelheiten der behavioristischen Lehre in methodologischer Hinsicht und auf die Kritik von seiten der Ethologen kommen wir gleich noch zurück. Hier muß aber auch darauf hingewiesen werden, daß die Auffassung, der Mensch sei kaum oder überhaupt nicht durch biologische Faktoren bzw. angeborene Verhaltensantriebe beeinflußt, von einer anderen Seite ebenfalls starke Unterstützung erfuhr, nämlich von den Sozialanthropologen. Erwähnung verdient hierbei vor allem der deutschstämmige amerikanische Anthropologe FRANZ BOAS (1858–1942), der zwischen 1899 bis 1942 an der Columbia University in New York ein sehr einflußreiches Institut aufbaute und von dem Glauben an die schöpferische Begabung des Menschen beseelt war, d. h. den Menschen in erster Linie durch seine Kultur bestimmt sah (vgl. BOAS 1911). Damit wäre der Mensch also hauptsächlich ein Produkt seiner Umwelt und Erziehung, ein Produkt der soziokulturellen Umstände, in die er hineingeboren wird.

Nun, wie schon gesagt, der Behaviorismus ist die Fortsetzung der „Reflexologie" PAWLOWS, der „die Reflexe ebenso wie die Instinkte [als] ganz gesetzmäßige Reaktionen des Organismus auf bestimmte Einwirkungen" (PAWLOW 1953, S. 138) sah. Eben darum ging es den Behavioristen: Gesetzmäßigkeiten des Verhaltens zu ergründen. Aber sie waren davon überzeugt, daß man diese Gesetzmäßigkeiten finden könne, wenn man nur die von außen auf den Organismus wirkenden „Kräfte" und die Reaktion des Organismus darauf studiert. Damit vertraten sie eine Auffassung, die häufig auch als *S-R psychology (stimulus-response psychology)* bezeichnet wird (vgl. z. B. BUNGE und ARDILA 1987). Die methodologische Prämisse dieser Psychologie war die Betrachtung des Organismus als *black box*, als „leere Schachtel"; nichts soll im Organismus von vornherein drinnen stecken, was aber hineingeht, ist exakt beobachtbar. Die auch philosophisch schwerwiegende Konsequenz dieses Ansatzes war die Hoffnung, daß der Begriff des Bewußtseins oder des Geistes damit auf kurz oder lang sich als überflüssig erweisen und daher aus den Verhaltenswissenschaften verschwinden werde *(eliminativer Materialismus)*. Damit reagierten die Behavioristen freilich auch auf eine Art Obskurantismus, der sich einiger Begriffe und Konzepte der Verhaltensforschung im ersten Drittel dieses Jahrhunderts bemächtigt hatte. Man wird das verstehen, wenn man sich – was im nächsten Abschnitt geschehen soll – vor Augen führt, daß weite Bereiche der Verhaltensforschung tatsächlich metaphysisch verbrämt und stark von vitalistischen Denkweisen beeinflußt worden waren. Die Ethologen versuchten sich genauso über jeden Verdacht des Obskurantismus zu erheben, doch betrachteten sie den Organismus nicht als *black box*, sondern versuchten, wenn man so will, „sein Inneres" mit naturwissenschaftlich tragbaren Konzepten zu beschreiben. Nicht alles, was die Behavioristen also taten, wurde daher von den Ethologen abgelehnt.

Jedoch kann man sagen, daß die methodologische Basis des Behaviorismus sehr eng war. Dabei soll hier gar nicht von solchen zweifelhaften Experimenten näher die Rede sein, wie sie WATSON gemeinsam mit seiner Schülerin ROSALIE RAYNER an einem elfmonatigen Waisenkind ausführte, dem „kleinen Albert", dem mit wüstem Lärm Angst vor Ratten andressiert wurde (vgl. RICHARDS 1987, VERBEEK 1992). Bekannt sind ja vor allem SKINNERS Versuche, insbesondere mit Ratten und Tauben. TINBERGEN (1970, S. 25) hat diese Versuche und die hinter ihnen liegende Methodik so prägnant in Kurzform beschrieben, daß ich hier die betreffende Textstelle im Wortlaut wiedergeben möchte:

„Der Experimentalpsychologe an der Harvard-Universität B. Frederic Skinner ist nicht nur wegen seiner mechanischen Untersuchungen des tierischen Verhaltens bekannt, sondern auch wegen der furchtlosen, Widerspruch herausfordernden Schlüsse, die er aus ihnen zieht. In seinen Experimenten dressiert er Tauben, Ratten und andere Tiere, eine Reihe von ungewöhnlichen Handlungen zu verrichten, indem er sie am Schluß jeweils sofort belohnt. Diese Methode nennt man „Verstärkung". Während der Experimente sind Skinners Testtiere von der Außenwelt völlig abgeschlossen. Häufig verwendet er geschlossene Metallkäfige, deren Wände schalldicht sind. Seine mechanischen Testvorrichtungen sind mit einer solchen Sorgfalt ausgearbeitet und werden durch eine derart moderne Ausrüstung gesteuert, daß derjenige, der den Test ausführt, den Raum während des Experiments ruhig verlassen kann. Die Ergebnisse werden durch einen elektrisch arbeitenden Schreiber registriert. Im Gegensatz zu der Mehrzahl der übrigen Verhaltensforscher zögert Skinner nicht, seine Ergebnisse auf den Menschen zu übertragen. So hat er z. B. das Prinzip der unverzüglichen Belohnung auf Lernmaschinen für Kinder übertragen, die sie durch ständige Ermutigung und Anerkennung richtiger Antworten auf einfache Fragen zu zunehmend schwierigeren führen."

Ob tatsächlich *die Mehrzahl* der Verhaltensforscher ihre Ergebnisse *nicht* auf den Menschen übertragen hat, sei dahingestellt. Gewiß aber hat *kein* Ethologe den Menschen so betrachtet wie SKINNER. Die Kritik, die der Behaviorismus daher von seiten der Ethologen erfuhr, ist verständlich.

TINBERGEN (1972) kritisierte die Vernachlässigung angeborenen Verhaltens durch die Behavioristen. LORENZ (1965a, S. 231) stellte fest, es bedürfe „der vollkommenen Unkenntnis tierischen Verhaltens ..., um den Versuch zu rechtfertigen, schlechterdings alles tierische Verhalten als eine Zusammensetzung bedingter Reflexe zu erklären". Gleiches dachte er natürlich auch in bezug auf menschliches Verhalten. Allerdings meinte er an anderer Stelle (LORENZ 1978), daß die Ablehnung von außernatürlichen Faktoren und vitalistischen Prinzipien im Verhalten von seiten der Behavioristen mit Recht erfolgte. Auch RENSCH (1973) akzeptierte den Versuch der Behavioristen, eine klare, objektive Terminologie in die Verhaltensforschung einzuführen, kritisierte aber zugleich die Grundeinstellung behavioristisch orientierter Psychologen, die zu einem Verzicht auf viele wichtige Erkenntnisse führen würde. Ähnliche Meinungen ließen sich von vielen anderen Verhaltensforschern zitieren. Aufgrund allgemeiner Überlegungen wiederum polemisierte aber beispielsweise auch BERTALANFFY (1968, S. 131) gegen „die berühmten Regimenter von Ratten", die man „durch SKINNERboxes laufen" läßt, und hob vor allem die Einseitigkeit der behavioristischen Methodologie hervor, die zu vielen Vereinfachungen und unzulässigen Verallgemeinerungen Anlaß geben würde. Ferner bewerten BUNGE und ARDILA (1987) aus erkenntnis- und wissenschaftstheoretischer Sicht den Behaviorismus als zwar in der Methodik des Experiments sehr progressiv, aber rückschrittlich wegen des Versuchs, das Bewußtsein aus der Psychologie zu eliminieren, und der fehlenden Bereitschaft, sich mit den Antrieben des Verhaltens – d. h. mit dem Nervensystem – zu beschäftigen.

So wird aber im Behaviorismus manch alte philosophische Anschauung manifest, etwa die des *Positivismus*, wonach nur „objektiv beobachtbare Tatsachen" in der Wissenschaft ihren Platz haben, jede auf Introspektion zurückgehende Einsicht als unwissenschaftlich zurückzuweisen ist und nur solche Aussagen Gültigkeit besitzen, die unter genau festgelegten (experimentellen) Bedingungen überprüfbar sind. Und während die älteren Ethologen eine geradezu emotionale Bindung mit den Tieren, deren Verhalten sie untersuchten, für wichtig hielten (und tatsächlich in den meisten Fällen fast Zuneigung zu ihren „Objekten" empfanden), liegt dem positivistisch ausgerichteten Behaviorismus eine ziemlich strenge Trennung vom beobachtenden Subjekt und den zu beobachtenden Objekten zugrunde. Das erklärt sich auch durch die Beschränkung der Behavioristen auf den Außenaspekt des Verhaltens. Aus moderner erkenntnistheoretischer Sicht ist aber eine strenge Subjekt-Objekt-Trennung nicht nur nicht mehr aufrechtzuerhalten (siehe auch WUKETITS 1983), sondern es ist anzuerkennen, daß Subjekt und Objekt stets in einer *Wechselwirkung* zueinander stehen und niemals strikt voneinander getrennt werden können. Letzten Endes muß sich also ein Behaviorist den Vorwurf gefallen lassen, daß er seine Ratten oder Tauben zwar konditioniert, daß er aber gar nicht bemerkt, wie er selbst von diesen auch konditioniert wird – eben indem sie das tun, was er von ihnen erwartet, „konditionieren" sie seine eigene Erwartungshaltung. In der Tat war das schon häufig Gegenstand von Psychologenwitzen. (Sagt eine Ratte zur anderen: „Da kommt wieder Dr. Skinner. Laß uns freundlich lächeln, damit er wieder die Käfigtür aufmacht und wir unser Futter bekommen. Dann laufen wir durchs Labyrinth. Ich mag es, wenn er uns immer nachläuft.")

Während nun, um dies nochmals hervorzuheben, an der Bedeutung des Lernens für das Verhalten nicht zu zweifeln ist und man den Behavioristen zugute halten muß, viel zur Erforschung des Lernens beigetragen zu haben, ist es auf der anderen Seite doch geradezu merkwürdig, wie leichtfertig sich die Behavioristen und ihre Anhägner über die Existenz angeborenen Verhaltens hinweggesetzt haben. Denn schon relativ einfache Überlegungen machen deutlich, welch immense Rolle angeborenen Fertigkeiten im Leben der Tiere zukommen muß. SJÖLANDER (1984) gibt dazu als Beispiel den Vogelflug. Das Fliegen ist eine sehr komplexe Angelegenheit, ein motorisches Zusammenspiel von Hunderten von Knochen, Gelenken, Muskeln, Gefieder usw. Nun stehen beispielsweise junge Mauersegler, wenn sie zum erstenmal ihr Nest verlassen, vor der Alternative, entweder sofort fliegen zu können (sie haben dann, wenn sich ihr Nest etwa zwei Meter über dem Erdboden befindet, nur eine Sekunde Zeit, ihr Können unter Beweis zu stellen) oder durch zufälliges Ausprobieren die richtige Koordination von Knochen, Gelenken usw. zu finden (und dieser Versuch muß eben innerhalb einer Sekunde gelingen, gelingt er aber nicht, dann gibt es wieder einen Mauersegler weniger). SJÖLANDER (1984) berichtet, daß er einmal seinen Studenten die Aufgabe stellte, auszurechnen, wie lange nun ein Mauersegler wirklich benötigen würde, um alle möglichen Kombinationen von Muskelbewegungen, Gelenkstellungen usw. auszuprobieren und so zufällig die flugtaugliche (und für ihn lebenswichtige!) Variante zu finden. Das Ergebnis spricht für sich: Bei einem „Arbeitstag" von acht Stunden und ohne einen einzigen Feiertag, würde der Vogel zweihundert Jahre dazu benötigen. Die Schlußfolgerung ist daher zwingend, daß Mauersegler und andere Vögel über ein angeborenes Programm verfügen, welches ihnen *ohne Erfahrung und Lernen* das Fliegen ermöglicht.

Nur eine starke Abhängigkeit von weltanschaulichen Motiven läßt uns verstehen, warum man die Existenz eines angeborenen Verhaltensprogramms so hartnäckig leugnen konnte, wo dieses sich doch schon durch relativ einfache Überlegungen begründen läßt. Wenn man von weltanschaulichen Motiven absieht, dann hatten die Behavioristen und diejenigen Verhaltensforscher, die ihnen nahestanden, mit dem Konzept des angeborenen Verhaltens begrifflich und methodisch Schwierigkeiten und meinten, daß ja schon während der Embryonalentwicklung eines Lebewesens, im Uterus, Umwelteinflüsse auf das Lebewesen einwirken würden und dieses somit schon vor der Geburt lerne (vgl. LEHRMAN 1953). Das war sicher richtig, doch was die Klärung der Probleme erschwerte, war der Ausschließlichkeitsanspruch, mit dem die Behavioristen das Lernen behandelten, so daß eine Entweder-Oder-Alternative konstruiert wurde: angeboren *oder* erlernt, und wenn erlernt, dann ohne angeborene Basis. Die Überwindung dieser Alternative und die Synthese von „angeboren" und „erlernt" war eine genuine Leistung der Ethologie, worauf wir in Abschnitt 3.5 eingehen wollen. Zuvor aber muß noch die zweite „große Strömung" in der Verhaltensforschung in der ersten Hälfte des 20. Jahrhunderts ausführlicher diskutiert werden.

3.4 Die Zweckpsychologie

> Wir können statt Planmäßigkeit ebensogut Funktionsmäßigkeit, Harmonie oder Weisheit sagen. Auf das Wort kommt es gar nicht an, sondern nur auf die Anerkennung der Existenz einer Naturkraft, die nach Regeln bindet. Ohne die Anerkennung dieser Naturkraft bleibt die Biologie ein leerer Wahn.
>
> JAKOB VON UEXKÜLL

Schon zuvor (auf S. 102) wurde UEXKÜLL erwähnt, gleichsam als Kontrapunkt zur mechanistisch orientierten Biologie. Der baltische Gelehrte, von dem LORENZ einmal ironisch bemerkte, er könne nicht an DARWINS Theorie glauben, weil baltische Barone nicht von Affen abstammen dürften, hat in der Tat die Entwicklung einer vitalistisch ausgerichteten Biologie stark beeinflußt und vor allem eine antimechanistische Strömung in der Verhaltensforschung mitbegründet. Dabei sei auch er, wie UEXKÜLL sich in seiner Autobiographie erinnert, mit der positivistischen Lehre und dem Glauben an die Alleinherrschaft der objektiven Welt aufgewachsen, bis ihn die Schönheit und Größe des Golfes von Neapel und dort die Begegnung mit verschiedenen Menschen von der Richtigkeit des Gegenteils überzeugten (vgl. UEXKÜLL 1957). Dieses „Gegenteil" war für ihn vor allem

1. der Glaube, daß die ganze Natur von Planmäßigkeit dominiert und jedes Lebewesen Resultat wohlkonstruierter Bau- und Funktionspläne sei,
2. die Überzeugung, daß jedes Tier als Subjekt von spezifischer Bauart sei und in ganz spezifischer Weise zu seiner Außenwelt in Beziehung stehe.

UEXKÜLL (1928 [1973, S. 150]) sprach in diesem Zusammenhang vom *Funktionskreis* eines Lebewesens:

„Jedes Tier ist ein Subjekt, das dank seiner ihm eigentümlichen Bauart aus den allgemeinen Wirkungen der Außenwelt bestimmte Reize auswählt, auf die es in bestimmter Weise antwortet. Diese Antworten bestehen wiederum in bestimmten Wirkungen auf die Außenwelt, und diese beeinflussen ihrerseits die Reize. Dadurch entsteht ein in sich geschlossener Kreislauf, den man den *Funktionskreis* des Tieres nennen kann.
 Die Funktionskreise der verschiedenen Tiere hängen in der mannigfal-

Die Zweckpsychologie

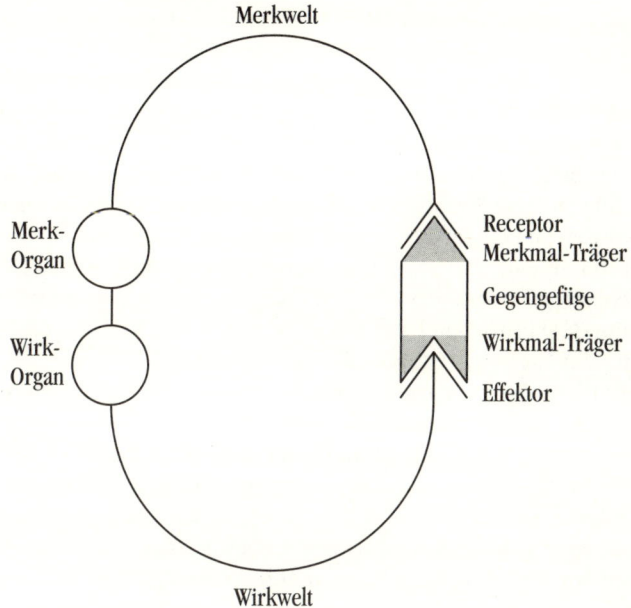

Abb. 20: Funktionskreis. (Nach UEXKÜLL 1928.)

tigen Weise miteinander zusammen und bilden gemeinsam die Funktionswelt der Lebewesen, in die die Pflanzen mit inbegriffen sind. Für jedes einzelne Tier aber bilden seine Funktionskreise eine Welt für sich, in der es völlig abgeschlossen sein Dasein führt."

Den Funktionskreis veranschaulicht Abb. 20. UEXKÜLL hat damit nicht nur in der Verhaltensforschung bzw. Biologie, sondern auch in anderen Disziplinen, vor allem natürlich in der Psychologie, Akzente gesetzt. Im Gegensatz zu jedem mechanistischen Ansatz in der Biologie und insbesondere zum Behaviorismus gewann durch UEXKÜLL die Dimension des *Subjektiven* an Bedeutung. (Siehe hierzu auch UEXKÜLL 1913.)

Diese Dimension wurde auch von dem holländischen Physiologen und Psychologen FREDERIK J. J. BUYTENDIJK (1887–1974), dessen Bedeutung für die Verhaltensforschung meines Erachtens unterschätzt wird, hervorgehoben. BUYTENDIJK (1938, S. 37) definierte die Tierpsychologie als ein „Glied einer umfassenden Wissenschaft, die man vergleichende Psychologie nennt", und betonte ausdrücklich ihre Bedeutung „für ein Verstehen des Seelenlebens des Menschen". Er gemahnte zur Vorsicht, wenn tierisches Verhalten mit Begriffen aus dem menschlichen Leben bezeichnet wird, und war um eine terminologische Klarheit in der Verhaltensforschung bemüht. Dennoch schuf er selbst Begriffe – etwa „vitale Phantasie" für die Zweckmäßigkeit von Körperbau und Verhalten –, die ihn letztlich als Vertreter einer vitalistischen Biologie ausweisen und demnach entsprechend unscharf bleiben. Im schroffen Gegensatz zu den Behavioristen meinte er, Verhalten sei nicht zu verstehen aus einer Anzahl von Muskelkontraktionen, „sondern als Akte, die auf eine Situation gerichtet sind, also als Ausdruck einer erlebten Bedeutung und einer intendierten Handlung" (BUYTENDIJK 1958, S. 19).

Damit ist nun jene Richtung in der Verhaltensforschung umrissen, die als *Zweckpsychologie* oder *purposive psychology* – in ihrer Entstehung eng verbunden mit dem britischen Psychologen WILLIAM MCDOUGALL (1871–1938) – auf den Punkt gebracht ist. Wie diese Bezeichnung schon sagt, ging es den Vertretern dieser Schule darum, Verhalten von seiner Zweckmäßigkeit bzw. Zielstrebigkeit her zu erfassen, ein Anliegen, wie es auch von BUYTENDIJK formuliert wurde. Während der Behaviorismus als *kausale* Verhaltensforschung verstanden wurde und wird, kann die Zweckpsychologie als *teleologische* Verhaltensforschung aufgefaßt werden; während sich die Behavioristen damit begnügten zu sehen, wie ein Lebewesen auf diese oder jene Bedingungen *reagiert* (und darauf eine praktisch unbegrenzte Manipulierbarkeit von Tier und Mensch stützten), sahen die „Zweckpsychologen" im Verhalten jedes Lebewesens die Erfüllung bestimmter Zwecke (die allerdings meist in nicht sehr deutlich definierbare „Gesamtzwecke" eingebettet gesehen wurden). Wie wir im letzten Abschnitt gesehen haben, konzentrierten sich die Behavioristen auf nur ganz bestimmte Aspekte des Verhaltens, die eben experimentell kontrollierbar sind. Die Vertreter der Zweckpsychologie dagegen stellten „die Ganzheit" in den Vordergrund (siehe auch ALVERDES 1935, 1941) und waren davon überzeugt, daß vieles im verborgenen liegt und dort auch liegen bleiben wird.

So stellte ALVERDES (1935, S. 75) kategorisch fest, daß „vieles, was den Inhalt einer Tierpsyche ausmachen kann, uns auf ewig unzugänglich sein" wird. Dieses „Unzugängliche" war in der Zweckpsychologie vor allem das angeborene Verhalten bzw. der Instinkt, „denn der Instinkt ist das Geheimnis des Lebens schlechthin" (BUYTENDIJK 1938, S. 142). Manche Vertreter der Zweckpsychologie haben sich allerdings bemüht, den Instinktbegriff etwas schärfer zu fassen, ihn der Welt des Geheimnisvollen zu entreißen – mit mäßigem Erfolg –, denn wenn der Instinkt als „das bindende Glied, der Ordner der psychischen Erlebungen" (BIERENS DE HAAN 1937, S. 8) zu verstehen ist, dann bleibt auch noch ein „metaphysischer Rest".

Die Kontroverse um den Instinktbegriff ist bezeichnend für die Situation in der Verhaltensforschung in den dreißiger Jahren. Im November 1936 fand in Leiden (Holland) ein von der „Jan van der Hoeven-Stiftung für theoretische Biologie" veranstaltetes Symposium statt, das dem Instinktbegriff gewidmet war und dessen Teilnehmer praktisch alle zumindest darin übereinstimmten, daß es Instinkte und, allgemeiner, angeborenes Verhalten gibt. Weniger einhellig waren indes die Auffassungen darüber, was nun eigentlich unter einem Instinkt zu verstehen sei. Man wird diese Schwierigkeiten verstehen, wenn man sich vergegenwärtigt, daß HEINROTH, um die Vieldeutigkeit des Instinktbegriffs wissend, den Ausdruck *arteigene Triebhandlung* dem Terminus *Instinkthandlung* vorgezogen hatte und daß auch LORENZ (1965a) zugab, daß „Instinkt" ein bloßes Wort sei und das, worüber die Verhaltensforscher Aussagen machen könnten, sich ausschließlich auf die Instinkthandlung beziehe. Besagtes Symposium war aber vor allem auch eine Plattform für Vertreter der Zweckpsychologie.

Instinktives Verhalten, so sagte etwa RUSSELL (1937), ist unabhängig von individueller Erfahrung, ist spezifisch oder ererbt, genauso wie die körperliche Entwicklung spezifisch und ererbt ist. Weiter sah er im instinktiven Verhalten eine Hilfsfunktion der drei Hauptfunktionen im Leben eines Organismus: Entwicklung, Selbsterhaltung und Fortpflanzung. „Gerichtetheit und Schöpfertum" waren für RUSSELL (1952) grundlegende Charakteristika des Lebenden. Das Verhalten beschrieb er nur als eines der Mittel, durch die das Lebewesen seine biologischen Endzwecke erreicht. Der gesamte Ansatz seiner Biologie und Verhaltensforschung war also ein teleologischer. Er stützte sich auf MCDOUGALL und dessen vitalistische und lamarckistische Auffassungen und faßte instinktives Verhalten im wesentlichen als seelisches oder psychisches Verhalten auf. Daß (instinktives) Verhalten ein Mittel zum Zweck sei, so RUSSELL (1937, 1952), könne man anhand vieler Beispiele erkennen, in denen Tiere durch ihr Verhalten der Reproduktion ihrer Art (biologischer Endzweck!) dienen. Damit wäre Verhalten letztlich ein sozusagen von oben determinierter Vorgang.

BIERENS DE HAAN (1937) wiederum legte Betonung auf die Spontaneität des Verhaltens und seine Unabhängigkeit von äußeren Reizen. Demnach kann eine Instinkthandlung auch ohne äußere Reize zustande kommen: „Der hungrige Löwe fängt an, nach Beute zu suchen, auch ohne dass er diese hört oder spürt" (BIERENS DE HAAN 1937, S. 10). Womit natürlich auch die Ethologen einverstanden waren, die Verhalten nicht nur als Reaktion auf äußere Reize, sondern auch als Ausdruck von „Innenfaktoren" (TINBERGEN 1972) betrachteten. Auch konnten die Ethologen die von den „Zweckpsychologen" aufgestellte Forderung, biologische und psychologische Aspekte im Leben der Organismen miteinander zu verbinden, nur unterstützen. Was die Ethologen aber zu Kritik, ja schroffer Ablehnung der Zweckpsychologie veranlaßte, waren vor allem zwei Dinge: zum einen die teleologische Betrachtung der Natur, zum zweiten, damit verbunden, ein gewisser Hang zur Mystifizierung der Natur, des Verhaltens der Lebewesen, der Instinkte.

Wenn der schon auf S. 10 erwähnte JEAN-HENRI FABRE auf die Bedeutung der Instinkte im Verhalten der Insekten hinweist, dann ist er schon ein „moderner Ethologe" (zumal er es nicht bei bloßen Hinweisen beläßt), doch was ist gemeint mit „dem unbewußten Impuls, dem leitenden Antrieb für alle jene wunderbaren Werke, die das Tier auf seinem Gebiet vollbringt" (vgl. FABRE 1989, S. 154)? Und wenn MAETERLINCK (1914, S. 5) die *Intelligenz* der Pflanzen bewundert und in Erstaunen gerät, „welche Fülle von Erfindungskraft und Geist von all diesen Pflanzen ausgegeben wird, deren Grün unser Auge erlabt" – dann ist das, ebenso wie seine Betrachtungen über die Bienen (vgl. S. 20), Ausdruck einer „Naturpoesie", hinter der sich zwar manche Einsicht verbirgt, die aber kaum zur Verhaltensforschung als *Wissenschaft* beiträgt.

Ich behaupte nicht, daß die Vertreter der Zweckpsychologie Naturromantiker gewesen wären – das wäre ungerechtfertigt. Ihre „Philosophie" aber ließ vieles offen, was die Ethologen eben einer naturwissenschaftlichen Analyse zugänglich machen wollten. Mit Recht bemerkt daher auch THORPE (1979, S. 73) über BIERENS DE HAAN: "He tended to regard instincts as something ultimate in the animal's behaviour and so the result of his work was often to discourage . . . a deeper study of the subject." („Er betrachtete Instinkte als etwas Endgültiges im Verhalten des Tieres, so daß das Resultat seines Werkes oft entmutigend war . . . und ein tieferes Studium des Gegenstandes behinderte" [Übersetzung des Autors].)

Was nun die teleologische Seite der Betrachtung des Verhaltens betrifft, müssen wir etwas weiter ausholen. Die Diskussion darüber spiegelt ein grundsätzliches wissenschaftstheoretisches Problem in der Biologie (vgl. z. B. MAYR 1984, MOHR 1977, WUKETITS 1983).

In den physikalischen Wissenschaften war es nicht üblich, nach dem Zweck bestimmter Vorgänge zu fragen, die Frage *wozu?* zu stellen. Anders in den Biowissenschaften. Viele an Lebewesen beobachtete Eigenschaften und Vorgänge fordern diese Frage geradezu heraus. Und schon dem naiven Alltagsverstand offenbaren sich Zwecke und Ziele im Bereich des Lebenden, insbesondere im Verhalten: Das Balzverhalten eines Tieres dient offenbar der Fortpflanzung, sein Zweck ist die Paarung; der Vogelflügel hat offenbar den Zweck, dem Tier seine Fortbewegung in der Luft zu ermöglichen; die spitzen, einziehbaren Krallen einer Katze sind offenbar zum Mäusefangen da; die schaufelartigen Vorderextremitäten eines Maulwurfs sind offenbar zum Graben geschaffen; unzählige weitere Beispiele ließen sich hier anführen. Jedes Organ, jede Verhaltensweise eines Tieres dient also offensichtlich irgendeinem Zweck, umgekehrt drängt sich bei jeder Struktur oder Verhaltensweise die Zweckfrage auf. Eine allgemeine Antwort darauf hat man lange in einer kosmischen Ordnung und Harmonie gesehen, im „Weltenzweck", dem jedes einzelne Lebewesen, jede Struktur und Funktion eines Lebewesens untergeordnet sei. Die Vitalisten mußten nicht notwendigerweise eine kosmische Weltordnung strapazieren, sahen aber in der Teleologie eine Wesenseigenschaft des Organischen. „Jede Analyse des Lebensgeschehens", meinte z. B. FRANCÉ (1944, S. 99), „enthält einen grundsätzlich mechanistisch nicht analysierbaren Rest." Heißt nun *mechanistisch* nicht analysierbar *grundsätzlich* (naturwissenschaftlich) nicht analysierbar?

DARWIN (1859) hatte zwar Zwecke in der Natur akzeptiert, aber diesen Zwecken haftet nichts Metaphysisches an; sie sind biologisch zu verstehen. Es sind die Lebensbedingungen eines Organismus selbst, die eben nur bestimmte Strukturen, Funktionen und Verhaltensweisen tolerieren, die notwendige (im Dienste des Überlebens stehende) Anpassung an diese oder jene Lebensbedingungen bringt bestimmte Strukturen und Funktionen (und damit auch Verhaltensweisen) mit sich (vgl. z. B. WUKETITS 1987). Die Vorstellung einer „durchgehenden Teleologie", einer kosmischen Weltordnung oder eines Weltenzwecks findet hier allerdings keinen Platz mehr. Aus diesem Grund standen (und stehen) auch die Ethologen – die ihre Erklärungen des Verhaltens der Organismen auf DARWINS Theorie gründen – der Zweckpsychologie skeptisch bis ablehnend gegenüber.

Es geht dabei darum, einerseits die Zweckfrage in der Verhaltensforschung zu rechtfertigen, andererseits aber auch eine naturwissenschaftlich akzeptable Form für diese Frage zu finden. So dürfte ein Ethologe strenggenommen beispielsweise nicht sagen, daß ein Tier vor einem anderen flieht, weil es dieses als Feind erkennt (und seine Flucht einer *Absicht* folgt), sondern nur, daß ein Tier bestimmte Reize (ausgesendet von einem anderen Tier) wahrnimmt, auf die die „Flucht" als eine Reaktion (im Sinne des Überlebens) folgt (MAIER und SCHNEIRLA 1935). Die Frage „Wozu flieht ein Tier?" bedeutet also: Die Wahrnehmung welcher Reize verursacht bei einem Tier die Fluchtbewegung?

In diesem Sinne läßt auch LORENZ (1978, S. 25) keinen Zweifel daran aufkommen, daß die Zweckfrage in der modernen Ethologie nichts mit der klassischen Teleologie zu tun hat:

„Wenn wir fragen „Wozu hat die Katze spitze krumme einziehbare Krallen?" und darauf kurz antworten ‚Zum Mäusefangen', so bedeutet diese Frage keineswegs ein Bekenntnis zu einer dem Universum und der organischen Evolution innewohnenden Zweckgerichtetheit. Sie ist vielmehr eine Abkürzung der Frage ‚Welche besondere Leistung ist es, deren Arterhaltungswert den katzenartigen Raubtieren (Felidae) diese Form von Krallen angezüchtet hat?"

Die Ethologen – wie die Biologen im allgemeinen – sprechen daher heute auch kaum noch von Teleologie, sondern vorzugsweise von *Teleonomie*. Der Ausdruck bezeichnet Prozesse, die zwar in der Tat „zweckmäßig" verlaufen (vor allem: dem Überleben eines Organismus dienen), sich aber auf die Existenz eines genetischen Programms zurückführen lassen, das seinerseits aus der Stammesgeschichte ableitbar, in der Evolution entstanden ist. Teleonome Prozesse „gehören in den Bereich der unmittelbaren Ursachen, obgleich die Programme im Laufe der evolutionären Geschichte erworben wurden" (MAYR 1984, S. 40).

Erst die volle Akzeptanz des Evolutionsdenkens, insbesondere der Theorie DARWINS, ermöglichte also das Studium der Zwecke des Verhaltens ohne Rückgriff auf die Teleologie. Für die Vertreter der Zweckpsychologie aber mußte ein metaphysischer Rest im Bereich des Zweckproblems zurückbleiben, weil sie die Theorie DARWINS nur mit Vorbehalt akzeptierten oder ablehnten. Ein Beispiel dafür ist wieder UEXKÜLL (1928). Die Ethologen betreiben „kausale Zweckforschung", die Ursachen für zweckmäßiges Verhalten liegen für sie in der Geschichte (Evolution) der jeweiligen Organismenart (siehe auch MEISSNER 1965).

Auf keinen Fall aber soll der Eindruck erweckt werden, daß die Anhänger der Zweckpsychologie allesamt Phantasten waren. Sie haben, das muß ausdrücklich betont werden, Verhaltensaspekte gesehen, die den Behavioristen verborgen bleiben mußten oder die diese nicht sehen wollten. Der heuristische Wert der Zweckpsychologie für die Verhaltensforschung ist also nicht zu übersehen. Vor allem die Betonung der „inneren Antriebe" des Verhaltens ist als notwendiges Gegenstück zum Außenaspekt des Verhaltens zu sehen, auf den die Behavioristen ihre Aufmerksamkeit konzentrierten. Und die Annahme, daß es angeborenes Verhalten und Instinkte geben müsse, hat sich als richtig und wegweisend für die ethologische Forschung erwiesen und hat auch die Diskussion in der Psychologie belebt. Es bleibt dabei nur daran zu erinnern, daß CARL GUSTAV JUNG (1875–1961) in seiner Lehre vom *Unbewußten* dem Instinkt große Bedeutung beimaß, wobei er die Frage, woher Instinkte stammen und wie sie einmal erworben wurden, allerdings als kompliziert und durch Vererbung allein nicht beantwortbar erachtete (vgl. JUNG 1976). Das Bemühen der Ethologen ging gerade dahin, etwas zu dieser – zweifellos komplizierten – Frage beizutragen. Das war aber nur durch eine *Synthese* der Überlegungen und Ergebnisse möglich, die zunächst in unabhängig voneinander existierenden, ja einander bekämpfenden „Schulen" vorlagen. Insoweit ist die Entstehung der Ethologie im engeren Sinne in der Tat als das Ergebnis von Kontroversen zu verstehen.

3.5 Instinkt und Lernen – Ethologie als Synthese

Anfang der fünfziger Jahre, nach der Gründung eines Instituts für Verhaltensphysiologie (vgl. S. 74), erklärte HOLST (1954, S. 271 f.) im Rückblick, warum das Auftreten der Ethologie sich so lange hinausgezögert hat:

„Teils war es die Herrschaft eines mystischen ‚Instinkt'begriffs und seiner Abarten . . ., teils umgekehrt die voreilige These vom Tier als einer ‚Reflexmaschine' – beide Lehren einig nur in der kategorischen Unterscheidung der Tiere vom Menschen als einem Verstandeswesen. Und daneben tat eine liebevoll vermenschlichende, die Tiere meist mißverstehende, sie oft ungewollt vergewaltigende ‚Tierseelenkunde' das ihre, eine exakte Wissenschaft vom Verhalten unmöglich scheinen zu lassen."

Freilich war für HOLST „eine *exakte* Wissenschaft vom Verhalten" in erster Linie gleichbedeutend mit *Verhaltensphysiologie*, zu der er selbst entscheidende Beiträge geleistet hatte (siehe nochmals Abschnitt 2.5). Was die „Tierseelenkunde" betrifft, so kritisierte er mit Recht die Tendenz, Tiere zu vermenschlichen, aber die oft tatsächlich als *Tierseelenkunde* bezeichnete Wissenschaft erschöpfte sich nicht notwendigerweise in „liebevoll vermenschlichenden" Beschreibungen von Tieren. Immerhin subsumierte z. B. FISCHEL (1954) unter die Tierseelenkunde eine wissenschaftliche Diskussion des Instinktbegriffes und angeborener Verhaltensweisen, und zwar durchaus im Sinne der Ethologen. Er unterschied zwischen Instinkt und *Trieb* und definierte den Instinkt im wesentlichen als angeborene Handlung mit folgenden Komponenten:

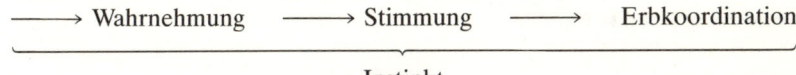

$$\underbrace{\longrightarrow \text{Wahrnehmung} \longrightarrow \text{Stimmung} \longrightarrow \text{Erbkoordination}}_{\text{Instinkt}}$$

Damit sind wir nun wieder bei jenem Problem angelangt, welches – wie man sieht – im Zentrum vieler Diskussionen in der Verhaltensforschung stand: das Problem der Instinkte. Die Frage, ob es überhaupt so etwas wie Instinkte gibt, wenn ja, wie sie zu definieren sind, wie sie entstehen – diese Frage hat, wie wir gesehen haben, die Verhaltenswissenschaften in mehrere Richtungen gespalten. Die Kontroverse schien lange Zeit unlösbar und mußte unlösbar bleiben, solange auf der einen Seite die Existenz von Instinkten postuliert wurde, ohne sie erklären zu können oder zu wollen, auf der anderen Seite aber Instinkte eigentlich geleugnet wurden und Verhalten auf Lernen reduziert wurde. Die Ethologie ist, wie angedeutet, aus diesem Spannungsverhältnis heraus entstanden und ist als große Synthese zu sehen.

Es erscheint nützlich, bevor nun die synthetischen Leistungen der Ethologen gewürdigt werden, markante Definitionen des Instinktbegriffs im 19. und 20. Jahrhundert aufzulisten (Tabelle 4).

Tab. 4. Charakterisierungen und Definitionen des Instinktbegriffs.

„Der Instinkt ist als eine ererbte Modifikation des Gehirns zu betrachten."
(CH. DARWIN 1871 [1966, S. 82])

„Wir sehen, dass, wenn der Instinct aus der Erfahrung hervorgegangen ist, die Entwicklung desselben vom Einfachen zum Zusammengesetzten fortschreiten muss und dass durch einen so bewerkstelligten Fortschritt derselbe unmerklich zu einer höheren Ordnung der psychischen Thätigkeit überleiten wird, und das ist genau die Erscheinung, die wir bei den höheren Thieren finden."
(H. SPENCER 1882, S. 463)

„Instinkt ist Reflexthätigkeit, in die ein Bewußtseinselement hineingetragen ist."
(G. J. ROMANES 1885, S. 169)

„Wir sprechen von Instinkt, wenn ein Tier anscheinend unbewußt Bewegungen oder Handlungen vollführt, welche für die Erhaltung des Individuums oder der Art nötig oder nützlich sind."
(J. LOEB 1906, S. 7)

„Die Instinkte sichern die zweckmäßige Handlungsweise des Tieres, so daß es keiner Belehrung bedarf."
(H. E. ZIEGLER 1921, S. 31)

„Der Instinkt ist gleichsam eine Gebrauchsanweisung der Organe. Warum soll uns nun die Gegebenheit der Gebrauchsanweisung rätselhafter und unerklärlicher sein als diejenigen des zugehörigen Werkzeugs? Instinkt und Organ sind uns also beide gleichmäßig ‚unerklärlich'."
(F. ALVERDES 1925, S. 7)

„So sehen wir denn, daß die Reflexe ebenso wie die Instinkte ganz gesetzmäßige Reaktionen des Organismus auf bestimmte Einwirkungen sind ... Die Bezeichnung ‚Reflex' hat natürlich den Vorzug, denn diesem Wort ist von Anfang an ein streng wissenschaftlicher Sinn beigelegt worden."
(I. P. PAWLOW 1926 [1953, S. 138])

„Der Begriff des Instinkts hat uns darauf hingewiesen, daß wir in der Impulsfolge einen außerhalb des anatomischen Gefüges des Tieres liegenden Naturfaktor anerkennen müssen, der das Funktionieren des Tieres regelt."
(J. v. UEXKÜLL 1928 [1973, S. 148f.])

„Instinkte sind typische Formen des Handelns, und überall, wo es sich um gleichmäßige und regelmäßig sich wiederholende Formen des Reagierens handelt, handelt es sich um Instinkt, gleichgültig, ob sich eine bewußte Motivierung dazu gesellt oder nicht."
(C. G. JUNG 1948 [1976, S. 19])

„Der Instinkt ist ein weites System erstaunlicher, wahrscheinlich unbewußter Antizipationen."
(J. PIAGET 1974, S. 58)

„So will ich vorläufig einen Instinkt definieren als einen hierarchisch organisierten nervösen Mechanismus, der auf bestimmte vorwarnende, auslösende und richtende Impulse, sowohl innere wie äußere, anspricht und sie mit wohlkoordinierten, lebens- und arterhaltenden Bewegungen beantwortet."
(N. TINBERGEN 1972, S. 104)

„In der Natur führen viele Tiere komplizierte Handlungen aus . . . Die dazu erforderlichen Fähigkeiten sind ihnen angeboren und heißen Instinkte."
(W. FISCHEL 1974, S. 151)

„Als einen Instinkt oder einen Trieb bezeichnen wir ein im Ganzen spontan aktives System von Verhaltensweisen, das funktionell genügend einheitlich ist, um einen Namen zu verdienen. Die Benennung eines solchen Systems nach einer Funktion darf weder dahin mißverstanden werden, daß wir an einen außernatürlichen teleologischen Faktor glauben, noch weniger aber dahin, daß ein einziger ‚monokausaler' Antrieb . . . vorhanden ist, der das ganze System in Gang bringt."
(K. LORENZ 1978, S. 175)

Dabei wird man hier in vielen Fällen von einer „Definition" im strengen Sinne nicht sprechen können. Vielmehr drückten viele Verhaltensforscher die Überzeugung aus, daß es „so etwas" wie Instinkte geben muß und daß diese nicht durch Lernen erworben werden, sondern jedem Lebewesen angeboren sind. Die Unschärfe des Begriffs hat allerdings dazu geführt, daß in neuerer Zeit vielerorts nicht mehr von „Instinkten" gesprochen wird. Auch in HERDERS *Lexikon der Biologie* (1985, Bd. 4, S. 373, inzwischen bei Spektrum Akademischer Verlag) finden wir die lapidare Feststellung, daß „Instinkt" ein „geschichtlich zentraler und stets umstrittener Begriff der Ethologie" gewesen sei, „der seiner Vieldeutigkeit wegen heute immer weniger benutzt wird, da er zusätzlich auch in die Umgangssprache eingegangen ist". Daher die Empfehlung: „In der wissenschaftlichen Terminologie sollte das Wort Instinkt vermieden werden." Allerdings muß der Umstand, daß ein Begriff in die Umgangssprache eingegangen ist, keineswegs seine wissenschaftliche Wertlosigkeit bedeuten. Und es gibt in der Tat auch keinen logischen Grund, den Instinktbegriff nicht mehr zu verwenden (BARNETT 1970). Doch selbst wenn man ihn vermeiden will – eben wegen seiner Vieldeutigkeit und Unschärfe –, dann folgt daraus nicht, daß man die mit ihm meist gekennzeichneten angeborenen Elemente im Verhalten leugnen kann.

Diese Elemente wurden, wie wir schon in Abschnitt 3.1 gesehen haben, anhand zahlreicher „Fallstudien" (experimentell) überprüft. Einzelbeispiele dazu gibt es aus der tierpsychologischen und ethologischen Literatur zur Genüge, und zwar schon seit geraumer Zeit. So etwa untersuchte in den dreißiger Jahren der Wiener Zoologe Otto Antonius (1885–1945) – seinerzeit Direktor des Wiener Tiergartens Schönbrunn – die Schlangenfurcht der Affen (Antonius 1939), die noch heute in breiten Kreisen vertretene Annahme, daß Primaten (einschließlich des Menschen) eine *angeborene* Furcht oder zumindest Abneigung vor Schlangen haben. Sein Ergebnis war negativ, seiner Meinung nach kann man also nicht von *angeboren* im Zusammenhang mit diesem zweifelsohne bei erwachsenen Primaten häufigen Verhalten sprechen. Die Vermutung läge also nahe, daß die Schlangenfurcht zu den erlernten Verhaltensweisen zählt. Heißt nun erlernt *im Gegensatz* zu angeboren? Diese Frage wird uns im vorliegenden Abschnitt noch beschäftigen. Aber geben wir zunächst noch einige weitere Beispiele.

Der englische Verhaltensforscher Peter Marler studierte den Gesang bei verschiedenen Vögeln. Er kam zu dem Ergebnis, daß verschiedene Vogelarten über eine unterschiedliche Prädisposition zur Vokalisation verfügen, daß aber das individuelle Lernen eine Rolle nicht nur bei dem artspezifischen Vogelgesang spielt, sondern auch bei der Entwicklung von Tönen, die innerhalb einer Population – gleichsam in deren „Dialekt" – in Gebrauch sind (vgl. Marler 1970a, b). Diese Ergebnisse wurden mit Hilfe der schon in Abschnitt 3.1 erwähnten „Isolationsexperimente" erzielt. Sie verdeutlichen eine Verschränkung angeborener Prädispositionen mit erlernten Elementen.

Ein Beispiel aus einem ganz anderen Bereich liefern die im Max-Planck-Institut für Verhaltensphysiologie Seewiesen (Abteilung in Andechs) unter der Leitung von Jürgen Aschoff untersuchten biologischen Rhythmen. Es ist seit langem bekannt, daß Organismen über eine „innere Uhr" verfügen, die ihnen hilft, die tages- und jahreszeitliche Periodik zu bewältigen. Hier kommen wichtige angeborene Faktoren ins Spiel. Bei den Zugvögeln wird die Kenntnis der Richtungen für den Frühjahrs- und den Herbstzug nicht durch Erfahrung erworben, sondern muß angeboren sein. (Zur Übersicht siehe Aschoff 1984.)

Diese Beispiele sollen hier nur zeigen, daß für viele konkrete Fragen hinsichtlich angeborenen und erlernten Verhaltens auch konkrete Untersuchungen vorgenommen wurden, die entweder zeigen, daß ein bestimmtes Verhalten erlernt ist, oder demonstrieren, daß es angeboren ist, oder schließlich eine Verbindung beider Komponenten deutlich machen. In der Verhaltensforschung war eine „nüchterne" Auseinandersetzung mit diesen Problemen ab dem Zeitpunkt möglich, da man zu ahnen begann, daß *angeboren* und *erlernt* nicht notwendigerweise Widersprüche darstellen. Was heute trivial anmutet, war lange Zeit keineswegs selbstverständlich: Wo das

„lerntheoretische Paradigma" (Behaviorismus) vorherrschte, konnte die Vermutung, daß es angeborenes Verhalten gibt, auf keinen fruchtbaren Boden fallen; wo ein verschleierter Instinktbegriff verwendet wurde und man der Überzeugung war, daß im Inneren des Organismus Verhaltensantriebe schlummern, konnte keine ernsthafte Diskussion über das Lernen aufkeimen. Die bis in die vierziger Jahre hinein und zum Teil noch länger herrschenden Paradigmen haben also die Ethologie stark behindert. Andererseits ist die Ethologie, wie schon gesagt, gerade durch diese Widersprüche und daraus resultierende Kontroversen entscheidend befruchtet worden. Als *Synthese* ist die Ethologie nun in folgendem Sinne zu verstehen:

1. Die Ethologen mußten den Instinktbegriff der Zweckpsychologie durch ein nichtteleologisches Konzept ersetzen, ohne ihn deswegen völlig aufzugeben.
2. Sie erkannten die Bedeutung des Lernens, d. h. der individuellen Modifikation des Verhaltens aufgrund äußerer Einflüsse, mußten sich aber gleichzeitig von der Vorstellung verabschieden, daß Verhalten eine bloße Angelegenheit von Reiz-Reaktions-Schemata darstellt.
3. Schließlich konnten sie ihre eigenen Vorstellungen nur erhärten, indem sie Resultate aus verschiedenen Disziplinen der Biologie (vor allem Physiologie und Ökologie) aufnahmen und mit der verhaltensbiologischen Forschung verknüpften.

Darüber hinaus war es natürlich auch wichtig, daß Aussagen, Modelle und Theorien nicht im luftleeren Raum stehenblieben, sondern empirisch (experimentell) überprüft wurden. Wenn da beispielsweise die These vertreten wurde, daß schon Einzeller – namentlich Pantoffeltierchen – lernen und dressiert werden können, so konnte das Gegenteil davon nur durch einschlägige Experimente bewiesen werden (vgl. z. B. GRABOWSKI 1939). Solche Postulate muten vielleicht trivial an, doch bleibt zu bedenken, wieviel an unüberprüfter Spekulation stets in der Verhaltensforschung herumgeisterte. Akademisch etabliert, d. h. in der universitären Forschung und Lehre gefestigt, hat sich die Ethologie dann auch erst (und reichlich spät), als sie als empirische Wissenschaft gelten konnte.

Abb. 21 ist eine vereinfachte Darstellung der Entstehung der Ethologie als Synthese auf verschiedenen Ebenen. Sie soll auch deutlich machen, daß die Entstehungsgeschichte der Ethologie kein linearer Vorgang war, sondern buchstäblich ein „Zickzwackweg" (vgl. S. 8).

Das wichtigste Element dieser Synthese ist zweifellos die Erkenntnis, daß das Verhalten der Lebewesen sowohl auf angeborenen Mechanismen beruht, als auch durch Außeneinflüsse individuell beeinflußt wird, worauf ein Lebewesen mit Verhaltensänderung reagiert. Das bedeutet, daß ein Lebe-

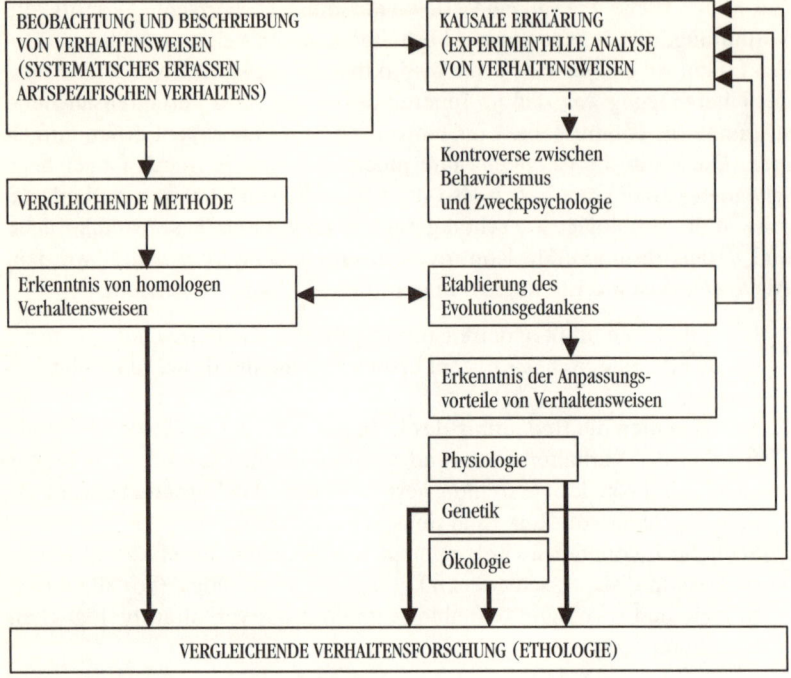

Abb. 21: Ethologie als Synthese verschiedener Disziplinen und Denkweisen. Wichtig waren die vergleichenden Methoden im Zusammenhang mit dem evolutionären Denken, welches zusammen mit Physiologie, Genetik und Ökologie kausale Erklärungen von Verhalten ermöglicht.

wesen so programmiert sein muß, „daß es im Sinne der Arterhaltung positive von negativer Erfahrung unterscheiden kann und sein Verhalten dementsprechend adaptiv im Sinne der Arterhaltung einrichtet" (EIBL-EIBESFELDT 1978, S. 350). Das systematische Studium der individuellen Verhaltensänderungen durch Lernen bedeutete eine entscheidende Bereicherung der Verhaltensforschung und eine Begegnung zwischen Ethologen und Psychologen.

Nur waren lange Zeit Ethologen und Lerntheoretiker bzw. Behavioristen so sehr mit ihren eigenen Überzeugungen und der Bestätigung derselben beschäftigt, daß sie gar nicht merkten, wie wichtig und fruchtbar eine Synthese sein könnte. Das ist nicht weiter auffällig – es liegt in der Psychologie des Wissenschaftlers, die einmal gewonnene Überzeugung auch konsequent und unter Ausschluß anderer, gegnerischer Auffassungen zu vertreten, zumal dann, wenn sich offensichtlich Belege und „Beweise" für sie anführen lassen. Andererseits wäre die Wissenschaftsgeschichte um manche Facetten ärmer, hätten sich alle Wissenschaftler – in allen Disziplinen – immer nur um eine Synthese bemüht, von Sorge darüber erfüllt, die Wichtigkeit der Auffassung des jeweiligen Gegners zu übersehen. Synthesen, das bestätigt der Verlauf der Wissenschaftsgeschichte, sind aber stets erst in einem fortgeschrittenen Stadium der Entwicklung einer Disziplin möglich.

Was Kritiker der Ethologie gern übersehen, ist also der Umstand, daß die Bedeutung des Lernens von den Ethologen eigentlich schon immer gesehen, aber nicht wirklich hervorgekehrt worden ist. Man muß sich auch freimachen von der irrigen Auffassung, daß *angeboren* mit *unveränderlich* gleichzusetzen sei. Gerade die Ethologen, die unerschütterlich von der Gültigkeit der Evolutionstheorie DARWINS überzeugt waren (und sind), könnten (und können) etwas Unveränderliches nicht gelten lassen – Evolution bedeutet definitionsgemäß Veränderung! Freilich ist es eine andere Frage, was von den ererbten Verhaltensprogrammen einer Spezies *individuell* verändert werden kann, inwieweit also ein Individuum durch Lernen die Ketten seiner Stammesgeschichte zu sprengen in der Lage ist. Evolution ist ja ein insgesamt sehr langsamer Prozeß. Wir kommen auf dieses Problem noch zurück. Wohl ist es eine unter Ethologen heute allgemein akzeptierte Auffassung, daß sich die *Lerndisposition*, das Ausmaß des Lernvermögens bei einer Tierart einerseits nach ihrem stammesgeschichtlichen Entwicklungsniveau, andererseits nach ihren spezifischen Lebensbedingungen richtet (vgl. IMMELMANN 1979).

Diese Einsichten wiederum sind nicht so neu, wie man vielleicht glauben möchte. Schon SCHMID (1919, S. 62) – ein im übrigen der Zweckpsychologie zuzuordnender Autor – schrieb im Zusammenhang mit dem Spiel bei Tieren:

„Das Spiel des Tieres ist ein Ausfluß seiner individuellen Variante, beeinflußt von Temperament, Charakter und Intelligenz, generell jedoch bestimmt von der physischen Organisation und dem geistig-seelischen Charakter der betreffenden Art, unter Umständen ganzer Gruppen von gleicher Lebensweise, wenn auch verschiedenster Abstammung und Verwandtschaft."

Man kann also sagen, daß jedem Individuum ein seiner Art gemäßes Lernvermögen gegeben ist, es aber dann von den spezifischen Lebensumständen des Individuums abhängt, bis zu welchem Grad dieses Vermögen auch ausgeschöpft wird. An Bienen – die nicht nur die Lieblingsobjekte von KARL VON FRISCH gewesen sind, sondern auch viele andere Verhaltensforscher in ihren Bann gezogen haben – wurden Lernprozesse festgestellt, die zeitgebunden sind und den Tieren ermöglichen, unterschiedliche Freßzeiten ebenso zu erlernen wie verschiedene Orte mit Futter sich einzuprägen und auf olfaktorische und visuelle Signale zu reagieren. Dieses Vermögen zeitgebundenen Lernens hat sich in der Stammesgeschichte als Anpassung an die reguläre Produktion von Nektar und Pollen durch Blumen entwickelt. (Eine Übersicht dazu gibt KOLTERMANN 1974.)

Das Lernvermögen zählt also zur Grundausstattung jedes Tieres und gibt ihm die Möglichkeit, „individuelle Situationen" zu bewältigen. Viele den Ethologen entgegengebrachte Vorwürfe gehen deshalb ins Leere, weil jene seit den sechziger Jahren immer wieder und verstärkt auf die Bedeutung des Lernens hingewiesen haben und damit die ursprünglich gesehene Kluft zwischen „angeboren" und „erlernt" zu überbrücken bemüht waren. Im folgenden soll das noch deutlicher gemacht werden.

3.6 Evolution und Modifikation des Verhaltens

Es sei keineswegs so, betonte LORENZ (1965a, b), daß alles ursprünglich als „angeboren" Bezeichnete und alles mit „erlernt" Charakterisierte nur durch Ausschluß des jeweils anderen definiert werden kann. „Keine Angepaßtheit von Struktur oder Verhalten an eine bestimmte Gegebenheit der Umwelt [dürfe] jemals als ein Produkt des Zufalls betrachtet oder gar als selbstverständlich hingenommen werden" (LORENZ 1965a, S. 574). In das organische System müsse auf irgendeine Weise *Information* (über seine Umwelt) gelangen, und das sei auf nur zwei Wegen möglich:

1. Auf dem Weg der Wechselwirkung zwischen einer Art und ihrer Umwelt, die über Erbänderungen und natürliche Auslese die Anpassung des Organismus an seine Umwelt verursacht.
2. Auf dem Weg der Auseinandersetzung des *Individuums* mit seiner Außenwelt, wobei jeder Reizempfang einen Informationsgewinn bedeutet.

Hier sind nun zwei Arten des Lernens angesprochen, einmal das individuelle Lernen (also Lernen im herkömmlichen Sinn) und zum zweiten das phylogenetische, stammesgeschichtliche Lernen (das Lernen der Art). Das stammesgeschichtliche Lernen ist als Voraussetzung evolutiver Anpassungen und Veränderungen unabdingbar, doch ist es gewiß nicht einfach, seine Mechanismen zu verstehen. Wie kommt denn überlebensrelevante Information ins genetische System einer Art? Um es vorweg zu sagen: Die Frage ist bis heute nicht wirklich befriedigend beantwortet.

Aber es ist an dieser Stelle schon einmal wichtig zu sehen, daß die Ethologen phylogenetischen Verhaltensänderungen eine ebenso große Rolle beigemessen haben wie der individuellen Modifikation phylogenetischer

Verhaltensprogramme. Und nochmals wird dadurch deutlich, daß sie mit „angeboren" nicht „unveränderlich" gemeint haben können, sondern „stammesgeschichtlich entstanden". In der Evolution, so etwa kann man das Argument kurz zusammenfassen, sind bestimmte Verhaltensweisen, die für die jeweilige Art von lebenserhaltender Bedeutung sind, von der Selektion begünstigt worden und treten daher bei jedem Individuum der betreffenden Art als angeborene Dispositionen auf. LORENZ (1965a, S. 571) präzisierte:

„Merkmale werden nicht vererbt, sondern Variationsbreiten der möglichen Merkmalsausbildung. Diese verläuft, innerhalb der erblich abgesteckten Variationsbreite, in engster und komplexester Wechselwirkung zwischen Erbfaktoren und Außenfaktoren . . . Das ausgebildete Merkmal darf man also nicht als ‚angeboren' bezeichnen, genaugenommen nicht einmal dann, wenn es, wie Erbkoordinationen und viele andere Elemente des Verhaltens, nur eine minimale, praktisch zu vernachlässigende Modifikabilitätsbreite besitzt. Aber allgemein üblich ist das unter Genetikern trotzdem, so daß es wohl nicht tadelnswert erscheint, wenn bestimmte arteigene Bewegungskoordinationen auch . . . ohne jeden Vorbehalt als angeboren bezeichnet werden."

So wie sich LORENZ stets massiv gegen die Behavioristen zur Wehr setzte, so kritisierte er aber auch den „Atomismus" älterer Ethologen, die das Lernen als bedeutenden Faktor des Verhaltens ignorierten. Er schrieb:

„Erstens kann man das Vorgehen der alten Ethologen insofern als atomistisch bezeichnen, als sie sich ausschließlich für das angeborene Verhalten interessierten – vielleicht ein wenig entschuldigt durch die Antithese zu den Behavioristen, die das Umgekehrte taten – und erlerntes und einsichtiges Verhalten unbesehen als Sammeltopf für unanalysierte Restbestände betrachteten.
Zweitens kann man den Vorwurf, der . . . gegen die Behavioristen erhoben wurde, auch den alten Ethologen nicht ersparen: Sie haben kaum darüber nachgedacht, welche phylogenetisch entstandenen Mechanismen es seien, die das Lernen stets in Bahnen von Verhaltensweisen mit positivem Arterhaltungswert lenken." (LORENZ 1965a, S. 602)

Inzwischen hat man über dieses Problem nachgedacht, und eine erste Antwort liegt, grob gesprochen, in dem jeder Spezies eigenen genetischen Informationsprogramm, welches selbst als Resultat der Evolution durch den Mechanismus der natürlichen Auslese entstanden ist. Dabei spielt für die Ethologen der Zweckgesichtspunkt eine wichtige Rolle. Soll Lernen der Arterhaltung dienen – was unterstellt wird –, dann kommt es darauf an, daß ein Organismus jeweils genau diejenigen Situationen bewältigt, die für sein

Leben relevant sind. Dabei geht es, mit anderen Worten, um das angeborene „Erkennen" einer für die Lebenserhaltung wichtigen Umweltsituation sowie um das angeborene „Können" (Lernvermögen), d. h. also die Fähigkeit, die Situation auch tatsächlich in zweckmäßiger Weise zu bewältigen (LORENZ 1978).

Wie starr sind nun erbkoordinierte Bewegungsweisen *(fixed action patterns)*? Dieser Frage ist SCHLEIDT (1974) nachgegangen. Die Instinktbewegung ist in der *Intentionsbewegung* (einer Bewegung, mit der ein Tier offenkundig einen bestimmten Zweck verfolgt, wie z. B. ein zum Abflug ansetzender Vogel) erkennbar. Von der angedeuteten Intentionsbewegung bis zum vollen, intensiven Ablauf (z. B. Flug) bleiben die Phasenabstände und die Relationen zwischen den Amplituden konstant und mithin auch für die jeweiligen Artgenossen erkennbar.

Jedes genetische Programm, davon jedoch sind die meisten Ethologen überzeugt, ist als *offenes Programm* zu verstehen, wodurch die Möglichkeit von *Modifikation* angedeutet ist. Als eine erweiterte Begriffsbestimmung von „Lernen" schlug LORENZ (1978, S. 209) „eine adaptive Modifikation jenes hochkomplizierten physiologischen Mechanismus ..., dessen Funktion das Verhalten von Tieren und Menschen ist" vor. Dabei unterschied er zwischen reversiblen und irreversiblen Lernvorgängen: Das meiste Erlernte kann auch wieder vergessen werden, doch gibt es Phänomene, Vorgänge wie die Prägung (vgl. S. 91) und bestimmte traumatische Erlebnisse, die sich für immer im Verhalten eines Lebewesens eingravieren.

Die schon angedeutete Frage, wie die relevante Information ins genetische System kommt und wie sie für Verhaltensänderungen in der Evolution einer Spezies sorgt, bleibt indes auch heute eine Herausforderung für die Ethologen, die um so eher eine Antwort darauf zu geben wissen werden, je schneller unser Verständnis von Evolution wachsen wird.

3.7 Aggression – Mythos und Wirklichkeit

Der Mensch ist des Menschen Wolf.

THOMAS HOBBES

Kaum ein anderes Thema der Verhaltensforschung hat die Gemüter dermaßen erhitzt wie das der *Aggression*. Die Debatte wurde in den sechziger Jahren durch das Buch *Das sogenannte Böse* (1963) von KONRAD LORENZ richtiggehend angeheizt. Aggressives Verhalten in der Tierwelt und ebenso beim Menschen ist zwar schon auf dem Niveau der Alltagserfahrung hinreichend bekannt, doch nimmt man ungern wahr, daß dahinter ein biologi-

Aggression – Mythos und Wirklichkeit 127

Abb. 22: Ausdruck gemischter Motivationen beim Hund in sich überlagernden Bewegungen. Von links nach rechts nimmt die Aggressivität zu, von oben nach unten Fluchtmotivation. Rechts unten sind beide Motivationen mit höchster Intensität vorhanden, z. B. in auswegloser Situation bei einem sich verteidigenden Tier. (Nach LORENZ 1978.)

scher Mechanismus stehen könnte, der Mensch und Tier gleichsam dazu antreibt, sich aggressiv zu verhalten. „Die menschliche Aggressivität ist ein Teil der menschlichen Natur", schreibt HASSENSTEIN (1973, S. 287), doch ist aggressives, kämpferisches Verhalten natürlich nicht eine menschliche Erfindung, sondern, wie TINBERGEN (1968, S. 13) betonte, „ein wesentlicher Bestandteil des normalen Verhaltens" der Tiere. Dabei richtet sich, wie schon DARWIN wußte, die Aggression vor allem gegen den Artgenossen. „Mehr als neun Zehntel der Tierkämpfe, die wir beobachten, spielen sich zwischen Tieren derselben Art ab, meistens zwischen Männchen" (TINBERGEN 1968, S. 13). Das mag den naiven Beobachter, der etwa die Aggression von Hunden gegen Katzen im Auge hat, überraschen, doch ist leicht einzusehen, daß der jeweilige Artgenosse stets ein „großer Feind" ist, besetzt er doch die gleichen Nischen, hat er doch die gleichen Bedürfnisse in bezug auf Nahrung, Territorium, Paarung. So spielt denn auch in Konzepten der Verhaltensforschung die *innerartliche* Aggression eine große Rolle, und die Ethologen waren stets bemüht, Erklärungen dafür zu finden, ja, den Arterhaltungswert aggressiven Verhaltens zu ergründen. Inwiefern kann aber Aggression gegen Artgenossen der Arterhaltung dienen? Ist das nicht ein Widerspruch in sich?

Wiederum war es DARWIN, der hier schon die Antwort der Ethologen des 20. Jahrhunderts vorwegnahm, und zwar mit seinem Konzept der *geschlechtlichen Zuchtwahl*. Er sah, daß die Auswahl der „besten" Tiere einer Spezies zur Fortpflanzung durch Kämpfe zwischen rivalisierenden Männchen gefördert wird, und schrieb:

„Die geschlechtliche Zuchtwahl wirkt in einer weniger rigorosen Weise als die natürliche Zuchtwahl ... Nicht selten in der That endet der Streit rivalisierender Männchen mit dem Tode. Im allgemeinen gelingt es jedoch nur dem weniger erfolgreichen Männchen nicht, ein Weibchen zu erlangen oder es bekommt ein zurückgebliebenes und weniger kräftiges Weibchen später in der Jahreszeit, oder es erlangt, falls es polygam ist, weniger Weibchen ..." (DARWIN 1871 [1886, S. 296])

Fast ein Jahrhundert später meinte LORENZ (1963 [1984, S. 55]), „daß die gleichmäßige Verteilung gleichartiger Tiere im Raum die wichtigste Leistung der intraspezifischen Aggression ist", und betonte weiter, daß vom

„Kampfverhalten getriebene Selektion zur Herauszüchtung besonders großer und wehrhafter Familien- und Herdenverteidiger führt, umgekehrt aber ..., daß die arterhaltende Leistung der Herdenverteidigung eine Zuchtwahl auf Ausbildung scharfer Rivalenkämpfe getrieben hat. Auf diese Weise sind solche imposanten Kämpfer entstanden, wie es etwa Bisonbullen oder die Männer der großen Pavianarten sind, die bei jeder Bedrohung der Gemeinschaft einen Ringwall mutiger Verteidigung um die schwächeren Herdenmitglieder errichten."

Also ist die innerartliche Aggression, in den Rivalitätskämpfen am besten demonstriert, evolutionstheoretisch gesehen etwas Positives. Das jedenfalls war LORENZ' Interpretation und seine Antwort auf die – metaphorisch zu verstehende – Frage, wozu denn das Böse gut sei. Wonach Aggression, wie LORENZ, Worte GOETHES zitierend sagt, aufzufassen sei als „Ein Teil von jener Kraft,/Die stets das Böse will und stets das Gute schafft".

Im einzelnen läßt sich LORENZ' Aggressionstheorie durch folgende Punkte charakterisieren, die zum Teil heftiger Kritik unterworfen wurden:

1. Ähnlich wie FREUD vertrat LORENZ ein *dynamisches Instinktkonzept* der Aggression, doch während FREUD einen mystisch verbrämten „Todestrieb" postulierte, sah LORENZ als Grundlage jedes aggressiven Verhaltens einen „echten Instinkt" und die biologische Bedeutung der Aggression in der Arterhaltung.

2. In die Überzeugung, daß das Verhalten im allgemeinen und aggressives Verhalten im besonderen der Arterhaltung diene, fügt sich die Annahme einer (angeborenen) *Tötungshemmung* gut ein. Das Ziel aggressiven Verhaltens wäre demnach, zumindest im Gegenüber zum Artgenossen, niemals die Tötung desselben. Es soll nur der „Beste" herausgefunden werden, der ja dann auch den Fortbestand der Art am besten sichern sollte.
3. Die zwischen Artgenossen regelmäßig stattfindenden Kämpfe (ums Territorium, um Geschlechtspartner) sind vielfach als *ritualisierte* Verhaltensweisen zu verstehen (vgl. auch CULLEN 1966, TINBERGEN 1958).
4. Aus dem Umstand, daß eine den Tieren eingebaute Tötungshemmung zwar das Verletzen, aber meistens nicht das Töten eines Artgenossen erlaubt, sah sich LORENZ (1963) zu der Annahme von *moralanalogen* Verhaltensweisen berechtigt. Es hat demnach keinen Sinn, bei Tieren von „Moral" zu reden, doch verfügen sie über „Einrichtungen", die der menschlichen Moral analog wirken.
5. Was für die Aggression bei Tieren gilt, gilt im wesentlichen auch für aggressives Verhalten beim Menschen. LORENZ meinte, daß ein Trieb zur Aggression gleichsam von sich aus – und nicht als Antwort auf äußere Reize – das Leben von Tier und Mensch maßgeblich bestimmt. Wenn Trieb-Energie aufgestaut wird, dann sucht sich dieser Vorstellung gemäß der Trieb von alleine seinen Weg (*Triebstaumodell*). Der Mensch aber hätte Möglichkeiten zu verhindern, daß sich der Aggressionstrieb immer in Gewalt und Vernichtung äußert, er kann den Trieb sozusagen umlenken.
6. LORENZ (1963) wies darauf hin, daß in den modernen *anonymen Massengesellschaften* aggressionsabbauende Mechanismen immer weniger wirksam sind und die Tötungshemmung mit den Fernwaffen vollends ausgeschaltet wird.
7. Seinem Glauben an einen evolutiven Fortschritt gemäß brachte er jedoch die Hoffnung zum Ausdruck, daß die „großen Konstrukteure" der Evolution (Mutation und Selektion) dem Menschen ein Gefühl von Liebe und Freundschaft für alle Angehörigen seiner Spezies vermitteln würden: „Ich glaube an die Macht der menschlichen Vernunft, ich glaube an die Macht der Selektion und ich glaube, daß die Vernunft vernünftige Selektion treibt" (LORENZ 1963 [1984, S. 314]).

Kritisiert wurde, wie nicht anders zu erwarten, an LORENZ' Aggressionstheorie insbesondere die Behauptung, daß der Mensch keine Ausnahme sei und sein Verhalten wie das anderer Lebewesen vom Aggressionstrieb stark beeinflußt werde. Der behavioristischen Lehre gemäß ist aggressives Verhalten Ausdruck spezifischer Umwelteinflüsse und müßte daher auch „aberziehbar" sein. Unter dem Einfluß von BOAS (vgl. S. 106) argumentierten Kulturanthropologen ebenso für einen Aufbau oder Abbau der Aggression unter spezifischen sozialen Bedingungen. BOAS' Schülerin MARGARET MEAD (1901–1978) hatte in den zwanziger Jahren eine Arbeit übernommen, die die Thesen ihres Lehrers prüfen (bestätigen) sollte. Sie sollte die Adoleszenz (Entwicklung im Übergang vom Jugend- zum Erwachsenenalter) bei den Bewohnern der Samoa-Inseln (einer polynesischen Inselgruppe im Stillen Ozean) studieren. Das Ergebnis ihrer Forschungsreise war verblüffend und ermutigend, je nach Gesichtspunkt. Die Samoaner, so berichtete sie, seien friedfertige Menschen ohne jede Rivalität, Eifersucht und Aggression, fern von jeder puritanischen Gesinnung und daher befreit von Schuld- und Neidkomplexen. Die Schlußfolgerung lag auf der Hand: Man braucht nur bestimmte soziale Strukturen, und die uns von vielen, besonders den „zivilisierten" Völkern bekannten Formen des Konflikts, der Aggression und Gewalttätigkeit treten erst gar nicht auf; sie müssen also ein Resultat der soziokulturellen Entwicklung sein und sind nicht von der organischen Evolution vorprogrammiert und jedem einzelnen Menschen eingeboren. Man nahm MEADS Botschaft vielerorten mit Begeisterung auf.

Erst später kamen an diesem Bild paradiesischer Zustände Zweifel auf. Und schließlich besuchte der Anthropologe DEREK FREEMAN nochmals die Samoaner, um MEADS Thesen kritisch zu prüfen. Das war im Jahre 1940. Seither reiste er wiederholt nach Samoa und kam zu einem völlig anderen Bild von der dortigen Bevölkerung (vgl. FREEMAN 1983), ja, er entlarvte MEADS Forschungsergebnisse als bloße Legende, beruhend auf Vorurteilen, methodischen Schwächen und voreiligen Verallgemeinerungen und Schlußfolgerungen. FREEMANS Untersuchungsergebnisse legen die Vermutung der Ethologen nahe, daß nämlich Aggression ein beim Menschen universeller Aspekt des Verhaltens sei. Aber auch ein Blick auf das Verhalten der dem Menschen am nächsten stehenden Tiere ist diesbezüglich sehr aufschlußreich. So beantwortet KUMMER (1975, S. 90) die Frage, ob es bei Primaten eine unabänderliche Minimalform aggressiven Verhaltens gibt, folgendermaßen: „In allen untersuchten Sozietäten, die unter natürlichen Bedingungen leben, kommt Aggression regelmäßig vor."

Dennoch ist LORENZ' Aggressionstheorie von vielen Psychologen, Anthropologen und Sozialwissenschaftlern heftig zurückgewiesen worden. PLACK (1973) sprach vom Aggressionstrieb als einem „modernen Mythos". MONTAGU (1976) kritisierte, daß „Beweise" für die Existenz von Instinkten beim Menschen im allgemeinen – und daher eines Aggressionstriebs – auf schwachen Beinen stünden und die Übertragung von an Tieren gewonnenen Einsichten auf den Menschen und sein Verhalten illegitim sei. Ähnliches lesen wir beispielsweise auch bei FROMM (1977). Keine Frage, daß in

Diskussionen um den Aggressionstrieb auch außerwissenschaftliche Momente eine Rolle gespielt haben. Die Kulturanthropologen und Milieutheoretiker bestätigten die Erwartungen all jener, die an die Erziehung des Menschen und eine Änderung menschlichen Verhaltens durch Schaffung neuer Sozialstrukturen glaubten. Die Ethologen wiederum bestärkten diejenigen, die an der „Naturhaftigkeit" des Menschen festhielten und sein soziales Verhalten (einschließlich Gewalt und Krieg) als unabänderlich erachteten. Doch wäre es höchst bedauerlich, wenn diese ideologischen Überzeugungen und die ihnen folgenden Kontroversen die *wissenschaftlichen* Diskussionen um den Aggressionstrieb zudeckten.

Sicher trug LORENZ (1963) selbst ein wenig zu Mißverständnissen bei, indem er den Aggressionstrieb transparent zu machen versuchte. Ein Hauch von Naturromantik scheint auch dabei mitzuschwingen. Mißverständlich sind wohl auch Aussagen von Autoren, die im Gefolge von LORENZ den Menschen als besonders aggressives Wesen dargestellt haben. Beispielsweise meinte STORR (1968), daß – abgesehen von Nagetieren – unter allen Wirbeltieren nur *Homo sapiens* Artgenossen gewohnheitsmäßig zerstören würde. Weiter wird meist nicht klar genug zwischen *Aggressivität* und *Aggression* unterschieden. Aggressivität bezeichnet die *Bereitschaft* zu aggressivem, kämpferischem Verhalten, Aggression meint das Verhalten selbst, und LORENZ befaßte sich in erster Linie mit Aggressivität, mit den Wurzeln und der biologischen Bedeutung von Aggression (siehe auch WUKETITS 1990c). Allerdings wies sein Weggefährte TINBERGEN (1968) auch darauf hin, daß im Verhalten der Tiere, zumal im Wettbewerb der Männchen um Fortpflanzungserfolg, nicht nur der kämpferische Draufgänger gewinnt, sondern auch und vielmehr jener, bei dem Kampf- und Fluchtneigungen in einem bestimmten Gleichgewicht stehen.

Was die Annahme eines speziellen Aggressionstriebs betrifft, haben sich auch Verhaltensforscher, Ethologen selbstkritisch geäußert. Generell empfiehlt HINDE (1973, Bd. 1, S. 407) als Ziel der Verhaltensforschung „nicht eine allgemeine ‚Triebtheorie'..., sondern die präzise Analyse vieler verschiedener Einzelfälle". So könne man auch, wie WICKLER (1974b, S. 297) betont, „der allgemeinen Aussage, Aggression sei ein echter Instinkt mit einer endogenen Erregungsproduktion und dem entsprechenden Appetenzverhalten", nicht zustimmen. Ob sich nun die Aggressivität *spontan* oder *reaktiv* (als „Frustration" und daher gegen jenen gerichtet, der einem selbst einen Wunsch vereitelt) manifestiert, ist, als „klassische" Entweder-Oder-Alternative, wahrscheinlich auch nicht sehr brauchbar, denn es kann beides sein (BISCHOF 1985). Und der Aggressionstrieb? Was bleibt von ihm nach kritischer Analyse erhalten?

HASSENSTEIN (1972, 1973) legt dar, daß aggressives Verhalten Ausdruck sehr verschiedener biologischer Motivationen sein kann und somit in unterschiedlichen (biologischen) Zusammenhängen vorkommt: als Kampfverhalten gegen Artfremde bei Raubtieren motiviert durch Hunger, als Kampfverhalten gegen Artgenossen, z. B. im Dienste der Fortpflanzung, zur Sicherung des eigenen Territoriums (Revierverteidigung), zur Feststellung der Rangordnung in einer Gruppe usw.. Kurz, es handelt sich also um eine Vielfalt von biologischen Beziehungen, die aggressives Verhalten hervorbringen. Daher kommt HASSENSTEIN (1972, S. 83) zu folgendem Schluß:

„Eine von all diesen biologischen Beziehungen freie, von sich aus zum Kampf drängende Aggressivität, die einer periodischen Befriedigung bedarf, kann man ... *nicht* postulieren, weder für Tiere noch für den Menschen. Sie wäre auch außerordentlich schwer nachzuweisen, weil man dafür im Einzelfall die Abwesenheit aller anderen Motivationen aufzeigen müßte. Zunächst sollte man daher davon ausgehen, daß wir Aggression *nur* im Dienste *anderer* biologischer Funktionen sicher kennen."

Wird damit die Existenz eines „Aggressionstriebs für sich" geleugnet, so kann natürlich nicht geschlossen werden, daß es Aggression unter bestimmten Umständen einfach nicht doch geben würde. Denn die biologischen Funktionen, in deren Rahmen aggressives Verhalten beobachtbar ist, sind ja nicht sämtlich zu eliminieren, weder beim Menschen noch beim Tier.

Aus verschiedenen Untersuchungen – bei denen sich Psychologen nach wie vor Ratten als Versuchstiere aussuchen – kann man folgern, daß der wichtigste Stimulus für aggressives Verhalten ein Opponent derselben Art ist, der wertvolle Ressourcen besetzt hält (vgl. BLANCHARD 1991). Das gilt für Menschen und Tiere, und (Human-)Psychologen geben heute im allgemeinen, oft bereitwillig, zu, daß das Studium tierischen Verhaltens für den Menschen wichtig sei. Aber die Ethologen ihrerseits verschließen sich auch nicht mehr ganz der von Lerntheoretikern favorisierten „Außenreiztheorie" der Aggression, wonach aggressives Verhalten eben nicht von innen kommt, sondern durch äußere Stimulation bewirkt wird. Nur kann diese Theorie keinen Ausschließlichkeitsanspruch erheben, genauso wie auch der Aggressionstrieb – als innerer Antrieb „für sich" – zweifelhaft geworden ist. Nach HINDE (1991) muß man zum einen zugeben, daß aggressives Verhalten sehr komplex motiviert ist, zum zweiten sicher den „Erfahrungsfaktor", die individuelle Situation als bedeutsam anerkennen, welche angeborenen Faktoren auch immer eine Rolle spielen mögen.

Damit wird nun das Studium der Aggression und ihrer Ursachen keineswegs einfacher – eher das Gegenteil ist der Fall –, aber man darf hoffen, daß dieses Phänomen auf diese Weise auch ein wenig entmythologisiert werden kann und daß darüber hinaus das negative Image korrigiert werden kann, das viele Tierarten nach wie vor haben. „Räuber", „Bestien", „Killer" – das sind ja nach wie vor altbekannte, durch drittklassige Medien geförderte Bilder von Wölfen, Bären, Tigern, Haien und vielen anderen Tieren, denen man ein „durch und durch" aggressives Wesen nachsagt. Sicher haben dazu schon die alten Popularisatoren der Biologie und Verhaltensforschung beigetragen. Man lese dazu etwa, was BREHM (1926, Bd. 3) über den Tiger zu berichten wußte, oder über den Leoparden: „Mit der Kühnheit, Raublust und Mordgier verbindet der Leopard überdies die größte Frechheit" (BREHM 1926, Bd. 3, S. 97).

Es ist ein großes Verdienst der Ethologen, gezeigt zu haben, daß aggressives Verhalten, was nun auch immer seine Ursachen im einzelnen sein mögen, eine biologische Funktion hat und in den Gesamtzusammenhang des Lebens eines Tieres oder Menschen eingebettet zu betrachten ist; daß aggressives Verhalten keinem geheimnisvollen, bösartigen Trieb entspringt, sondern aus dem natürlichen Wettbewerb folgt. Gewiß wird man heute einsehen, daß aggressives Verhalten *beim Menschen* auch wesentlich von soziokulturellen Faktoren abhängt, daß diese jedoch – wie so oft behauptet worden ist – *anstelle* der biologischen Komponenten auftreten (vgl. z. B. SCHMIDBAUER 1974b), ist falsch.

Eine sehr klare Haltung zum „Problem der Aggression" haben TIGER und Fox (1971, S. 208f.) eingenommen:

". . . there is no problem of aggression, despite the gallons of printer's ink that have been used in discussing it. Aggression in the human species is the same as aggression in any other animal species. It springs from the same causes and subserves the same functions. It is a necessary force in the evolutionary processes taking place in any sexually reproducing species. There has to be competition in order for natural selection to occur."

(„. . . es gibt kein Problem der Aggression, trotz der Gallonen von Tinte, die verbraucht worden sind, um dieses Problem zu diskutieren. Aggression beim Menschen ist von der Aggression bei irgendeiner anderen Tierart nicht verschieden. Sie entspringt denselben Ursachen und dient denselben Funktionen. Sie ist eine notwendige Kraft in den Evolutionsprozessen, die bei jeder sexuell sich fortpflanzenden Spezies auftritt. Wettbewerb ist notwendig, damit natürliche Auslese stattfinden kann." [Übers. des Autors.])

Die „Gallonen von Tinte", die in den Debatten um die Aggression verbraucht worden sind, wird man indes verstehen, wenn man sich nochmals vor Augen führt, daß dieses Problem kaum jemanden wirklich kaltläßt und sich daher auch viele berufen fühlen, dazu Tiefsinniges zu sagen. Doch ist es abermals ein Verdienst der Ethologie, daß klargemacht werden konnte, daß der Mensch – wie andere Lebewesen – elementare *Lebensansprüche* hat, darunter z. B. Raumansprüche, Schutzansprüche und Partneransprüche (vgl. TEMBROCK 1983), und daher das paradiesische Wesen, das manche erträumen, nicht sein kann. Die Verbindung der Aggression mit der Theorie der natürlichen Auslese liefert hierfür in der Tat den größeren theoretischen Rahmen.

FREUD (1938) hat die Entwicklung des Psychischen, die Entwicklung eines Ich mit der Stadt Rom verglichen, mit der Geschichte dieser Ewigen Stadt, in deren Straßen und Gassen, Bauwerken und Gemäuern sich überall Spuren der Vergangenheit finden und die sicher noch weitere, nicht sichtbare Spuren ihrer Vergangenheit birgt, unter dem Boden, auf dem Gebäude späterer Zeiten errichtet worden sind. FREUD sagte (1938 [1953, S. 69f.]):

„Nun machen wir die phantastische Annahme, Rom sei nicht eine menschliche Wohnstätte, sondern ein psychisches Wesen von ähnlich langer und reichhaltiger Vergangenheit, in dem also nichts, was einmal zustande gekommen war, untergegangen ist, in dem neben der letzten Entwicklungsphase auch alle früheren noch fortbestehen."

Überträgt man dieses Bild auf die menschliche „Psychohistorie", auf die psychische Entwicklung des *Homo sapiens,* dann kann man sagen, daß diese Spezies, wie alle anderen, die Spuren ihrer Vergangenheit sichtbar macht. Nicht alle Momente ihrer Psychohistorie sind deutlich sichtbar, manche eben nur als schwache Spuren erkennbar, manche noch nicht einmal als solche erkannt. Aufgrund seines komplexen Bewußtseins sind beim *Homo sapiens* diese Spuren und Hinweise auf seine Vergangenheit komplex und oft schwer zu deuten. Eine Paläoanthropologie als *Paläopsychologie* (BILZ 1973, 1974) steht hier noch vor enormen Aufgaben. Zu diesen Aufgaben gehört auch die Rekonstruktion der „aggressiven Elemente", die die ganze Geschichte des *Homo sapiens* begleiten und nicht einfach „vergessen" werden können.

Meines Erachtens ist es eines der wesentlichsten Verdienste der auf der Evolutionslehre fußenden Verhaltensforschung, den Menschen wie alle anderen Organismen als *historisches Wesen* erkannt zu haben; erkannt zu haben, daß tiefe Einblicke in das Verhalten und seine Ursachen nur unter der historischen Prämisse gewonnen werden können. In diesem Rahmen ist die Erkenntnis, daß Aggressivität in den Funktionszusammenhang im Leben jedes Organismus eingebettet zu sehen ist, von großer Bedeutung.

4. Synthesen, interdisziplinäre Ansätze, Perspektiven

Im letzten Kapitel wurde der Versuch unternommen, die Ethologie als Synthese verschiedener Forschungsansätze, Theorien und Methoden zu sehen bzw. ihr Auftreten als Synthese zu begreifen, die aus dem Widerstreit der Theorien möglich wurde. In diesem Kapitel wollen wir uns mit weitergehenden Konzepten beschäftigen, die einerseits erneut zu Kontroversen geführt haben (welche derzeit noch im Gange sind), andererseits aber die Interdisziplinarität der Verhaltensforschung zeigen. Dabei wird zum einen die Bedeutung verhaltensbiologischer Konzepte für die Humanwissenschaften darzulegen sein (Humanethologie, Soziobiologie), zum anderen die Bedeutung von interdisziplinären biologischen Ansätzen innerhalb der Verhaltensforschung selbst (Verhaltensgenetik, Verhaltensökologie). Schließlich soll die Relevanz der Verhaltensforschung für Erkenntnistheorie und Ethik kurz diskutiert werden. Ich möchte dabei auseinandersetzen, daß diese traditionellen philosophischen Disziplinen schon früh in der Geschichte der Verhaltensforschung von dieser beeinflußt waren – auch wenn die Mehrzahl der Philosophen davon nicht viel wissen wollte. Allerdings soll dieses Kapitel auch deutlich machen, daß die Synthese in der Verhaltensforschung nach wie vor unvollendet ist. Einzelne Konzepte und Theorien sind heute sicher gut etabliert, aber es liegt natürlich im Wesen der Verhaltensforschung – wie im Wesen jeder Wissenschaft und der Wissenschaft schlechthin –, daß sie sich ständig im Fluß befindet und niemals einfach als erledigt abgehakt werden kann. Die von der Verhaltensforschung ausgehenden Perspektiven verdienen jedenfalls ernst genommen zu werden, weil sie an manch alten philosophischen Dogmen kratzen, vor allem aber auch entscheidend zum menschlichen Selbstverständnis beitragen.

4.1 Humanethologie – Biologie des menschlichen Verhaltens

> Ob sich der Mensch als Geschöpf Gottes versteht oder als arrivierten Affen, wird einen deutlichen Unterschied in seinem Verhalten zu wirklichen Tatsachen ausmachen; man wird in beiden Fällen auch in sich sehr verschiedene Befehle hören.
>
> ARNOLD GEHLEN

Bereits in Abschnitt 2.6 wurde die Humanethologie als bedeutender Zweig der Ethologie hervorgehoben; dort wurden auch schon einige wichtige Prämissen für diesen Zweig der Verhaltensforschung formuliert, der nicht zuletzt aus weltanschaulichen Gründen häufig auf Kritik oder totale Ablehnung stößt.

Im deutschen Sprachraum hat insbesondere IRENÄUS EIBL-EIBESFELDT (geb. 1928) die Methoden und Ergebnisse humanethologischer Forschung auch einem breiteren Publikum zugänglich gemacht (vgl. EIBL-EIBESFELDT 1976a, b) und in einem gewichtigen Kompendium (EIBL-EIBESFELDT 1984) dargelegt. EIBL-EIBESFELDT zählt zu den ältesten Schülern und Mitarbeitern von KONRAD LORENZ. Er beschäftigte sich zunächst mit der Paarungsbiologie der Erdkröte und mit dem Verhalten des Dachses, des Eichhörnchens, des Hamsters und anderer „kleiner Säugetiere", dann mit dem Kommentkampf der Meerechse und vielen anderen „tierethologischen" Problemen. Seit den sechziger Jahren gilt sein vorrangiges Interesse jedoch der Humanethologie. Im Rahmen ausgedehnter Forschungsreisen besuchte und studierte er zahlreiche Völker in Afrika, Neuguinea, Indonesien und Südamerika und versuchte dabei, im *Kulturvergleich* Universalien menschlichen Verhaltens – also das gemeinsame biologische Erbe der verschiedenen Völker und Kulturen – herauszuarbeiten. Aufschlußreich dazu ist sein autobiographisches Werk (EIBL-EIBESFELDT 1994). Worum es in der Humanethologie geht, und zwar auch hinsichtlich ihrer Methode, faßt er folgendermaßen kurz zusammen:

„Die Humanethologie geht von den in der tierischen Verhaltensforschung (Ethologie) entwickelten Konzepten und Methoden aus, paßt diese jedoch an die Erfordernisse an, die sich aus der Sonderstellung des Menschen ergeben. Insbesondere übernimmt sie auch die in den Nachbardisziplinen Psychologie, Anthropologie und Soziologie entwickelten Arbeitsmethoden. Sie bemüht sich damit um den Brückenschlag zwischen den Wissenschaften vom Menschen ... Humanethologen untersuchen sowohl das stammesgeschichtliche evoluierte Verhalten als auch die individuelle und kulturelle Modifikabilität des Menschen." (EIBL-EIBESFELDT 1984, S. 22)

Neben dem interdisziplinären Ansatz kommt hier also nicht nur die Überzeugung zum Ausdruck, daß die individuelle und kulturelle Veränderbarkeit des (stammesgeschichtlich programmierten) Verhaltens eine große Rolle beim Menschen spielt, sondern daß dem Menschen auch – eben deswegen – in der Tat eine Sonderstellung in der Organismenwelt beizuräumen sei. Dieses Problem wurde schon in Abschnitt 2.6 kurz diskutiert, wo wir auch gesehen haben, daß nicht wenige Verhaltensforscher (Ethologen) dieser Meinung waren. Wir müssen hier noch ein wenig bei diesem Problem verweilen und seine historischen Hintergründe weiter ausleuchten.

Unter den Philosophen und Soziologen des 20. Jahrhunderts war vor allem ARNOLD GEHLEN (1904–1980) für die Ethologen ein wichtiger Bezugsautor. GEHLENS anthropologisches Werk widmet sich der Sonderstellung des Menschen in der Natur; vor allem sein 1940 erschienenes Buch *Der Mensch – Seine Natur und seine Stellung in der Welt* ist diesem Problem gewidmet. Dabei meinte GEHLEN, morphologisch sei „der Mensch im Gegensatz zu allen höheren Säugern hauptsächlich durch *Mängel* bestimmt" und einen „erstaunliche[n] Mangel an echten Instinkten" (vgl. GEHLEN 1971, S. 33 bzw. 35). Man würde GEHLEN natürlich nicht gerecht werden, würde man nicht zugleich auch die von ihm gewürdigte *Weltoffenheit* des Menschen berücksichtigen, welche dieses „Mängelwesen" doch wieder mit hervorragenden Möglichkeiten ausstattet, „befähigt, unter allen denkbaren Außenumständen, im Urwald, im Sumpf, in der Wüste oder wo immer ... die jeweils vorhandenen Naturkonstellationen intelligent ... zu bearbeiten" (GEHLEN 1961, S. 18).

Eine Übereinstimmung mit solchen Feststellungen wird man bei vielen modernen Anthropologen und Humanethologen finden. So z. B. meinte jüngst GOLDSCHMIDT (1993), es sei die Befreiung des Menschen von seinen biologischen Verengungen gewesen, die ihm seine hervorragende Stellung in der Natur verliehen und zu seiner weltweiten Verbreitung geführt habe. Auch EIBL-EIBESFELDT (1976a) stimmt mit GEHLEN vor allem in dem Punkt überein, in dem dieser den Menschen als *Neugierwesen* charakterisiert und eben als Wesen, welches sich schnell wechselnden Umweltbedingungen anzupassen vermag.

KONRAD LORENZ beschäftigte sich bereits Anfang der vierziger Jahre ausführlich mit GEHLEN. Während er 1940/41 den Lehrstuhl für vergleichende Psychologie in Königsberg bekleidete, hielt er auch ein Seminar über GEHLENS Buch *Der Mensch* ab. Ähnlich wie schon WHITMAN (vgl. S. 41), aber wesentlich stärker als dieser (der von GEHLENS Werk naturgemäß nichts wissen konnte), betonte LORENZ, daß der Mensch ein „Instinkt-Reduktions-Wesen" sei, „ein Wesenszug, der zu sehr großem Teil eine Folge von domestikationsbedingten Ausfällen starrer, angeborener Aktions- und Reaktionsnormen ist" (LORENZ 1965 a, S. 471). Dieser Auffassung vom Menschen als „domestiziertem Lebewesen" blieb er sein Leben lang treu, gebrauchte dafür aber immer wieder auch schärfere Formulierungen („Verhausschweinung des Menschen"). Seine Aussagen über Degenerationserscheinungen bei domestizierten Tieren und die Parallelisierung des Menschen, vor allem des „degenerierten", mit Haustieren (vgl. z. B. LORENZ 1943 a) steht allerdings für viele im ideologischen Zusammenhang mit dem Dritten Reich (vgl. KALIKOW 1983), wovon in diesem Buch schon auf S. 84 kurz die Rede war.

Charakteristisch für die Ethologen ist nun einerseits die Überzeugung, daß der Mensch ein Lebewesen wie jedes andere – und als solches durch artspezifische Merkmale gekennzeichnet – ist, andererseits aber doch eine Sonderstellung in der Natur genießen soll. Freilich darf es nicht wundern, wenn eine Verhaltens*biologie* des Menschen sich von vornherein mit dieser fast paradoxen Situation konfrontiert sieht, die KEITER (1966, S. 308) folgendermaßen ausdrückte: „Tier und Mensch sind gänzlich verschieden und doch auch wiederum wesensgleich." Und seit alters muß dem Menschen bewußt sein, daß er ähnliche biologische Bedürfnisse hat wie die Tiere (Nahrungsaufnahme, Schlaf, Fortpflanzung), diese jedoch in mancher Hinsicht übertrifft bzw. Aktivitäten entfaltet, die keinem Tier zuzutrauen wären. Daß der Mensch mit Tieren *verglichen* werden kann, mag also eine alte Überzeugung sein, doch gewann dieser Vergleich erst mit dem Evolutionsdenken eine solide Basis, nämlich im Nachweis der gemeinsamen Abstammung. Die zum Teil bahnbrechenden Arbeiten zu einer evolutionären Psychologie (vgl. Abschnitt 2.2) sind nur auf dieser Basis denkbar. Wenn DARWINS Buch über die Gemütsbewegungen (DARWIN 1872) als ein Meilenstein in der Entwicklung der evolutionären Psychologie gilt, dann müssen wir ihm auch den Rang eines der ersten humanethologischen Werke verleihen. In Zielsetzung und Methode unterscheidet es sich nämlich durch praktisch nichts von Arbeiten heutiger Humanethologen. Man sehe sich nur einmal die Illustrationen in diesem Buch an, und man wird – von der unterschiedlichen Qualität der fotografischen Aufnahmen (die natürlich niemanden überraschen sollte) abgesehen – erstaunliche Ähnlichkeiten zu den Illustrationen der Bücher von EIBL-EIBESFELDT finden.

Nachdem man also einmal grundsätzlich erkannt hatte, daß der Mensch mit verschiedenen Tieren verglichen werden kann, wurde es auch möglich, Ähnlichkeiten wie auch Unterschiede besser zu begreifen. Dabei haben Verhaltensforscher nicht selten die Unterschiede zwischen Mensch und Tier stärker im Auge gehabt als die Ähnlichkeiten. So etwa stellt sich eine Arbeit aus den vierziger Jahren (BAILY 1945) die Aufgabe, aus dem Vergleich des *Spiels* beim Menschen und bei Tieren ein Bild des Menschen in seinen Eigenarten zu gewinnen. PORTMANN (1953, 1956) wollte, wie schon auf S. 83 erwähnt wurde, die Biologie insgesamt in den Dienst der Erforschung unserer Sondernatur stellen. In ähnlicher Weise bemühte sich BUYTENDIJK (1958), den Wesensunterschied zwischen Mensch und Tier herauszuarbeiten. Die Reihe ließe sich fortsetzen. Und gerade auch die heutigen Humanethologen sehen eine ihrer wesentlichen Aufgaben darin, die Sondernatur des Menschen und ihre biologischen Wurzeln aufzuweisen. Es scheint also, daß gerade diejenigen, die um die stammesgeschichtliche „Verwurzelung" des *Homo sapiens* und seines Verhaltens in der Tierwelt wissen, auch bereitwillig dessen Sondernatur verteidigen – vielleicht, weil das Wissen um seine Stammesgeschichte dem Menschen erst „Größe" verleiht?

„Nur der, der sich klargemacht hat, daß am Ende des Tertiärs ‚urplötzlich' ein völlig anders geartetes organisches System auf den Plan tritt, das den Gewinn, die Speicherung und Weitergabe von Informationen, die bisher dem genetischen System allein anvertraut war, in einer ganz neuen und wesentlich schnelleren und besseren Form leistet, nur der wird begreifen, daß ‚das geistige Leben des Menschen eine neue Art von Leben ist'..." (OESER 1984, S. 33)

Um so erstaunlicher ist unter diesen Voraussetzungen jene Art von Kritik, die den Humanethologen „einseitige Sichtweisen" und das „Übersehen der menschlichen Eigenart" (KATTMANN 1985) vorwirft. Der Ausgangspunkt dieser Kritik ist generell die *kulturelle Evolution,* von der man gemeinhin annimmt, sie habe den Menschen „von den Fesseln der Natur befreit" und würde das Leben jedes Individuums stärker beeinflussen, als das sein biologisches Erbe vermag. Die Humanethologen jedoch würden, so kann man die Stimmen einer Reihe von Kritikern im Gleichklang hören, die Bedeutung der kulturellen Determinanten für den Menschen übersehen. Diese Kritik, pauschal vorgetragen, ist ungerechtfertigt.

Die Humanethologen gewinnen ihre Erkenntnisse keineswegs nur aus dem Tier-Mensch-Vergleich – der dann den Menschen auf das Tier reduzieren würde –, sondern, wie gesagt, vor allem aus dem Kulturvergleich. Wenn dieser aufzeigen kann, daß elementare menschliche Verhaltensweisen trotz vielfältiger kultureller Variation nicht variieren, dann liegt der Schluß nahe, daß sie eine gemeinsame biologische Wurzel und die gleiche oder eine ähnliche biologische Funktion haben. Das gilt, wie EIBL-EIBESFELDT (1984) ausführlich darlegt, für soziale Bindungen (Mutter-Kind-Bindung) sowie die unterschiedlichsten Formen *nonverbaler Kommunikation* (z. B. Lächeln,

Stirnrunzeln). (Zur Universalität des Lächelns und Lachens und seiner biologischen Bedeutung siehe z. B. auch HOOFF 1972.) Es liegt nahe, bei der Spezies Mensch universell vorkommende Verhaltensweisen auf ihre phylogenetischen Ursprünge zu untersuchen, wobei sich dann doch abermals der Tier-Mensch-Vergleich anbietet, was z. B. THORPE (1972) anhand der Kommunikationsformen beim Menschen und verschiedenen Tierarten auseinandergesetzt hat.

Mit dem Kulturvergleich wurde jedenfalls eine Methode erschlossen, die zu Ergebnissen führt, welche durchaus die Eigenarten des Menschen herausstreichen. Die Humanethologen wollen aber auch nicht, wie EIBL-EIBESFELDT (1984, S. 19) betont, dahingehend mißverstanden werden, daß sie nur am tierischen Erbe des Menschen interessiert seien, „da es eine Vielzahl stammesgeschichtlicher Anpassungen gibt, die nur für *Homo sapiens* typisch sind" (Beispiel: biologische, jedem Menschen angeborene Voraussetzungen zum Sprechen). Das bedeutet also, daß die Humanethologie schon im Vorfeld des Kulturvergleichs die Spezifität der menschlichen Stammesgeschichte unter dem Aspekt der Verhaltensevolution studiert.

Eine weitere Dimension der Humanethologie sind Verhaltensstudien an *Kindern*. Darum hat sich in den letzten Jahrzehnten vor allem BERNHARD HASSENSTEIN (geb. 1922) verdient gemacht. Sein Buch *Verhaltensbiologie des Kindes* (erstmals 1973 erschienen) will die *naturgegebenen* Fähigkeiten und Bedürfnisse des Kindes aufweisen. Dabei ist sich HASSENSTEIN der Notwendigkeit des interdisziplinären Ansatzes bewußt. „Wir dürfen", schreibt er an anderer Stelle (HASSENSTEIN 1979, S. 165), „nicht beanspruchen, die gesamte Verhaltensentwicklung einschließlich des seelisch-geistigen Bereichs mit unseren Begriffen erfassen zu können." Eine Verbindung der Verhaltensbiologie (Humanethologie) mit anderen Disziplinen (Psychologie, Psychoanalyse) sei nötig. Denn die Verhaltensbiologie befasse sich bei Tieren mit *allen* Verhaltensweisen, beim Menschen jedoch nur mit dem biologisch bedingten Anteil seiner Verhaltens*tendenzen*. Was hier also gleichsam als Zurücknahme des Anspruchs der Verhaltensbiologie verstanden werden könnte, darf nicht darüber hinwegtäuschen, daß die Humanethologie die Basis, die elementaren und unabdingbaren biologischen Grundlagen menschlichen Verhaltens zu ergründen beansprucht. Die Begegnung mit Psychologen – vor allem *Entwicklungspsychologen* – liegt dabei in der Natur der Sache.

Allerdings steht in weiten Bereichen die Synthese noch aus. Die Begegnung mit den Arbeiten von PIAGET (z. B. 1973, 1974a) geschah auf der Seite der Humanethologen zaghaft – umgekehrt gilt freilich das gleiche. Der Grund dafür liegt sicher in erster Linie in den unterschiedlichen Paradigmen, auf denen die Konzepte der Humanethologen einerseits und die Entwicklungspsychologie PIAGETs andererseits fußen. Die Humanethologen sind – wie die Ethologen insgesamt – meist echte „Darwinisten". PIAGETs Denken aber war von der französischen Gedankenwelt geprägt, die jedenfalls noch während seiner Studienzeit in der Biologie LAMARCKs Einflüsse deutlich spürte. Und später, als sich DARWINs Lehre auch im französischen Sprachraum mehr und mehr durchsetzte, hielt PIAGET an einigen lamarckistischen Prinzipien fest. Er war, wie schon auf S. 45 bemerkt wurde, der Meinung, daß Evolution wesentlich ein aktiver Vorgang und von „inneren", intraorganismischen Faktoren beeinflußt sei. Entwicklung – nicht nur als Evolution, sondern auch und vor allem als individuelle Entwicklung (Ontogenese) – war für ihn stets durch ein komplexes Zusammenwirken äußerer und innerer (systeminterner) Mechanismen gekennzeichnet. Aus zahlreichen Beobachtungen und Experimenten mit Kindern (einschließlich seiner eigenen) entwickelte er ein Stufenmodell der Ontogenese des Kindes und unterschied dabei vier Stufen oder Phasen (vgl. z. B. WIMMER 1993):

1. *Sensomotorische Phase* (von der Geburt etwa bis zum Alter von eineinhalb Jahren). Das Kind ist ein „Handlungswesen", mentale Operationen sind noch nicht ausgebildet.
2. *Phase des präoperativen Denkens* (etwa von eineinhalb bis sieben Jahren). Das Denken des Kindes ist noch stark auf die äußeren, figurativen Aspekte der Umgebung („Äußerlichkeiten") bezogen; das Kind ist unfähig, korrekte Verallgemeinerungen vorzunehmen und gerät leicht aus dem „Gleichgewicht".
3. *Phase der konkreten Operationen* (etwa von sieben bis elf Jahren). Das Kind erwirbt die Fähigkeit, elementare logische Operationen durchzuführen, die aber noch an konkrete, wahrnehmbare Situationen gebunden sind.
4. *Phase der formalen Operationen* (etwa ab elf Jahren). Das Denken des Kindes wird von den Zwängen der konkreten Wirklichkeit befreit und ist durch die Fähigkeit, hypothetisch-deduktiv zu operieren, charakterisiert. Die das Kind umgebende Wirklichkeit wird nicht mehr als einzig mögliche, sondern als eine unter vielen (hypothetisch denkbaren) Wirklichkeiten erfahren.

Gemäß seiner Einschätzung der Entwicklung im allgemeinen, sah PIAGET für das Kind eine *aktive* Rolle in der Entwicklung mentaler bzw. kognitiver Fähigkeiten. EIBL-EIBESFELDT (1984) widmet PIAGETs Arbeiten zwar einigen Raum, kritisiert aber, daß diese übersehen, mit welcher sozialen Kompetenz Kinder bereits im Alter von einigen Monaten agieren und wie soziale Fähigkeiten in der Entwicklung dem Erwerb kognitiver Fähigkeiten vorauseilen.

Nun darf nicht übergangen werden, daß sich in jüngster Zeit innerhalb der Humanethologie (und mit deutlichen Bezügen zur Entwicklungspsychologie) ein als *Kinderethologie* zu bezeichnender Forschungszweig herausgebildet hat (vgl. GRAMMER 1988). Schon die Arbeiten von HASSENSTEIN weisen ja deutlich in diese Richtung. Ziel einer Kinderethologie ist nicht zuletzt die Beseitigung des alten Irrtums, wonach Kinder in ihrer Welt bloß die Erwachsenenwelt nachahmen bzw. abbilden. Die Kinderwelt ist eine Welt für sich und die (ontogenetische) *Voraussetzung* der Welt der Erwachsenen. In den letzten Jahren wurden ethologische Untersuchungen an Kindern allerdings stark von der Entwicklungspsychologie vereinnahmt, so daß sich die Frage aufdrängt, ob die Kinderethologie als Teilgebiet der (Human-) Ethologie bestehen bleiben wird. Es spiegelt sehr deutlich den geistesgeschichtlichen und theoretischen Hintergrund der Humanethologie, wenn GRAMMER (1988, S. 11) dazu bemerkt: „Wie in der übrigen Ethologie erscheint eine Rückkehr zum Darwinismus, zwar nicht notwendigerweise in seiner jetzigen Form, ihre Überlebensmöglichkeiten zu bestimmen." Das herrschende Paradigma in der Humanethologie soll also auch über das Fortbestehen der Kinderethologie entscheiden. Das wäre weiter nicht auffällig, denn eine Teildisziplin steht und fällt im allgemeinen mit der Stärke und Schwäche ihrer Rahmendisziplin. Interessant ist in diesem Zusammenhang, daß die Kontinuität eines Paradigmas, also der Theorie DARWINS, gefordert wird, wo auf der anderen Seite auch interessante Ergebnisse von seiten nichtdarwinistisch geleiteter Forschungsrichtungen erzielt werden.

Keine Frage: „Biologisches Denken kreist um den Kernbegriff der *Evolution*" (BISCHOF 1985, S. 585). Heißt das aber notwendigerweise, daß Evolution nur „darwinistisch" beschrieben und erklärt werden kann? Es gibt derzeit eine Reihe von Evolutionstheorien (WUKETITS 1988), die mehr oder weniger von der Theorie DARWINS abweichen, für die Humanwissenschaften aber nicht weniger relevant sind. Hier ist sicher nicht der Ort, über die Humanethologie zu „richten"; ebensowenig soll über ihre zukünftige Entwicklung spekuliert werden. (Im übrigen teile ich die Sympathie der Humanethologen für die Theorie DARWINS.) Wenn man aber die bisherige, relativ kurze Entwicklung der Humanethologie sich vor Augen führt, so ist nicht zu übersehen, daß sie – und aufgrund ihres Gegenstandes ist das ja auch nicht weiter auffällig – von vornherein Bezüge zu anderen Disziplinen aufwies. Abb. 23 ist ein Versuch, den interdisziplinären Charakter der Humanethologie zu skizzieren. Die erkenntnislogisch interessante Frage ist: Können Humanethologen ihre darwinistischen Konzepte legitimerweise auf andere Gebiete, die weniger von der Theorie DARWINS beeinflußt sind (z. B. die Entwicklungspsychologie), übertragen? (Bedeutet das dann eine Bereicherung dieser Gebiete oder eher einen „theoretischen Imperialismus",

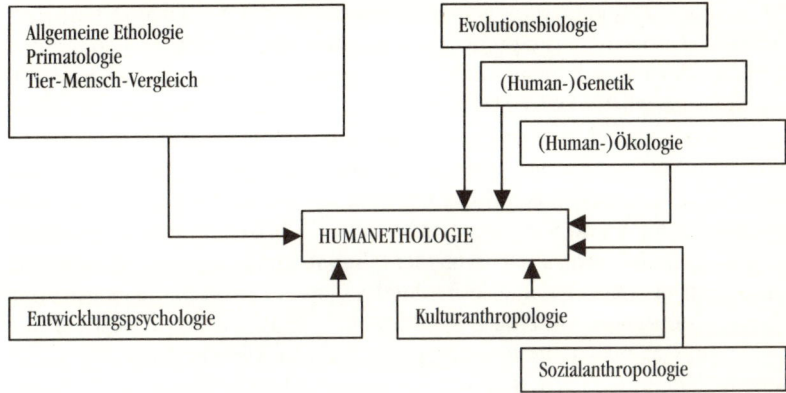

Abb. 23: Der interdisziplinäre Charakter der Humanethologie. Das Schema zeigt Zusammenhänge nicht nur mit biologischen Disziplinen und Denkweisen, sondern auch mit Disziplinen wie Entwicklungspsychologie, Kultur- und Sozialanthropologie.

der wichtige Konzepte unterdrückt?) Mit anderen Worten: Kann die *Synthese* nur eine „darwinistische" sein?

Manche kritischen Verhaltensforscher haben auch andere Bedenken. So meint etwa BEER (1984, S. 307): "The ghost of SPENCER's synthetic philosophy continues to haunt the corridors of behavioral biology." („Der Geist von SPENCERs synthetischer Philosophie spukt immer noch in den Korridoren der Verhaltensbiologie umher" [Übersetzung des Autors].) Was also dagegen tun (vorausgesetzt, es handelt sich überhaupt um einen bösen Geist)? "Only connect, but do so with care" (BEER 1984, S. 307). Die (Human-)Ethologen sollen also verbinden – aber mit Umsicht.

Zweifelsohne hat die Humanethologie mit dem Konzept des angeborenen Verhaltens (welches beispielsweise für PIAGET kaum eine Rolle spielte) dem Studium des Verhaltens des Menschen einen wichtigen Weg gewiesen. Humanethologen haben damit auch gründlich mit dem behavioristischen Dogma aufgeräumt, das direkt zur Ideologie einer „totalen Erziehbarkeit" bzw. Formbarkeit des Menschen führt (oder sogar umgekehrt zum Teil schon in dieser Ideologie wurzelt). Daher hat die Humanethologie auch für die Erziehungswissenschaften Relevanz. Ihre Implikationen für Soziologie und Kulturanthropologie liegen auf der Hand, doch wurzeln gerade darin auch die Kritiken. Wenn man sich darauf einigen könnte, daß Humanethologen auf der einen, Soziologen und Kulturanthropologen auf der anderen Seite unterschiedliche Ebenen des „Menschseins" untersuchen, die jedoch im Dienste eines umfassenden Menschenbildes zusammengeführt werden müssen, dann wäre die Synthese sicher einfacher.

Ob nun die Humanethologen auch in Zukunft mit der Theorie DARWINS und vor allem einem adaptationistischen Bild der Evolution auskommen werden oder ob es hierbei einer Paradigmenerweiterung bedürfen wird – das wird sicherlich nicht viel daran ändern, daß sie ganz generell den Menschen richtig als ein „historisches Wesen" erkannt haben, das, wie alle anderen Organismenarten, die Spuren seiner eigenen Vergangenheit, sein „tierisches Erbe" mit sich herumträgt. Daran können auch Disziplinen wie Kulturanthropologie und Soziologie nicht mehr vorbeigehen. Freilich bleibt zu hoffen, daß das zentrale Thema der Humanethologie – die stammesgeschichtlich erworbenen und individuell angeborenen Verhaltensdispositionen des Menschen – in einem ideologisch neutralen Klima diskutiert werden kann, was bislang leider keineswegs der Fall war. Das liegt daran, daß Aussagen über den Menschen – ob sie nun von Humanethologen, Kulturanthropologen, Soziologen gemacht werden – meist als wertende, normative Aussagen gedeutet und fehlgedeutet werden. Diese Deutungen zu verhindern ist alles andere als einfach, solange Wissenschaft prinzipiell mit Ideologie vermengt wird. Reflexionen darüber, was Wissenschaft ist und sein kann und was vor allem einer Wissenschaft vom Menschen zusteht, sind vonnöten. Objektivität ist gefragt, doch wenn Aussagen den Menschen im buchstäblichen Sinne des Wortes *betreffen,* dann können subjektive Elemente nicht ohne weiteres eliminiert werden. Allerdings müssen wir uns immer deutlich vor Augen führen, daß die subjektive Akzeptanz oder Ablehnung einer Theorie nicht darüber entscheiden kann, ob die Theorie richtig oder falsch ist. Das gilt insbesondere auch für die Kritik an der Soziobiologie, der wir uns nun zuwenden wollen.

4.2 Soziobiologie – Biologie des Sozialverhaltens

Im Jahre 1975 erschien ein mehrere hundert Seiten starkes Werk aus der Feder des amerikanischen Entomologen EDWARD O. WILSON mit dem unverfänglichen Titel *Sociobiology: The New Synthesis.* Das reich illustrierte Werk handelt von vergesellschafteten Tieren, von Tiersozietäten, und versucht das Sozialverhalten der Lebewesen auf evolutionärer Grundlage zu erklären. Die Beachtung und vor allem die Kritik, die es erfahren hat, mutet bei einem im akademischen Stil abgefaßten Buch befremdend an. Immerhin wurde schon kurz nach seinem Erscheinen bei einem Kongreß in Washington die offizielle Verurteilung des Buches gefordert; sein Autor wurde während eines Vortrags von einem Gegner mit Wasser übergossen (vgl. HULL 1988). Das ist in der Tat höchst merkwürdig, denn „letzten Endes weist WILSON ohnehin auf DARWIN zurück, dessen Gedanken er allenfalls präzisiert, aber keineswegs etwa um Ärgernisse bereichert" (BISCHOF 1985, S. 177f.). Und was Tiersozietäten betrifft, so handelt es sich, sollte man meinen, ja um nichts besonders Aufregendes. Denn daß viele Arten von Tieren vergesellschaftet sind, daß die Individuen vieler Arten sich zu Gruppen zusammenschließen, war jedenfalls 1975 schon hinreichend bekannt und längst Lehrbuchwissen (siehe z. B. die knappe Darstellung von REMANE 1971). Älteren Datums ist eine *Tiersoziologie* (ALVERDES 1925) oder allgemeiner *Sozialbiologie* (DALE 1946), die sich um eine Beschreibung jener speziellen Formen des Verhaltens bemüht, welche in Gruppen lebende Organismen in wechselseitiger Beziehung zueinander entwickeln.

Allerdings blieb man dabei nicht immer bei einer bloßen Beschreibung stehen, und eine „Soziologie der Natur" spiegelte immer wieder ideologische Überzeugungen. JULIUS SCHAXEL (1887–1943) ist dafür ein Beispiel. Der Biologe argumentierte auf marxistischer Grundlage, daß schon in der Tierwelt das Kollektiv eine Rolle spielt und die menschliche Vergesellschaftung „als Ziel der Geschichte die Weltarbeitsgenossenschaft bereits erkennen" läßt (SCHAXEL 1931, S. 77). Wegen solcher Aussagen und politischer Aktivitäten mußte er aus Deutschland emigrieren; er bekam einen Ruf nach Moskau, an ein Institut der Sowjetischen Akademie der Wissenschaften. Hätten es die politischen Umstände zugelassen, dann hätten wohl manche auch WILSONS Emigration aus den Vereinigten Staaten befürwortet – in seinem Fall freilich nicht wegen marxistischer Umtriebe, sondern weil ihm genau umgekehrt unterstellt wurde, mit „seiner" Soziobiologie eine rechte Ideologie zu verteidigen (siehe vor allem LEWONTIN et al. 1984). Die Soziobiologie ist unter den modernen naturwissenschaftlichen Disziplinen und Theorien sicher das beste Beispiel für die Beeinflussung der Wissenschaft von externen, nichtwissenschaftlichen Faktoren: Erwartungshaltungen, Befürchtungen, Ideologien. Aber sehen wir uns zunächst die Entstehungsgeschichte dieser Disziplin und ihre wichtigsten theoretischen Prämissen und Aussagen an.

Im November 1948 fand in New York eine Konferenz statt, in deren Rahmen Verhaltensforscher das Problem tierischer Sozietäten diskutierten. Das Phänomen der Vergesellschaftung oder – neutraler gesagt – Gruppenbildung in der Tierwelt ist, wie gesagt, bestens bekannt und wurde schon im Vorfeld einer wissenschaftlichen Verhaltensforschung wiederholt reflektiert. Jeder Mensch, der auch nur im entferntesten für die Natur ein Auge hat, weiß von Fischschwärmen, Wolfsrudeln, Affenhorden usw. Und wie in Abschnitt 1.2 erwähnt, wurden schon in der Antike die sozial lebenden Insekten, besonders Bienen, sogar als Vorbild für den Menschen und seine Gesellschaft verehrt. Anläßlich der New Yorker Konferenz versuchten Verhaltensforscher, Brücken zwischen verschiedenen Disziplinen (Ökologie,

Physiologie, Soziologie) zu bauen, um das Sozialverhalten der Lebewesen besser zu verstehen. Der Ausdruck *Soziobiologie* wurde geschaffen als Bezeichnung für eine interdisziplinäre Wissenschaft „mit dem Ziel, durch vergleichend zoologisch-soziologische Arbeiten auf allgemein gültige Gesetzmäßigkeiten zu stoßen, die für den Menschen ebenso wie für die anderen Lebewesen gültig sind" (WICKLER und SEIBT 1981, S. 79). Aber Name und Anspruch dieser Disziplin gerieten schnell in Vergessenheit; erst durch WILSONS fundamentales Opus kam die Soziobiologie wieder in Bewegung und machte viele auch außerhalb der Biologie plötzlich hellhörig. Er sei in höchstem Maße über die Reaktionen auf sein Buch überrascht gewesen, sagt WILSON (1978b), und habe überhaupt nicht daran gedacht, daß so massive Kritik aus dem „linken Lager" kommen würde, womit vor allem die *Sociobiology Study Group* gemeint ist, eine politisch linksgerichtete Gruppe, die sich hauptsächlich aus Harvard-Dozenten, aber auch anderen Akademikern zusammensetzt und WILSON und die Soziobiologie besonders stark attackiert hat (vgl. WADE 1976). Denn nichts sei an einer Disziplin überraschend, die im Rahmen der Biowissenschaften das Sozialverhalten der Lebewesen studiert. Allerdings, so müssen wir gleich festhalten, kommen die Soziobiologen mit einigen ihrer Konzepte auch mit der traditionellen Ethologie in Konflikt, was erklärt, daß sich die „klassischen Ethologen", wie LORENZ, gegenüber der Soziobiologie entweder kritisch geäußert oder bedeckt gehalten haben.

„Soziobiologie", schreibt VOLAND (1993, S. 1), „ist die Wissenschaft von der *biologischen Angepaßtheit* des tierlichen und menschlichen Sozialverhaltens." Dabei spielt also – wie in der Ethologie – das Anpassungsparadigma eine zentrale Rolle. Und jeder Ethologe wird daher auch zustimmen, daß das Sozialverhalten, wie VOLAND an gleicher Stelle weiter ausführt, „der formenden und optimierenden Kraft der *evolutionsbiologischen* Vorgänge" unterliegt. Wo die Ethologen aber eine starke Abweichung von ihren Argumentationslinien sehen mußten (und müssen), ist die Behauptung der Soziobiologen, die Evolution stelle sich „als ein genzentriertes Prinzip dar" (VOLAND 1993, S. 3), und nicht die Erhaltung der *Art* sei in der Evolution maßgeblich, sondern „nur die Bilanz der Fortpflanzungserfolge. *Der Typ, der mehr Nachkommen erzeugt, ist in der nächsten Generation häufiger vertreten*" (WIRTZ 1991, S. 195). Für die Ethologen steht also die Art im Vordergrund, und sie sehen ihre Aufgabe darin, die *arterhaltende* Bedeutung von Verhaltensmerkmalen zu studieren. Die Soziobiologen jedoch meinen, auf die Art komme es überhaupt nicht an, sondern nur auf den Fortpflanzungserfolg des *Individuums* und dessen Chancen, die eigenen Gene weiterzugeben (DAWKINS 1976). Das sind nun zwei ganz verschiedene „Geisteshaltungen": Die Ethologen sehen also „das Ganze", die Art, verfolgen damit in gewissem Sinne auch die Vorstellung von einer progressiven Evolution, wie sie für DARWIN und viele andere Evolutionstheoretiker seiner Zeit charakteristisch war; die Soziobiologen „reduzieren" das Verhalten der Organismen auf deren Gene bzw. von den Genen kommende Antriebe. Zwei Konzepte sind in der Soziobiologie sehr wichtig:

1. *Genselektion,* wonach Gene – und nicht Arten oder Individuen – die Einheiten der Selektion sind.
2. *Gruppenselektion,* wonach bestimmte Gruppen, die über bestimmte Einrichtungen zur Förderung des Gruppenzusammenhalts verfügen, anderen Gruppen gegenüber im Vorteil, d. h. selektionsbegünstigt, sind.

Die klassische Vorstellung von Selektion sieht anders aus (vgl. z. B. MAYR 1984). Ihr zufolge ist immer das Individuum *als Ganzes* – und nicht das Gen – die Zielscheibe der Selektion; Gene können *mutieren,* Organismen werden *selektiert,* Arten *evolvieren.* Den Soziobiologen geht es aber nur um die Steigerung der individuellen *Fitneß* oder *Eignung.* Das Grundproblem jedes Lebewesens ist demnach, daß seine Gene in der nächsten Generation möglichst häufig vertreten sind; um das zu erreichen, soll einem Lebewesen praktisch jedes Mittel recht sein, auch die Tötung von Artgenossen. Diese steht natürlich im Widerspruch zum Arterhaltungskonzept der Ethologen (vgl. Abschnitt 3.7).

Der Organismus-Begriff der Soziobiologen ist von dem der Ethologen sehr verschieden. Organismen sind in soziobiologischer Sicht eigentlich Überlebensmaschinen, darauf programmiert, die eigene Fitneß zu erhöhen; sie sind, anthropomorph ausgedrückt, beinharte Rechner, die genau kalkulieren, was sich zu investieren lohnt und welche Kosten ein zu erwartender Nutzen verursachen wird; die durchaus *kooperieren,* wenn sich daraus Eigenvorteile ergeben, die aber auch die eigenen Verwandten „betrügen" oder gar eliminieren, wenn diese ihrem jeweiligen Eigeninteresse im Wege stehen:

„Reproduktive Konkurrenz findet also durchaus auch unter nahen Verwandten statt, und weil das Vernichten der schwesterlichen Eier die Chance bietet, die eigene Kinderzahl auf Kosten von Neffen und Nichten zu erhöhen, ist dieses Verhalten biologisch fitneßsteigernd." (VOLAND 1993, S. 56)

Diese Aussage stützt sich auf Beobachtungen an Eichelspechten, die dauerhaft territoriale Gruppen mit bis zu fünfzehn Familienmitgliedern bilden und sich häufig gegenseitig die Eier auffressen. Solche und ähnliche Beispiele können die Soziobiologen in großer Zahl als Unterstützung ihrer Modelle des Sozialverhaltens anführen. Grundsätzlich sehen sie in der Natur das *Prinzip Eigennutz* (WICKLER und SEIBT 1981) und zwei Wege, diesem

Prinzip zu dienen: Entweder erzeugt ein Lebewesen im Laufe seines Lebens möglichst viele Nachkommen (vervielfältigt seine Gene also so oft wie möglich), oder es bemüht sich, einen möglichst großen Anteil an Nachkommen durchzubringen, Zeit und Energie in die Nachkommen zu investieren, damit diese selbst die Fortpflanzungsreife erlangen (WIRTZ 1991). Letzteres kennt der Ethologe als *Brutpflege,* doch käme ihm nicht in den Sinn, damit Kosten-Nutzen-Rechnungen anzustellen. Ethologen wußten natürlich auch von der Gruppenselektion (vgl. Abschnitt 3.7), aber sie versuchten nicht, diese auf der Basis von Kosten-Nutzen-Rechnungen zu erklären. Es fehlte ihnen, wie WICKLER (1987) erläutert, ein Stück Theorie, nämlich *Spieltheorie,* die erst die *frequenzabhängige Selektion* deutlich macht. Wenn also in einer Population ein Kämpfer einen anderen beschädigt, dann ist er im Vorteil, wird mehr Chancen auf Weibchen und mithin auf Nachkommen haben; daher wird es, eben weil's Vorteile bringt, immer mehr „Beschädigungskämpfer" geben, doch wird auch die Wahrscheinlichkeit wachsen, daß sie aufeinandertreffen und dann unter ihrer eigenen Taktik leiden werden. Der einzige Ausweg hier ist, im Umgang mit Rivalen vorsichtiger zu sein. Den Ethologen war dieser Ausweg bekannt, aber sie wußten nicht, wie Tiere ihn gefunden haben. Die soziobiologische Erklärung lautet nun:

„Der anfänglich große Vorteil der Beschädigungstaktik schrumpft mit wachsender Zahl ihrer Vertreter, und nicht der Art, sondern der eigenen Haut zuliebe wird ein weniger risikogeladenes Kräfteabschätzen vorteilhaft, um so mehr, je gefährlicher die Waffen sind." (WICKLER 1987, S. 268. Siehe hierzu auch MAYNARD SMITH 1978)

Sicher ist WICKLER (1987) darin zuzustimmen, daß die Soziobiologie keine neue Theorie ist, sondern ein Paradigma, ein Denkmodell bzw. eine spezifische Forschungsstrategie. Sie fußt auf anderen, älteren Paradigmen, vor allem der Selektionstheorie DARWINS, verlagert diese aber entscheidend auf die Ebene der Gene. Sie ist eng mit der *Populationsbiologie* verbunden, die vom Ansatz her DARWIN schon vorweggenommen hatte, die aber erst im 20. Jahrhundert zu einer wesentlichen Erweiterung des Evolutionsdenkens führen sollte (vgl. MAYR 1984). Im Studium vor allem der genetischen Struktur von Populationen sieht WILSON (1971) eine unabdingbare Grundlage für die Soziobiologie. Damit trifft er sich sicher mit den meisten Evolutionstheoretikern der Gegenwart, unabhängig davon, wie sie sonst zum soziobiologischen Paradigma stehen mögen.

Die Bedeutung der Soziobiologie wird jedoch sowohl von ihren Vertretern als auch von ihren Kritikern unterschiedlich eingeschätzt. So etwa sieht JOHN MAYNARD SMITH, der das moderne Evolutionsdenken um spieltheoretische Modelle bereichert hat (und dementsprechend auch von den Soziobiologen gern zitiert wird), das Aufregendste an der Soziobiologie in der *genzentrierten* Betrachtungsweise, die unser Verständnis von der Evolution des (Sozial-)Verhaltens revolutioniert habe (MAYNARD SMITH 1985). Für WILSON aber scheint die Anwendung der Soziobiologie auf den Menschen von entscheidender Bedeutung zu sein und damit verbunden eine Erneuerung der Ethik (vgl. WILSON 1977, 1978a). Genau an diesem Punkt treffen sich auch seine Kritiker und die Kritiker der Soziobiologie insgesamt. Ich habe mich damit an anderer Stelle ausführlicher auseinandergesetzt (WUKETITS 1990a). Der Kern der Kritik ist, daß die Soziobiologie bestimmte – ethisch verwerfliche – Verhaltensweisen des Menschen *rechtfertigen* würde. Das „Recht des Stärkeren", die Unterdrückung der Schwachen, Rassismus, Sexismus usw. seien geradezu die notwendige Folgerung aus einem Paradigma, das den Reproduktionserfolg und die Steigerung eigener Fitneß in den Vordergrund stellt. Eine Auferstehung des Sozialdarwinismus also. Diese (ideologische) Kritik mußten (und müssen) sich ja auch die Humanethologen gefallen lassen, aus Gründen, die hier nicht nochmals erörtert werden sollen.

Zum Teil beruht diese Kritik auf Mißverständnissen der Theorie DARWINS, geht also in der Geschichte weit zurück. Die von DARWIN gebrauchten Metaphern vom Kampf ums Dasein und Überleben des Tauglichsten lassen den Wettbewerb in der Natur stark hervortreten. Dabei wird oft übersehen, daß DARWIN auch die Kooperation unter den Lebewesen als wichtigen Faktor der Evolution betrachtete. Er sprach von *sozialen Instinkten* und glaubte, daß viele Tierarten das Beisammensein mit anderen Artgenossen als angenehm empfinden (DARWIN 1871). Diese Seite der Theorie DARWINS hat zu Beginn unseres Jahrhunderts der russische Revolutionär, Geograph, Naturhistoriker und Soziologe PETER KROPOTKIN (1842–1921) klar herausgestellt. KROPOTKIN, wegen revolutionärer Umtriebe im Jahre 1874 arrestiert, gelang eine spektakuläre Flucht zunächst in die Schweiz, wo er ein paar Jahre verbrachte, um dann nach Frankreich zu gehen. Dort wurde er erneut ins Gefängnis gebracht. Nach seiner Entlassung ließ er sich schließlich in England nieder. Im Jahre 1902 erschien sein Buch *Mutual Aid: A Factor of Evolution* (in deutscher Übersetzung *Gegenseitige Hilfe in der Tier- und Menschenwelt*, 1910), in dem er argumentierte, daß ungeachtet des allerorten in der Natur waltenden Kampfes die Kooperation zwischen Lebewesen ein wichtiger (wenn nicht gar der wichtigere) Faktor in der Evolution ist. KROPOTKIN (1910, S. IV) schrieb:

„Wo ich auch immer das Tierleben in reicher Fülle auf engem Raum beobachtete, wie z. B. auf den Seen, wo unzählige Arten und Millionen von Individuen zusammenkamen, um ihre Nachkommenschaft aufzuziehen; wie in den Kolonien der Nagetiere; wie bei den Wanderungen von Vögeln, die zu jener Zeit ... dem Usuri entlang erfolgten; wie namentlich bei einer Wanderung von Damhirschen, die ich am Amur beobachten konnte und während Tausende dieser intelligenten Tiere von einem unermeßlichen Gebiete sich sammelten, um dem drohenden Schnee zu entfliehen und den Amur an seiner schmalsten Stelle zu überschreiten – in all diesen Szenen des Tierlebens, die sich vor meinen Augen abspielten, sah ich gegenseitige Hilfe und gegenseitige Unterstützung sich in einem Maße betätigen, daß ich in ihnen einen Faktor von größter Wichtigkeit für die Erhaltung des Lebens und jeder Spezies, sowie ihrer Fortentwicklung zu ahnen begann."

KROPOTKIN (1910, S. 3) kritisierte, daß DARWINS Theorie zu eng gesehen worden sei, „anstatt sie ... zu erweitern, haben sie seine Nachfolger noch enger gemacht". Das trifft, wie man meinen wird, auf die modernen Soziobiologen zu. Andererseits ist KROPOTKIN als Vorläufer der modernen Soziobiologie zu sehen. Denn diese berücksichtigt durchaus kooperatives Verhalten, sieht darin eine wichtige Lebens- bzw. Überlebensstrategie, nur daß nicht die Art, sondern das Individuum bzw. die eigene Verwandtschaftsgruppe im Zentrum des „Interesses" steht. Immerhin spricht DAWKINS (1983) von „kooperativen Genen"; Gene, so meint er, sind, wenn man sie richtig versteht, für ihr Vermögen, mit anderen Genen zu kooperieren, selektiert worden. Damit spricht er abermals auf das Konzept der Genselektion an, welches seiner Meinung nach durchaus mit der klassischen Selektionstheorie vereinbar ist, ja, Selektion als elementaren Evolutionsmechanismus sogar noch klarer zum Vorschein treten läßt.

Nun ist hier nicht der Ort, die im Zusammenhang mit dem Genbegriff entstandene Diskussion und Kritik an der Soziobiologie darzustellen. Sehen wir besser, was sich die Soziobiologen von ihrem Paradigma insgesamt versprechen. Thesenartig kann man mit WILSON (1978b) festhalten:

1. Soziobiologie ist das systematische Studium biologischer Grundlagen aller Formen sozialen Verhaltens bei allen Arten von Organismen, einschließlich des Menschen.
2. Wir werden sicher noch in die Lage kommen, spezifische Gene zu lokalisieren und zu beschreiben, die die komplexeren Formen sozialen Verhaltens verändern.
3. Es gibt a priori keinen Grund, irgendeinen Aspekt des menschlichen Sozialverhaltens aus der Soziobiologie auszuschließen.
4. Soziobiologie kann als Brückenschlag zwischen Natur-, Geistes- und Sozialwissenschaften gesehen werden.

Die Punkte 3. und 4. gelten auch für die Humanethologie, die sich allgemeiner mit menschlichem Verhalten beschäftigt und, wie wir gesehen haben, in verschiedene andere Bereiche (Geistes- und Sozialwissenschaften) ausstrahlt. Und selbstredend werden die Humanethologen zustimmen, daß menschliches Sozialverhalten zumindest in seiner Basis in biologischen, evolutionären Begriffen erklärt werden kann. Nur ist ihr Ansatz wesentlich stärker auf die der Ethologie allgemein innewohnende Tendenz zu ganzheitlichem Denken gerichtet. So attestiert EIBL-EIBESFELDT (1984) der Soziobiologie zwar die Bedeutung einer wichtigen Forschungsstrategie, meint aber auch, es sei unzulässig, jedes kooperative, altruistische Verhalten auf den Eigennutz zu reduzieren (und damit praktisch aufzulösen); denn „auch wenn der Altruist bei Selbstaufopferung für Kinder und Verwandte zur Verbreitung seiner eigenen Gene beiträgt, so handelt er doch auf der Ebene beobachteten und erlebten Handelns ‚uneigennützig'" (EIBL-EIBESFELDT 1984, S. 136).

Was jedenfalls ihren Ansatz und Anspruch betrifft, hat die Soziobiologie, zusammenfassend gesagt, drei Wurzeln:

1. Die Theorie DARWINS, die den Wettbewerb ums Dasein in der Natur und die unterschiedliche Eignung der Individuen einer Art zur Grundlage hat und die Selektion als Mechanismus der Evolution daraus herleitet.
2. DARWINS Verbindung der Geselligkeit (Sozialität) verschiedener Tierarten mit sozialen Instinkten, deren Stärke er beim Menschen besonders hervorgehoben und aus sozialen Instinkten anderer Tiere abgeleitet hat.
3. Die Verbindung des Studiums des Sozialverhaltens mit der Genetik (siehe auch nächster Abschnitt) und der Versuch, DARWINS (Selektions-) Theorie an den Genen anzusetzen.

Daß die Debatte um die Soziobiologie – einen repräsentativen Querschnitt für die siebziger Jahre gibt (unter Einschluß historischer Materialien) CAPLAN (1968) – so bald in eine Ideologie-Debatte ausartete, liegt, wie schon angedeutet, freilich nicht so sehr an der soziobiologischen Theorienbildung im fachspezifischen Bereich. WILSON (1975) „versprach", daß die Sozialwissenschaften früher oder später sich völlig auf die (Sozio-)Biologie gründen, ja als eine Teildisziplin derselben zu verstehen sein werden. Er verglich den Stand der Soziologie mit der beschreibenden Naturgeschichte früherer Jahrhunderte und verknüpfte ihre Reifung mit dem Postulat einer biologischen Fundierung. Möglich, daß das einige Soziologen als Beleidigung empfunden haben. Sicher aber sehen es die meisten Sozialwissenschaftler nicht gern, wenn eine Theorie der Biologie in ihr eigenes „Revier" eindringt. Kompetenzstreitigkeiten sind in der Wissenschaft nicht sehr lohnend, aber an der Eitelkeit und der Sorge einzelner Wissenschaftler um ihre eigene Disziplin und den Verlust von Terrain kommen wir nicht vorbei.

Gewiß wäre es zu einfach, den Kritikern der Soziobiologie nur persönliche und ideologische Motive zu unterstellen. Die Soziobiologie ist ein schönes Lehrstück aus der Soziologie der Wissenschaft (WUKETITS 1990a), die um sie entstandenen Debatten machen aber auch erneut deutlich, wie fruchtbar Kontroversen in der Wissenschaft sind. Es ist bemerkenswert, wenn SEGERSTRALE (1986) feststellt, daß es im Interesse der Kontrahenten liegt, die Kontroverse aufrechtzuerhalten. Gemeint ist damit der Streit zwischen EDWARD O. WILSON und RICHARD C. LEWONTIN, Kollegen an der Harvard University mit offensichtlich unterschiedlichen Vorstellungen von Wissenschaft (siehe auch HULL 1988). Während LEWONTIN in der Soziobiologie eine politische Botschaft sieht, versichert der Autor des Werkes *Sociobiology,* daß er nie eine solche Botschaft intendiert habe. Das glaube ich persönlich auch. Doch muß man sich vor Augen führen, daß in Amerika, worauf auch MCCLINTOCK (1983) in seiner Dissertation hinweist, die Psychologie im allgemeinen im Zusammenhang mit der Überzeugung entwikkelt wurde, daß menschliches Verhalten genetisch *determiniert* sei. Diese Überzeugung hat mit ihren politischen Implikationen zu, gelinde gesagt, bedenklichen Praktiken auch in der Rechtsprechung geführt, die vor allem in der amerikanischen Einwanderungspolitik ihren Niederschlag gefunden haben. Es ist also nicht so erstaunlich, wenn kritische Geister nach wie vor auf „hereditäre Theorien" sensibel reagieren.

Andererseits kann die Richtigkeit einer Theorie, eines Paradigmas nicht aufgrund ihres möglichen ideologischen Einflusses bzw. ihrer möglichen ideologischen Interpretation oder Fehlinterpretation entschieden werden. Und es ist nicht gerechtfertigt, jemandem bösartige politische Absichten zu unterstellen, bloß weil er eine Theorie vertritt oder entwickelt, die unter einem bestimmten Blickwinkel betrachtet *auch* ideologisch mißbraucht werden könnte.

Innerhalb der Verhaltensforschung selbst muß man der Soziobiologie sicher eine große heuristische Bedeutung attestieren. Die von den Soziobiologen verstärkt in den Vordergrund gerückten spieltheoretischen und formalen Modelle spiegeln aber auch eine Verschiebung des Blickpunktes vom Konkreten zum Abstrakten. SPARKS (1982) betont, daß in der Vergangenheit Naturhistoriker einfach Tiere beobachtet und über ihr Verhalten gestaunt haben, während viele Zoologen heute – aufbauend auf den Erkenntnissen früherer Generationen – zuerst ihre Modelle konstruieren und dann erst (ich möchte ergänzen: keineswegs immer!) auf die Tiere sehen, um ihre Modelle zu bestätigen oder zu korrigieren. Das kann man begrüßen oder auch nicht. Die von den Soziobiologen herangezogenen Kosten-Nutzen-Rechnungen sind ein unkonventioneller Zugang zum Verständnis tierischen und menschlichen (Sozial-)Verhaltens, aber die Wissenschaft lebt ja nicht von Konventionen! Diese Rechnungen und Modelle zeigen Tiere wie

Menschen in neuem Licht, und es geht nicht darum, sie abzulehnen, weil sie vielleicht nicht Resultate bringen, die wir uns von tierischem und menschlichem Verhalten erwarten. Jede Methode, die Einsicht fördert, ist in der Wissenschaft zulässig.

Und was nochmals die von den Soziobiologen fokussierte genetische Basis des Sozialverhaltens betrifft, darf man nicht den Fehler machen, genetisches Erbe mit genetischer Determination zu verwechseln. Wie VOLAND (1992) betont, ist eine genetische Theorie des (menschlichen) Verhaltens nicht mit einer deterministischen Theorie gleichzusetzen. Humanethologen und Soziobiologen sind sich weitgehend darüber einig, daß zumal beim Menschen Umwelteinflüsse eine wichtige Rolle spielen und Verhalten nicht in allen Einzelheiten genetisch vorgezeichnet ist. Wer dennoch die Auffassung vertritt, daß sie die Gene als unwandelbare, von der Umwelt unbeeinflußte und unbeeinflußbare Entitäten betrachten, unterliegt dem Irrtum einer populären bzw. populistischen Auffassung von der „Macht der Vererbung".

Die Soziobiologie befindet sich derzeit sozusagen noch im Fluß, und es wäre verfrüht, sie hier so zu beurteilen wie andere Richtungen der Verhaltensforschung, die Zweckpsychologie oder den Behaviorismus beispielsweise, die interessante Kapitel der Geschichte dieser Disziplin darstellen, teilweise bestätigt, teilweise aber überwunden sind. Gewiß aber kann man heute schon sagen, daß die Soziobiologie zu einem tieferen Verständnis tierischen und menschlichen (Sozial-)Verhaltens beigetragen haben wird.

4.3 Verhaltensgenetik, Verhaltensökologie

War die genetische Basis von Verhaltensweisen in der Ethologie schon immer sehr wichtig, so konnte sich in neuerer Zeit auch eine Unterdisziplin der Verhaltensforschung ausbilden, die sich nun speziell mit den genetischen Faktoren des Verhaltens beschäftigt, nämlich die *Verhaltensgenetik*. Sie „erforscht den Erbgang von Verhaltensweisen mit den Methoden der Genetik, um auf diese Weise Einblicke in das Zusammenwirken der das Verhalten beeinflussenden Erbfaktoren zu gewinnen" (IMMELMANN 1979, S. 18).

Für den Reifungsprozeß einer Wissenschaft ist die Ausbildung von speziellen Unterdisziplinen stets ebenso charakteristisch wie die Verbindung mit anderen Wissenschaftszweigen und deren Methoden. Es ist die Synthese der Disziplinen, die tiefe Einsichten fördert, die Synthese von Theorien, die einen größeren Erklärungsradius zuläßt.

In der klassischen Ethologie spielte, wie mehrfach betont wurde, stets der Gesamtorganismus eine wichtige Rolle, sie war also gewissermaßen phänomenologisch orientiert. Die Bedeutung der Vererbung war zwar stets klar, doch sind einschlägige Experimente eher neueren Datums. Die Verhaltensgenetik im engeren Sinne gilt daher auch erst in neuerer Zeit als wichtiger Schwerpunkt der Verhaltensforschung. Freilich baut auch die Verhaltensgenetik auf der älteren, fundamentalen Einsicht auf, daß die *genetische Ungleichheit* der Individuen einer Population die Voraussetzung für die Evolution – mithin auch die Evolution von Verhaltensweisen – darstellt. Experimentell von Bedeutung ist in diesem Zusammenhang die *künstliche Selektion*. „Durch selektives Weiterzüchten extremer Phänotypen ist es fast immer möglich, selektierte Stämme zu erhalten, die sich im Verhalten stark unterscheiden" (FRANCK 1985, S. 134). Natürlich sind dabei Tiere mit einer raschen Generationenfolge, wie etwa Mäuse und Ratten, die wichtigsten Versuchstiere, und der Verhaltensgenetiker findet seine Versuche sicher vor allem dann gut durchführbar und im Ergebnis ausdrucksstark, wenn er mit quantifizierbaren, meßbaren Verhaltensweisen operiert.

Dies sollte aber nicht darüber hinwegtäuschen, daß, wie die Stimmen der „alten Ethologen" stets mahnten, Verhalten eine Systemeigenschaft von Lebewesen ist und gleichsam Qualitäten beschreibt, die eben mit quantitativen Methoden nicht hinreichend erfaßt werden können. So wie also für die phänomenologisch ausgerichtete, auf das Erfassen von Ganzheit beschränkte Verhaltensforschung vieles im verborgenen bleiben muß, so erfaßt auch eine quantifizierende, mit Experimenten durch künstliche Selektion arbeitende Verhaltensgenetik nicht alles, was Verhalten eigentlich ausmacht. Also bleibt wieder die Synthese verschiedener Betrachtungsebenen wünschenswert. Man muß sich hierbei nochmals eine der wichtigsten Fragestellungen der Ethologie vor Augen führen: Wie kommt es, daß Verhalten „biologisch sinnvoll", also adaptiv ist, Anpassungsvorteile hat? Diese evolutionstheoretische Grundsatzfrage spielt auch für die Verhaltensgenetik eine Rolle. Den Untersuchungen an Labortieren haftet aber der Mangel an, daß sie nur bedingt auf die Situation in der freien Natur übertragbar sind. Dort aber spielen unterschiedliche Umweltfaktoren eine Rolle und verlangen dem Individuum verschiedene Verhaltensstrategien ab.

Es ist Aufgabe der *Verhaltensökologie,* die Beziehung zwischen Verhalten und Umweltfaktoren zu untersuchen. „Im Vordergrund steht die Frage nach dem ‚*Wozu?*' einer Verhaltensweise, d. h. nach ihrer ‚*biologischen Bedeutung*'" (FRANCK 1985, S. 147). Die Frage anders gestellt lautet: Inwiefern leistet Verhalten einen Beitrag zur Steigerung der genetischen Eignung eines Individuums? Die Beziehung zur Verhaltensgenetik ist dabei nicht zu übersehen, doch arbeiten Verhaltensökologen im wesentlichen als Freilandforscher. So betont WICKLER (1988, S. 326):

„[die] Frage nach dem Anpassungswert der Verhaltensweisen läßt sich ja nur in der Umgebung untersuchen, an die die jeweilige Verhaltensweise angepaßt erscheint. Und das ist (wenn wir von Haustieren einmal absehen) der natürliche Lebensraum der betreffenden Art, und zwar möglichst der vom Menschen unbeeinflußte Lebensraum, in dem sich mutmaßlich die Evolution des in Frage stehenden Verhaltens abgespielt hat."

WICKLER wurde nach der Emeritierung von LORENZ dessen Nachfolger im Max-Planck-Institut für Verhaltensphysiologie in Seewiesen und arbeitet seither in der Hauptsache an öko-ethologischen Projekten. Damit findet in der Ethologie einerseits eine Akzentverschiebung statt, andererseits erwuchs die Verhaltensökologie Forschungsansätzen, die bereits vor Jahrzehnten von TINBERGEN verfolgt worden waren. Die Verhaltensökologie befaßt sich schwerpunktmäßig auch mit sozialen Verhaltensweisen, womit die Verbindung zur Soziobiologie gegeben ist. WICKLERS Abteilung im Seewiesener Institut hat denn auch die „Öko-Soziologie" zum Schwerpunkt, und in seinen Arbeiten spielen soziobiologische Überlegungen eine wichtige Rolle (vgl. WICKLER und SEIBT 1981).

Obwohl, einem verbreiteten Trend in den Naturwissenschaften folgend, auch die Ethologie heute in weiten Bereichen eine Laboratoriumswissenschaft ist, kann die dabei angewandte Methodik die Beobachtung des Tieres in freier Wildbahn nicht ersetzen, die erst die ganze Vielfalt von Verhaltensweisen in enger Beziehung zu einer ebensolchen Vielfalt von Umweltfaktoren zum Vorschein bringt. Auch der Vergleich, der ja von Anfang an als methodischer Rahmen der Ethologie galt (vgl. Abschnitt 2.3), bleibt als wichtiges methodisches Rüstzeug erhalten.

4.4 Ethologie und Erkenntnistheorie

Die Erkenntnistheorie, jene altehrwürdige philosophische Disziplin, die sich mit den Bedingungen, der Tragweite und den Grenzen menschlichen Erkennens und Denkens befaßt, scheint mit der Ethologie oberflächlich betrachtet so gut wie nichts zu tun zu haben; so wie die Ethologie als biologische Disziplin grundsätzlich weit entfernt zu sein scheint von allen philosophischen Disziplinen und deren Problemen. Bei näherer Hinsicht aber muß man eine sogar recht innige Verbindung zwischen Ethologie und Erkenntnistheorie akzeptieren. Der Biologe, der gewohnt ist, auch komplexe psychische Phänomene als Leistungen spezifischer Organe zu beschreiben und zu erklären, wird problemlos anerkennen, daß auch menschliches Erkennen und Denken „nur" Funktionen bestimmter Organe (Gehirn, Zentralnervensystem) sind und mithin *Verhaltensphänomene* darstellen. In diesem Sinne haben schon alle diejenigen Autoren des 19. Jahrhunderts, die eine evolutionäre Psychologie entwickelt haben (vgl. Abschnitt 2.2), auch die Brücke von der Verhaltensforschung zur Erkenntnistheorie geschlagen und die heute unter dem Namen *evolutionäre Erkenntnistheorie* bekannte Theorie bzw. Disziplin ihrem Ansatz und Anspruch nach vorweggenommen. An dieser Stelle kann es nicht darum gehen, die evolutionäre Erkenntnistheorie und die inzwischen sehr umfangreichen Diskussionen darüber darzustellen. Nur sofern ein direkter Bezug zur Verhaltensforschung (Ethologie) vorliegt, sofern die Verhaltensforschung in ihrer historischen Entwicklung in erkenntnistheoretische Diskussionen „eingegriffen" hat, soll hier auch davon die Rede sein.

Im Jahre 1941 veröffentlichte KONRAD LORENZ, auf dem einstigen KANT-Lehrstuhl vom genius loci nicht unbeeinflußt, einen Aufsatz mit dem Titel „Kants Lehre vom Apriorischen im Lichte gegenwärtiger Biologie". Der Aufsatz fand damals kaum Beachtung, die Grauen des Zweiten Weltkriegs überschatteten erkenntnistheoretische Probleme. Heute gilt der Aufsatz als klassische Arbeit der evolutionären Erkenntnistheorie; er spiegelt auf repräsentative Weise erkenntnistheoretische Reflexionen eines Verhaltensforschers. „Ist die menschliche Vernunft", fragt LORENZ (1941, S. 95), „... nicht ganz ebenso wie das menschliche Gehirn etwas organisch, in dauernder Wechselwirkung mit den Gesetzen der umgebenden Natur Entstandenes?" Die Antwort liegt auf der Hand: Die menschliche Vernunft, alles Erkennen und Denken sind Resultate der (organischen) Evolution, Aspekte des (menschlichen) Lebens und als solche den Fragestellungen und Methoden der Biologie zugänglich. Was für KANT *a priori,* vor und unabhängig von aller Wahrnehmung, gegeben ist (Anschauungsformen, Kategorien), beruht nach LORENZ auf einem phylogenetischen Lernprogramm, ist gleichsam „ererbte Arbeitshypothese" und als solche jedem Individuum angeboren.

So wie in der klassischen Ethologie Verhaltensweisen im allgemeinen hinsichtlich ihrer adaptiven Bedeutung beschrieben und erklärt werden, so lassen sich nach LORENZ (1941, S. 99) auch Erkenntnisleistungen adaptationistisch erklären:

„Unsere vor jeder individuellen Erfahrung festliegenden Anschauungsformen und Kategorien passen aus ganz denselben Gründen auf die Außenwelt, aus denen der Huf des Pferdes schon vor seiner Geburt auf den Steppenboden, die Flosse des Fisches, schon ehe er dem Ei entschlüpft, ins Wasser paßt."

Demzufolge ließe sich sagen, daß der (menschliche) *Erkenntnisapparat* die Strukturen der Umgebung seines Trägers gewissermaßen abbildet, daß zwischen den Erkenntnisstrukturen und den Strukturen der „objektiven Außenwelt" eine *Korrespondenz* besteht. Zwar wurde gerade diese These und mit ihr eben die adaptationistische Version der evolutionären Erkenntnistheorie in neuerer Zeit wiederholt kritisiert, aber da es hier in erster Linie um die historische Verbindung zwischen Verhaltensforschung und Erkenntnistheorie geht, soll zu dieser Kritik und ihrer Berechtigung an dieser Stelle nichts gesagt werden (siehe aber z. B. WUKETITS 1990b). Es ist vielmehr charakteristisch, daß eine Ausweitung der Ethologie auf Fragen der Erkenntnistheorie unter Beibehaltung der theoretischen Prämissen der Ethologie erfolgte: daß das Anpassungsparadigma auf die Erklärung von Erkenntnisleistungen übertragen wurde. Ebenso wird man verstehen, daß beispielsweise PIAGET (1974b), der, wie wir gesehen haben (vgl. S. 45), Evolution als „aktiven Vorgang" deutete, die *konstruktiven* Komponenten im Erkenntnisprozeß betonte und kognitive Leistungen *nicht* als Anpassungsprodukte sah.

Die Ethologen, die den Menschen immer in ihr Lehr- und Theoriengebäude einbezogen haben, haben sich – man möchte sagen: naturgemäß – auch bemüht, die menschlichen Erkenntnisleistungen auf ein allgemein-biologisches Fundament zu stellen. Schon in seinem „russischen Manuskript" schrieb LORENZ (1992, S. 17):

„Die Kenntnis der alten, vormenschlichen Strukturen des menschlichen Verhaltens ist so unentbehrlich für das Verständnis aller auf ihnen sich aufbauenden höheren psychischen Leistungen, *so grundlegend* im allertiefsten Sinne des Wortes, daß derjenige ein erstes Stockwerk ohne Erdgeschoß baut, der ohne Kenntnis vormenschlicher Lebewesen ein Verständnis des Menschen anstrebt. *Der Weg zum Verständnis des Menschen führt genau ebenso über das Verständnis des Tieres, wie ohne allen Zweifel der Weg zur Entstehung des Menschen über das Tier geführt hat.*"

Als LORENZ in den frühen vierziger Jahren die Brücke von der Ethologie zur Erkenntnistheorie baute, war zwar die Ethologie selbst noch eine unausgegorene Disziplin, Ansätze zu einer evolutionären Erkenntnistheorie aber sind wesentlich älter. Sie wurzeln in der evolutionären Psychologie (vgl. Abschnitt 2.2) und sind mit den Werken von DARWIN, SPENCER und anderen eng verbunden. LORENZ selbst war historisch nicht gerade bestens orientiert – für einen Naturforscher keine Seltenheit –, so daß man sagen kann, daß er die evolutionäre Erkenntnistheorie unabhängig von älteren Ansätzen begründete. Das aber zeigt auch, daß er durchaus ein philosophischer Geist war. Denn immerhin ging es bei „seiner" evolutionären Erkenntnistheorie, wie bei älteren Entwürfen auch, um eine biologische, stammesgeschichtliche Relativierung der Kategorien KANTS und mithin um eine entscheidende Revision der Erkenntnistheorie überhaupt.

Sein 1973 erschienenes erkenntnistheoretisches Hauptwerk *Die Rückseite des Spiegels* ist für LORENZ daher nicht nur sein eigentlich wichtigstes Werk, sondern es reflektiert auch die erkenntnistheoretische Grundhaltung des Naturforschers überhaupt. Gegen jede idealistische Annahme, die vom Primat des Geistes ausgeht, ist für den Naturforscher der Geist ein Gehirnphänomen und mithin der naturwissenschaftlichen Behandlung grundsätzlich zugänglich. Und es ist nicht der menschliche Geist, der der Natur ihre Ordnung vorschreibt, sondern genau umgekehrt: Alle geistigen Phänomene sind ein Resultat der Evolution durch natürliche Auslese. Die menschlichen Erkenntnisleistungen sind daher, wie alle kognitiven Leistungen anderer Lebewesen, in Begriffen der Evolution und Selektion zu beschreiben. Sie haben, der Argumentation der Ethologen zufolge, arterhaltende Bedeutung wie andere Verhaltensphänomene auch.

Wie immer man nun die evolutionäre Erkenntnistheorie – und insbesondere ihre von den Ethologen vertretene adaptationistische Version – im einzelnen auch beurteilen mag, so scheint eines doch gewiß: daß nämlich ernsthafte erkenntnistheoretische Diskussionen an evolutionären Entwürfen heute nicht mehr vorbeigehen können und die Erkenntnistheoretiker ethologische Überlegungen ernst nehmen müssen.

In den letzten Jahren haben sich neue (Teil-)Disziplinen herausgebildet, die in diesem Zusammenhang von Interesse sind und von denen hier vor allem die *kognitive Ethologie* erwähnt werden muß. Diese Forschungsrichtung ist – methodisch der klassischen Ethologie ähnlich – in der Hauptsache als vergleichendes Studium mentaler Phänomene und Fähigkeiten der Tiere zu definieren, wobei von bestimmten Verhaltensweisen auf die Existenz solcher Phänomene und Fähigkeiten geschlossen wird (vgl. BEKOFF und JAMIESON 1990). Dabei ersetzen die „kognitiven Ethologen" keineswegs die *black box* der Behavioristen durch die heute in den Kognitionswissenschaften so modern gewordenen Computer, sondern gehen von der Überzeugung aus, daß Tieren subjektives Erleben eigen ist und sie über jeweils ganz spezifische mentale Zustände verfügen. Die Relevanz dieser Ansätze für eine „Philosophie des menschlichen Geistes" liegt auf der Hand und unterstreicht die Relevanz der Verhaltensforschung für die Philosophie insgesamt.

4.5 Ethologie und Ethik

Eine weitere wichtige Verbindung zwischen Ethologie und Philosophie ergibt sich in der Ethik oder Moralphilosophie, und zwar keineswegs nur des etymologisch gleichen Ursprungs dieser Wörter wegen. Es wurde bereits im Zusammenhang mit der Soziobiologie (vgl. Abschnitt 4.2) auf diese Verbindung hingewiesen. Was wir heute als moralisches Verhalten (beim Menschen) betrachten, kann im Grunde genommen als eine bloße Verfeinerung bzw. „Verlängerung" jenes stammesgeschichtlich alten Prinzips der Kooperation angesehen werden, welches maßgeblich das Leben von Organismen in Gruppen determiniert (vgl. WUKETITS 1993). Weder diese Aussage noch die moralphilosophisch relevanten älteren Aussagen von Evolutionstheoretikern und Verhaltensforschern werden von Philosophen unkritisch hingenommen. Auch hier geht es letztlich um die Verteidigung einer mächtigen idealistisch-philosophischen Tradition, in deren Rahmen Moral, Sittlichkeit um ihrer selbst willen anzustreben wäre. Aus evolutionstheoretischer Sicht jedoch hat sich alles, was wir heute als *moralisch* oder *unmoralisch* ansehen, allmählich entwickelt und dient in erster Linie dem Überleben. So wie die Verhaltensforschung einen entscheidenden Beitrag zu einer *Naturalisierung* des (menschlichen) Denkens und Erkennens leistet, so leistet sie analog dazu also auch einen wichtigen Beitrag zu einer *Naturalisierung* der Moral.

In diesem Zusammenhang ist nochmals auf das schon erwähnte, kontroverse Buch *Das sogenannte Böse* von LORENZ (1963) zu verweisen. Aber auch andere Verhaltensforscher (z. B. LEYHAUSEN 1974 und WICKLER 1991) haben explizit zu ethisch relevanten Fragen Stellung genommen, wobei die Antworten höchst unterschiedlich ausfallen. Wird einerseits die „Vorbildfunktion" der Natur für ethische Probleme strikt geleugnet, so gibt es andererseits die Tendenz, alles, was sich in der Natur abspielt, als „gut" zu bewerten. Es kann nicht Aufgabe dieses Buches sein, auf diese weitreichenden Probleme näher einzugehen. Nicht zu übersehen ist aber, daß in neuerer Zeit eine *evolutionäre Ethik* wesentlich von der Verhaltensforschung mitgetragen wird und vor allem von der Soziobiologie entscheidende Impulse erhielt (vgl. z. B. WILSON 1978a).

Nun muß hier ausdrücklich betont werden, daß Ethologen und Soziobiologen niemals behauptet haben, der Mensch soll genau das tun, was auch die Natur „tut", weil das im moralischen Sinne gut sei. Unseren anthropomorphen Neigungen zufolge tendieren wir dazu, Tiere gleichsam ethisch zu bewerten, doch wäre es dabei töricht, einem Tier moralisch gute oder böse Absichten zu unterstellen. Die Natur ist wertneutral, Tiere „handeln" weder moralisch noch unmoralisch. Obwohl dies von Ethologen und Soziobiologen gesehen und betont wird, leidet eine evolutionäre Ethik doch an vielen Mißverständnissen. Wohl, weil man sich daran gewöhnt hat, Werte und Normen, Moral insgesamt, in einem eher idealistischen Sinne zu bestimmen, anstatt einzusehen, daß Moral ein *Verhalten* beschreibt, welches von biologischen Faktoren eben nicht unabhängig ist.

Wir sprachen in Kapitel 2 davon, daß viele Verhaltensforscher durchaus gewillt sind, dem Menschen eine Sonderstellung im Reich der Lebewesen einzuräumen. Diese postulierte Sonderstellung wird dann durchaus auch mit dem Hinweis begründet, daß der Mensch eben sittlich handeln könne. So betonte schon DARWIN (1871 [1966, S. 121]), „daß von allen Unterschieden zwischen dem Menschen und den Tieren das moralische Gefühl oder das Gewissen der weitaus bedeutungsvollste sei". Andererseits aber sprach ROMANES (1885) von einer „unbestimmten Moralität", die er den Hunden und den Menschenaffen zuordnete. Der Vorstellung einer graduellen Evolution zufolge erscheint es freilich nicht abwegig, auch für die Entwicklung der Moralität anzunehmen, daß sie langsam entstanden und nicht erst beim Menschen abrupt aufgetreten sei. Das aber würde der Annahme einer Wertneutralität tierischen Verhaltens widersprechen, da zumindest einigen Tierarten dann eine Art Moral oder Unmoral zuzuschreiben wäre.

Es ist hier nicht der Ort, diese interessanten und wichtigen Fragen näher zu behandeln. Tatsache ist, daß für den Verhaltensforscher Moralverhalten durchaus biologische Funktionen hat und sich nur auf einem biologischen „Unterbau" entwickelt haben kann, also nicht vom Himmel fiel. Die Konsequenzen dieser Auffassung sind weittragend genug. Denn wenn Moralverhalten eine Folge des Lebens unserer stammesgeschichtlichen Vorfahren ist und sich unter den Bedingungen der Altsteinzeit ausgeprägt hat – was sehr wahrscheinlich ist! –, dann steckt konsequenterweise noch eine kräftige Portion „Steinzeitmoral" in uns. Verhaltensforschung wird so aber auch letztlich zur „Kulturkritik", und KONRAD LORENZ hat ja als „Kulturkritiker", als Warner und Mahner mehr als einmal seine Stimme erhoben. Die Einwände dagegen sind bekannt; eine Naturwissenschaft könne kulturelle Erscheinungen nicht beurteilen, von Tieren könne man nicht auf den Menschen schließen usw. Die Frage nach den Grenzen der Verhaltensforschung drängt sich also auf.

Ethologie ist nicht mit Ethik gleichzusetzen. Aber gleichzeitig, so will mir scheinen, ist eine Diskussion ethischer Fragen heute ohne Bezugnahme auf Ergebnisse der Verhaltensforschung nicht mehr sinnvoll. Denn die Frage „Was *soll* ich tun?", die Grundfrage der Ethik, ist nicht beantwortbar, wenn wir nicht Klarheit darüber gewinnen, was der Mensch kraft seines biologischen Potentials, innerhalb der (biologischen) Grenzen seiner Existenz, auch tun *kann*.

Glossar

AAM (angeborener auslösender Mechanismus): Mechanismus des Nervensystems, der angeborenermaßen dazu imstande ist, bestimmte Reize bzw. Reizkonstellationen als „Auslöser" wahrzunehmen und darauf entsprechend zu reagieren.

Adaptationismus: Auffassung, wonach sämtliche Organe, Funktionen und Verhaltensweisen eines Lebewesens als Anpassungserscheinungen *(Anpassung)* seiner Art zu erklären sind.

Aggression: Verhaltensweise, mit der ein Lebewesen ein oder mehrere andere Individuen der eigenen Art (intraspezifische A.) oder anderer Arten (interspezifische A.) dazu zwingt, sein (ihr) Verhalten zu ändern, z. B. die Flucht zu ergreifen, den Futterplatz zu verlassen usw.

Aggressivität: Bereitschaft zu aggressivem Verhalten; nach LORENZ handelt es sich dabei um einen angeborenen Trieb im Dienste der *Arterhaltung*.

Analogie: Ähnlichkeit. In der Biologie zunächst Ähnlichkeit von Organen, Funktionen oder Verhaltensweisen, die aufgrund ähnlicher Lebensumstände, unter einem ähnlichen Selektionsdruck *(Selektion)* entstanden ist. (Beispiel: Vogelflügel und Insektenflügel.) Des weiteren bedeutet der A.-Schluß die Übertragung von Strukturen oder Eigenschaften von Objekten (Lebewesen) auf andere Objekte (Lebewesen) oder andere Wirklichkeitsbereiche.

Anpassung: Vorgang, der Organe, Funktionen oder Verhaltensweisen im Sinne einer besseren Eignung zum Leben in einer bestimmten Umgebung ändert. Das *Paradigma* der Anpassung führt im Extremfall dazu, daß jede Lebenserscheinung ausschließlich als Anpassungsprodukt gedeutet wird (→ *Adaptationismus*).

Anthropomorphismus: Vermenschlichung; Übertragung von menschlichen Eigenschaften auf Tiere.

Arteigene Triebhandlung: Von HEINROTH verwendete Bezeichnung für Instinkthandlung (→ *Instinkt*).

Arterhaltung: Im Zentrum der klassischen *Ethologie* steht die Überzeugung, daß alle Verhaltensweisen eines Lebewesens der Erhaltung seiner Art dienen. Demzufolge ist A. gleichsam das unmittelbare Ziel der *Evolution*.

Attrappenversuche: Versuche mit künstlichen Reizmustern. A. können zeigen, welche Reize bzw. Merkmale für die Auslösung und Steuerung bestimmter Verhaltensweisen als Schlüsselreize dienen (vgl. Abb. 19).

Balzverhalten: Verhalten, welches der sexuellen Stimulation und dem Abbau von Abwehrreaktionen beim Partner dient.

Behaviorismus: Richtung der *Verhaltensforschung,* deren Vertreter Lebewesen als ausschließlich durch die Umwelt beeinflußt bzw. determiniert betrachten. Demnach ist jedes Lebewesen bei seiner Geburt ein leerer Kasten, der erst durch (individuelles) Lernen sozusagen mit Inhalt gefüllt wird. Der B. steht im Gegensatz zur *Ethologie,* da seine Anhänger angeborene Verhaltensweisen leugnen (→ *Lernen, Milieutheorie, Reflexologie*).

Brutpflege: Gesamtheit der Verhaltensweisen, die der Pflege, dem Schutz und der Versorgung von Nachkommen dienen. Aus ethologischer Perspektive sind diese Verhaltensweisen als Mechanismen der *Arterhaltung* zu erklären.

Deduktion: Schluß von einem allgemeinen Prinzip (einem Gesetz, einer Theorie) auf einen speziellen Fall; Gegensatz zu *Induktion.*

Dualismus: Gesamtheit jener (philosophischen) Richtungen, die psychische, seelische Vorgänge bzw. mentale (geistige) Phänomene als abgehoben von physischen, körperlichen Prozessen annehmen, als gegenüber dem Körperlichen eigenständigen Bereich.

Empirismus: Erkenntnistheoretische Richtung, deren Vertreter behaupten, daß Erkenntnis ausschließlich durch Erfahrung, durch sinnliche Wahrnehmung zustande kommt. Im weiteren bedeutet der E. auch die Überzeugung, daß wissenschaftliche Erkenntnisse nur auf der Basis konkreter Erfahrung, z. B. mit Hilfe von Experimenten, gewonnen werden können.

Entwicklungspsychologie: Jene Disziplin der *Psychologie,* die sich mit der psychischen Entwicklung im Kindheits- und Jugendalter beschäftigt.

Erbkoordination: Einer der Schlüsselbegriffe der *Ethologie*; meint die Instinktbewegung (→ *Instinkt*), d. h. eine relativ starre angeborene Sequenz von Bewegungen, die ein Lebewesen ausführt, um bestimmte Ziele zu erreichen (z. B. ein Ei ins Nest zu befördern).

Ethik: „Sittenlehre"; als praktische Philosophie die Lehre vom moralisch richtigen Handeln, auch die Reflexion darüber, was mit Begriffen wie „gut" und „böse" gemeint ist. Die E. wurde von einigen Konzepten der *Ethologie* (→ *Aggression*) und in neuerer Zeit von der *Soziobiologie* beeinflußt, was zu weitreichenden Kontroversen geführt hat.

Ethogramm: Verhaltenskatalog; die Erstellung von E.en verschiedener Tierarten ist eine grundlegende Aufgabe der *Ethologie,* die zunächst die einzelnen Verhaltensweisen der beobachteten Tiere zu beschreiben und systematisch zu erfassen hat (beschreibende → *Ethologie*).

Ethologie: Verhaltensforschung im engeren Sinne; sucht herauszufinden, was ein bestimmtes Verhalten verursacht, wie sich ein Verhalten in der Stammesgeschichte herausgebildet hat und in welcher Weise es zur → *Arterhaltung* beiträgt. Die E. beruht auf der → *Evolutionstheorie* DARWINS, wichtig sind daher die Konzepte der *Anpassung* und *Selektion.* Im Gegensatz zum *Behaviorismus* geht die E. von angeborenen Verhaltensweisen bzw. -dispositionen aus und versucht, diese stammesgeschichtlich zu begründen.

Evolution: Allgemein „Entwicklung"; in der Biologie Veränderung der Organismenarten durch natürliche Mechanismen, vor allem *Selektion.*

Evolutionäre Erkenntnistheorie: Theorie der evolutiven, stammesgeschichtlichen Grundlagen des (menschlichen) Erkennens und Denkens, wonach aber allen Organismen kognitive Leistungen zukommen und Leben insgesamt als Prozeß des

Glossar

Erkenntnisgewinns (LORENZ) beschrieben werden kann. Eine der historischen Wurzeln der e. E. ist die *Ethologie*.

Evolutionäre Ethik: Im allgemeinen der Versuch, (menschliches) Moralverhalten aus der *Evolution* abzuleiten, seine Wurzeln biologisch zu beschreiben und zu erklären.

Evolutionäre Psychologie: Im allgemeinen jede Theorie, die psychische Leistungen (einschließlich komplexer mentaler Phänomene beim Menschen) auf der Grundlage der *Evolutionstheorie* zu erklären sucht.

Evolutionstheorie: Jede (biologische) Theorie, die sich insbesondere um eine kausale Erklärung des stammesgeschichtlichen Wandels der Organismen bemüht (z. B. DARWINS Selektionstheorie, → *Selektion*).

Funktionskreis: Nach UEXKÜLL die Beziehung zwischen einem Lebewesen und seiner Wahrnehmung der Umwelt sowie der Reaktion des Lebewesens auf seine spezifische Umwelt.

Gestaltpsychologie: Bezeichnung für verschiedene psychologische Richtungen, deren Hauptaugenmerk auf dem Erfassen von Gestalten und Ganzheiten liegt und die jede mechanistische Betrachtung psychischer Äußerungen bei Lebewesen (→ *Mechanismus*) ablehnen.

Gestaltqualitäten: Von EHRENFELS eingeführte Bezeichnung für die Qualitäten der Wahrnehmung, des Fühlens und Handelns, die demnach strukturierte Sachverhalte darstellen und sich nicht aus ihren Einzelelementen heraus erklären lassen.

Gestaltwahrnehmung: Fähigkeit der Lebewesen, aus der Fülle der Einzelmerkmale eines Objektes dessen essentielle Merkmale zu abstrahieren. Die G. ist gleichsam als Prinzip der Ökonomisierung der Wahrnehmung zu verstehen; sie erlaubt es einem Lebewesen, Objekte unabhängig von ihrer Lage und sonstigen variablen Merkmalen schnell zu erkennen.

Homologie: Bezeichnung für ursprungsgleiche Organe, Funktionen und Verhaltensweisen. Bei der H. liegen die gleichen stammesgeschichtlichen Wurzeln vor, auch wenn sich die betreffenden Organe, Funktionen und Verhaltensweisen ihrem „Aussehen" nach stark voneinander entfernt haben (z. B. die Extremitäten der Wirbeltiere).

Humanethologie: Zweig der *Ethologie*, der sich mit menschlichem Verhalten beschäftigt und die von der Ethologie ergründeten allgemeinen Ursachen und Mechanismen des Verhaltens auf die Erklärung des menschlichen Verhaltens anwendet. Aus dem „Kulturenvergleich" suchen die Humanethologen das allem menschlichen Verhalten Gemeinsame zu ermitteln.

Hypothetiko-deduktive Methode: Die z. B. von DARWIN angewandte Vorgangsweise, mit dem Erstellen einer Hypothese zu beginnen und dann diese durch Beobachtungen und Experimente zu prüfen.

Individualpsychologie: Bei WUNDT steht die I. als Studium psychischer Erscheinungen des Individuums der *Völkerpsychologie* gegenüber.

Induktion: Im Gegensatz zur *Deduktion* der Schluß von einzelnen Fällen auf ein allgemeines Gesetz, eine umfassende Theorie.

Instinkt: Ein heute nicht unproblematischer Grundbegriff in der Geschichte der *Ethologie*. Die Annahme von I.en ist im wesentlichen gleichbedeutend mit der

Annahme eines „angeborenen Programms", das jedem Lebewesen eine zweckdientliche Verhaltensreaktion auf unterschiedliche Umweltreize erlaubt (z. B. Flucht). Die verschiedenen Definitionen des I.-Begriffes haben in der *Verhaltensforschung* zu einem Schulenstreit geführt, der die Geschichte dieser Disziplin maßgeblich beeinflußt hat.

Instinktbewegung: → *Erbkoordination.*

Irreversibilität: Allgemein „Nichtumkehrbarkeit"; in der *Ethologie* die Nichtumkehrbarkeit bestimmter Lernvorgänge (→ *Prägung*).

Kaspar-Hauser-Versuch: Versuch, in dem ein Lebewesen frei von äußeren Einflüssen gehalten wird, um sein angeborenes Verhalten herauszuarbeiten; Aufzucht unter Erfahrungsentzug.

Kindchenschema: Als „herzig" empfundene Proportionen, besonders von Kindern und Jungtieren, die den Brutpflegetrieb (→ *Brutpflege*) auslösen (vgl. Abb. 20).

Kinderethologie: Neuerer Zweig der *Ethologie* bzw. *Humanethologie,* der die Prinzipien des Verhaltens von Kindern untersucht.

Konditionierung: Lernvorgang, in dem in der Verhaltenssteuerung eine neue Verknüpfung zwischen einem Reiz und einem Verhalten geschaffen wird. Bei der klassischen K. wird ein bedingter Reiz mit einer bestehenden Handlung verknüpft (PAWLOWS Hund); die operante K. bedeutet die Veränderung bedingter Aktionen (z. B. Drücken eines Hebels, um Futter zu erhalten).

Lernen: Einer der Schlüsselbegriffe der *Psychologie*. L. bedeutet eine Veränderung des Verhaltens bzw. der Verhaltenssteuerung aufgrund individueller Erfahrung und besteht in der selektiven Aufnahme von Information. Der Steit um die Bedeutung von L. im Gegensatz zu angeborenem Verhalten zählt zu den klassischen Kontroversen der *Verhaltensforschung.*

Materialismus: Im allgemeinen jede philosophische Richtung, die von der Materie als Grundkategorie der Welt ausgeht und alle spirituellen „Kräfte" aus der Erklärung des Weltgeschehens oder bestimmter seiner Aspekte ausschließt.

Mechanismus: In der Biologie bzw. Biophilosophie im Gegensatz zum *Vitalismus* stehende Richtung, deren Vertreter davon überzeugt sind, daß alle Lebenserscheinungen mechanisch erklärbar, auf mechanische (physikalische) Prinzipien zurückführbar sind.

Milieutheorie: Theorie, wonach ausschließlich das Milieu, die Umwelt für die Entwicklung eines Lebewesens und seines Verhaltens ausschlaggebend ist (→ *Behaviorismus*).

Naturgeschichte: In der Geschichte der Wissenschaften vom Leben jener Abschnitt, der – bis ins 19. Jahrhundert – in der Hauptsache durch die Methode der Beschreibung zu charakterisieren ist (was nicht bedeutet, daß in diesem langen Zeitraum keine Erklärungen für einzelne Lebenserscheinungen zu geben versucht wurden).

Natürliches System: System der Organismen aufgrund ihrer natürlichen, stammesgeschichtlichen Beziehungen zueinander.

Neuroethologie: Neuere Disziplin der *Ethologie,* die die nervösen Grundlagen des Verhaltens untersucht.

Ökologie: Lehre von den Wechselwirkungen zwischen Organismen und ihrer Umwelt. Historisch, in ihren Ursprüngen ist die *Ethologie* mit der Ö. eng verknüpft.

Paläopsychologie: Ein nicht sehr deutlich definiertes Gebiet der Untersuchung bzw. Rekonstruktion psychischer bzw. mentaler Eigenschaften des prähistorischen Menschen und anderer prähistorischer Lebewesen.

Paradigma: Eine zu einer bestimmten Zeit eine bestimmte Disziplin leitende Idee (Theorie).

Populationsbiologie: Studium der Struktur und Dynamik von Populationen, d. h. Gruppen von Individuen einer Art, die untereinander kreuzbar sind. Die P. liefert wichtige Grundlagen für das Studium der *Evolution.*

Positivismus: Philosophische bzw. erkenntnistheoretische Grundüberzeugung, wonach nur durch die Erfahrung (empirisch) gewonnene Tatsachen Bedeutung haben. Der P. versuchte spekulativen Tendenzen in Philosophie und Naturwissenschaften entgegenzuwirken.

Pragmatismus: Philosophische Richtung, deren Vertreter im Handeln des Menschen sein Wesen ausgedrückt finden und auch das Denken auf das Handeln ausrichten bzw. nach seiner Relevanz für das Handeln bewerten.

Prägung: Von LORENZ entdecktes und beschriebenes Phänomen, das Lernvorgänge in einer begrenzten sensiblen Phase umfaßt, deren Ergebnis relativ unwiderruflich ist (→ *Irreversibilität*).

Protopsychologie: Studium psychischer Erscheinungen bei „niederen" Tieren.

Psychoanalyse: Wörtlich „Zergliederung der Seele"; Theorie des menschlichen Seelenlebens und Behandlungsmethode, die das Unbewußte mit seinen Motivationen und Trieben hervorkehrt. Die P. ist eng mit dem Werk von SIGMUND FREUD verbunden.

Psychologie: „Seelenlehre"; Disziplin, die sich mit sämtlichen psychischen und mentalen Phänomenen beim Menschen, im weiteren auch bei Tieren (→ *Tierpsychologie*) befaßt und deren Ursachen und Mechanismen zu ergründen sucht. Aus der Philosophie entstanden, ist die P. heute maßgeblich von naturwissenschaftlichen Forschungsansätzen und Methoden beeinflußt.

Psychophysik: Studium der gesetzmäßigen (physikalisch erfaßbaren, quantifizierbaren) Beziehungen zwischen dem psychischen Erleben und der Außenwelt.

Rationalismus: Erkenntnistheoretische Richtung, deren Vertreter im Gegensatz zum *Empirismus* die Vernunft als Quelle der Erkenntnis ansehen.

Reafferenzprinzip: Regelvorgang im Nervensystem zur Kontrolle bzw. Rückmeldung eines Reizerfolgs.

Reduktion: Das Zurückführen eines Ganzen auf seine Teile; Analyse.

Reflex: Einfachste Form einer Reiz-Reaktions-Beziehung, die durch Lernen gezielt hergestellt werden kann (bedingter R.). Als angeborener R. gilt z. B. der Klammer-R. bei Primatenjungen.

Reflexologie: Die im wesentlichen auf PAWLOW zurückgehende Lehre, deren Anhänger davon ausgehen, daß jeder Lernvorgang als Verbindung vieler *Reflexe* zu beschreiben sei. Gilt heute jedoch als weitgehend überholt.

Relative Koordination: Beziehung zwischen einem unabhängigen und einem abhängigen selbsttätigen Zentrum im Nervensystem, wobei der unabhängige den abhängigen Rhythmus beeinflußt.

Ritualisierung: Verhaltensweisen im Bereich des sozialen Kontakts. Die R. entspringt der stammesgeschichtlichen Veränderung von Verhaltensweisen im Sinne eines Funktionswechsels. Aktionen werden dabei formstarrer, der Verhaltensablauf wird häufig vereinfacht. Ein Beispiel sind Paarungsrituale.

Selektion: Natürliche Auslese. In der Theorie DARWINS und den darauf aufgebauten *Evolutionstheorien* wichtigster Faktor bzw. Mechanismus evolutiven Wandels. Im Wettbewerb ums Dasein „bevorzugt" die S. bestimmte Varianten und eliminiert andere.

Sozialdarwinismus: Fälschlich DARWINS Namen und Theorie strapazierende Ideologie, die das Prinzip der *Selektion* im normativen Sinne auf den Menschen anwendet.

Soziobiologie: Disziplin, die das Sozialverhalten der Organismen studiert und auf evolutionstheoretischer und genetischer Basis zu erklären sucht. Im Gegensatz zur klassischen *Ethologie* mit ihrem Konzept der *Arterhaltung* unterstreicht die S. die Bedeutung des Individuums und der Gruppe.

Soziomorph: Modelle der Beschreibung und Erklärung der Natur, insbesondere des Sozialverhaltens der Tiere, sind soziomorph, wenn sie menschliche Gesellschaften und Gesellschaftsstrukturen als Ausgangspunkt nehmen (→ *Analogie, Anthropomorphismus*).

Spieltheorie: Disziplin, die Verhaltensweisen unter dem Aspekt des Spiels betrachtet und herauszufinden sucht, unter welchen Umständen Strategien entwickelt werden, die optimale Lösungen (beispielsweise in Konfliktsituationen) erlauben. Vor allem in der modernen *Soziobiologie* ist die S. wichtig.

S-R psychology: Stimulus-response psychology; im wesentlichen gleichbedeutend mit der *Reflexologie*.

Teleologie: Lehre von den Zwecken, der Zweckmäßigkeit; auch Vorstellung einer zweckgerichteten Weltordnung.

Teleonomie: Biologische Zweckmäßigkeit. Teleonom sind Strukturen, Funktionen und Verhaltensweisen, die der Selbsterhaltung eines Organismus dienen, aber nicht teleologisch zu erklären sind, sondern als Resultate der Evolution durch *Selektion*.

Tierpsychologie: Ältere Bezeichnung für *Ethologie*. Bringt die Überzeugung zum Ausdruck, daß auch Tieren psychische Eigenschaften zukommen, die ähnlich den entsprechenden menschlichen Eigenschaften zu beschreiben und zu erklären sind.

Tiersoziologie: Lehre von den Strukturen und Mechanismen des Gruppenlebens bei Tieren. An ihre Stelle tritt heute mehr und mehr die *Soziobiologie*.

Tötungshemmung: Mechanismus, der etwa im Zweikampf (bei Rivalitätskämpfen um einen Geschlechtspartner beispielsweise) das Töten des unterlegenen Artgenossen verhindert.

Triebstaumodell: LORENZ' Modell der *Aggression,* wonach die angestaute Aggression regelmäßig zur Befriedigung drängt.

Vererbungstheorie: Allgemein jede Theorie, die im Gegensatz zur Umwelttheorie (→ *Behaviorismus*) Verhalten als genetisch determiniert betrachtet.

Verhaltensforschung: Studium des Verhaltens der Lebewesen einschließlich des Menschen. Die V. ist keine homogene Disziplin, sondern umfaßt vielmehr verschiedene Teildisziplinen, die durch unterschiedliche theoretische Vorgaben gekennzeichnet sind. *Ethologie* und V. sind daher nur zum Teil identisch.

Verhaltensgenetik: Teilgebiet der *Ethologie,* das sich mit genetischen Mechanismen des Verhaltens befaßt.

Verhaltensökologie: Teilgebiet der *Ethologie,* das die Beziehungen zwischen Verhalten und ökologischen Faktoren der Organismen untersucht.

Verhaltensphysiologie: Studium der physiologischen Grundlagen des Verhaltens.

Vitalismus: Auffassung, wonach die Lebenserscheinungen auf spezifische, nicht mechanistisch (physikalisch) erklärbare Faktoren zurückzuführen sind (→ *Mechanismus*).

Völkerpsychologie: Vor allem bei WUNDT der *Individualpsychologie* entgegengestellte *Psychologie* von größeren sozialen Gruppierungen (Völkern), die über die am Individuum beobachtbaren psychischen Erscheinungen hinausgehen bzw. ihre eigenen Gesetzlichkeiten zeigen.

Zweckpsychologie: Eine im wesentlichen dem *Vitalismus* zuzuordnende Richtung, die Verhalten hinsichtlich seiner Zwecke interpretiert. Eine wichtige Rolle spielt dabei der Begriff des *Instinkts.*

Bibliographie

Allen, G. E.: Life Science in the Twentieth Century, Cambridge–London 1978.
Alverdes, F.: Tiersoziologie, Leipzig 1925.
–: Die Totalität des Lebendigen, Leipzig 1935.
–: Die Wirksamkeit von Archetypen in den Instinkthandlungen der Tiere, in: Zool. Anz. 119 (1937), 225–236.
–: Zur Psychologie der niederen Tiere, in: Z. f. Tierpsychologie 2 (1939), 258–264.
–: Ganzheit und Summe in Physiologie und Tierpsychologie, in: Zool. Anz. 136 (1941), 113–128.
Antonius, O.: Über die Schlangenfurcht der Affen, in: Z. f. Tierpsychologie 2 (1939), 293–296.
Aschoff, J.: Tages- und Jahresuhren zur Orientierung in Raum und Zeit, in: Nova Acta Leopoldina (Neue Folge) 57 (1984), 9–47.
Asratjan, E. A.: Iwan Petrowitsch Pawlow, Leipzig 1978.
Baerends, G. P.: Die ethologische Analyse komplexen Verhaltens, in: Umschau i. Wiss. u. Technik 73 (1973), 265–269.
–: The Functional Organization of Behaviour, in: Anim. Behav. 24 (1976), 726–738.
Baily, G.: Vom Ursprung und von den Grenzen der Freiheit. Eine Deutung des Spiels bei Tier und Mensch, Basel 1945.
Barnett, S. A.: 'Instinct' and 'Intelligence'. The Behaviour of Animals and Man, Harmondsworth 1970.
Barthelmess, A.: Vögel – lebendige Umwelt. Probleme von Vogelschutz und Humanökologie geschichtlich dargestellt und dokumentiert, Freiburg–München 1981.
Beer, C. G.: Homology, Analogy, and Ethology, in: Hum. Dev. 27 (1984), 297–308.
Bekoff, M., und D. Jamieson: Cognitive Ethology and Applied Philosophy: The Significance of An Evolutionary Biology of Mind, in: Trends Ethol. Evol. 5 (1990), 156–159.
Bertalanffy, L. v.: Symbolismus und Anthropogenese, in: B. Rensch (Hrsg.), Handgebrauch und Verständigung bei Affen und Frühmenschen, Bern–Stuttgart 1968, 131–143.
Best, J. B.: Protopsychology, in: Sci. Amer. Februar 1963 (Reprint Nr. 149), 1–11.
–: The Evolution and Organization of Sentient Biological Behavior Systems, in: A. D. Breck, W. Yourgrau (Hrsg.), Biology, History, and Natural Philosophy, New York 1972, 37–78.
Bierens de Haan, J. A.: Über den Begriff des Instinktes in der Tierpsychologie, in: Folia Biotheor. (Series B) 2 (1937), 1–16.
Bilz, R.: Wie frei ist der Mensch? Paläoanthropologie, Bd. 1, Frankfurt/M. 1973.

Bibliographie

Bilz, R.: Studien über Angst und Schmerz, Paläoanthropologie, Bd. 1/2, Frankfurt/M. 1974.

Bischof, N.: Das Rätsel Ödipus. Die biologischen Wurzeln des Urkonflikts von Intimität und Autonomie, München–Zürich 1985.

–: „Gescheiter als alle Laffen". Ein Psychogramm von Konrad Lorenz, München–Zürich 1993.

Bischoff, T. L.: Ueber die Verschiedenheit in der Schädelbildung des Gorilla, Chimpansé und Orang-Outang, vorzüglich nach Geschlecht und Alter, nebst einer Bemerkung über die Darwinsche Theorie, München 1867.

Blanchard, R. J.: The Impact of the Lorenzian Tradition on Psychology: An Ethoexperimental Approach to the Study of Emotion, in: Evol. Cogn. 1 (1991), 43–55.

Boas, F.: The Mind of Primitive Man, New York 1911.

Bock, W. J.: The Homology Concept: Its Philosophical Foundation and Practical Methodology, in: Zool. Beitr. N. F. 32 (1989), 327–353.

Bölsche, W.: Das Liebesleben in der Natur, 3 Bde., Jena 1915, 1916.

Brehm, A. E.: Brehms Tierleben, hrsg. von A. Meyer, 18 Bde., Wien 1926ff.

Brunner-Traut, E.: Altägyptische Tiergeschichte und Fabel. Gestalt und Strahlkraft, Darmstadt 1984.

Bunge, M., und R. Ardila: Philosophy of Psychology, New York–Berlin–Heidelberg 1987.

Burkhardt, R. W.: The Development of an Evolutionary Ethology, in: D. S. Bendall (Hrsg.), Evolution from Molecules to Men, Cambridge–London–New York 1983, 429–444.

Buytendijk, F. J. J.: Wege zum Verständnis der Tiere, Zürich–Leipzig 1932.

–: Mensch und Tier. Ein Beitrag zur vergleichenden Psychologie, Hamburg 1958.

Caplan, A. L. (Hrsg.): The Sociobiology Debate. Readings on the Ethical and Scientific Issues Concerning Sociobiology, New York–San Francisco–London 1978.

Claus, C.: Lehrbuch der Zoologie, Marburg–Leipzig 1885.

Cullen, J. M.: Reduction of Ambiguity through Ritualization, in: Philos. Transactions Royal Soc. London (B) 251 (1966), 363–374.

Dale, A.: An Introduction to Social Biology, London 1946.

Darwin, Ch.: On the Origins of Species by Means of Natural Selection, London 1859. (Dt. nach der Übersetzung von J. V. Carus, Darmstadt 1988.)

–: The Descent of Man, London 1871. (Dt. nach der Übersetzung von H. Schmidt, Stuttgart 1966.)

–: The Expression of the Emotions in Man and Animals, London 1872. (Dt. nach der Übersetzung von J. V. Carus, Nördlingen 1986.)

–: Die Abstammung des Menschen und die geschlechtliche Zuchtwahl, hrsg. von G. Gärtner, Halle 1886.

–: The Collected Papers of Charles Darwin, hrsg. von P. H. Barrett, Chicago–London 1977.

Dawkins, R.: The Selfish Gene, New York 1976.

–: The Extended Phenotype, Oxford–New York 1983.

Dingler, H.: Von der Tierseele zur Menschenseele, Leipzig 1941.

Drever, J.: What is Psychology?, in: Psychology. The Study of Man's Mind, London 1949, 7-24.

Eibl-Eibesfeldt, I.: Darwin und die Ethologie, in: G. Heberer, F. Schwanitz (Hrsg.), Hundert Jahre Evolutionsforschung. Das wissenschaftliche Vermächtnis Charles Darwins, Stuttgart 1960, 355-367.

–: Der vorprogrammierte Mensch. Das Ererbte als bestimmender Faktor im menschlichen Verhalten, München 1976a.

–: Menschenforschung auf neuen Wegen. Die naturwissenschaftliche Betrachtung kultureller Verhaltensweisen, Wien-München 1976b.

–: Grundriß der vergleichenden Verhaltensforschung. Ethologie, München-Zürich 1978.

–: Die Biologie des menschlichen Verhaltens. Grundriß der Humanethologie, München-Zürich 1984.

–: Und grün des Lebens goldner Baum. Erfahrungen eines Verhaltensforschers, München 1994.

Fabre, J.-H.: Wunder des Lebendigen. Aus der vielfältigen Welt der Insekten, hrsg. von M. Lindauer, J. M. Franz, Zürich-München 1989.

Fellmann, F.: Wissenschaft als Beschreibung, in: Archiv f. Begriffsgesch. 18 (1974), 227-261.

Findeisen, H.: Das Tier als Gott, Dämon und Ahne, Stuttgart 1956.

Fischel, W.: Kleine Tierseelenkunde, Bern 1954.

–: Können Tiere denken?, Leipzig-Jena-Berlin 1974.

Floericke, K.: Tiervater Brehm. Seine Forschungsreisen, ein Gedenkblatt zum 100. Geburtstag, Stuttgart 1929.

Francé, R. H.: Bios. Die Gesetze der Welt, Stuttgart 1944.

Franck, D.: Verhaltensbiologie. Einführung in die Ethologie, München-Stuttgart-New York 2. Aufl. 1985.

Freeman, D.: Liebe ohne Aggression. Margaret Meads Legende von der Friedfertigkeit der Naturvölker, München 1983.

Freud, S.: Abriß der Psychoanalyse (1938), Frankfurt/M. 1953.

Fromm, E.: Anatomie der menschlichen Destruktivität, Reinbek 1977.

Garcia, J.: Lorenz's Impact on the Psychology of Learning, in: Evol. Cogn. 1 (1991), 31-41.

Gehlen, A.: Anthropologische Forschung. Zur Selbstbegegnung und Selbstentdeckung des Menschen, Reinbek 1961.

–: Der Mensch. Seine Natur und seine Stellung in der Welt, Frankfurt/M. 9. Aufl. 1971.

Ghiselin, M. T.: The Triumph of the Darwinian Method, Berkeley-Los Angeles-London 1969.

Goldschmidt, W.: On the Relationship Between Biology and Anthropology, in: MAN 28 (1993), 341-359.

Grabowski, U.: Experimentelle Untersuchungen über das angebliche Lernvermögen von *Paramaecium,* in: Z. f. Tierpsychologie 2 (1939), 265-282.

Grammer, K.: Biologische Grundlagen des Sozialverhaltens. Verhaltensforschung in Kindergruppen, Darmstadt 1988.

Hartmann, M.: Allgemeine Biologie, Jena 1933.
–: Einführung in die allgemeine Biologie und ihre philosophischen Grund- und Grenzfragen, Berlin 1965.
Hassenstein, B.: Das spezifisch Menschliche nach den Resultaten der Verhaltensforschung, in: H.-G. Gadamer, P. Vogler (Hrsg.), Neue Anthropologie, Band 2, Stuttgart–München 1972, 60–97.
–: Wesensverschiedene Formen menschlicher Aggressivität in der Sicht der Verhaltensforschung, in: Universitas 28 (1973), 287–295.
–: Erich von Holst (1908–1962), in: Die Psychologie des 20. Jahrhunderts, Bd. 6, Zürich 1976, 103–110.
–: Verhaltensentwicklung des Kindes in der Sicht der Verhaltensbiologie und der Psychoanalyse – ein Vergleich, in: Freiburger Vorlesungen zur Biologie des Menschen, Heidelberg 1979, 165–183.
–: Prägung und Lernen. Beiträge von Konrad Lorenz zur Erforschung des Lernens, in: F. Kreuzer (Hrsg.): Nichts ist schon dagewesen. Konrad Lorenz, seine Lehre und ihre Folgen, München–Zürich 1984, 36–48.
–: Verhaltensbiologie des Kindes, München–Zürich 4. Aufl. 1987.
–: Konrad Lorenz 1903–1989. Wissenschaftliches Werk und Persönlichkeit, in: Sitzungsber. d. Ges. Naturforsch. Freunde Berlin (N. F.) 29/30 (1990), 63–87.
Hays, H. R.: Birds, Beasts, and Men. A Humanist History of Zoology, Baltimore 1973.
Heinroth, K.: Das Kindchenschema bei Mensch und Tier, in: Zool. Garten N. F. 56 (1986), 289–298.
Herre, W., und M. Röhrs: Haustiere – Zoologisch gesehen, Stuttgart–New York 2. Aufl. 1990.
Hertwig, O.: Allgemeine Biologie, Jena 4. Aufl. 1912.
Heschl, A.: Behaviour and the Concept of "Heritability". Axioms of an Ethological Refutation, in: Acta Biotheor. 40 (1992), 23–30.
Hess, E. H.: Imprinting in Birds, in: Science 146 (1964), 1128–1139.
Hinde, R. A.: Das Verhalten der Tiere, 2 Bde., Frankfurt/M. 1973.
–: Konrad Lorenz's Views on Human Behavior, in: Evol. Cogn. 1 (1991), 57–70.
Hofstätter, P. R.: Psychologie, Das Fischer Lexikon, Bd. 6, Frankfurt/M. 1957.
Holst, E. v.: Zentralnervensystem, in: Fortschritte d. Zool. N. F. 6 (1942), 161–177.
–: Physiologie des Verhaltens. Zur Gründung des Max-Planck-Instituts für Verhaltensphysiologie, in: Mitteilungen d. Max-Planck-Ges. 5 (1954), 270–275.
–, und H. Mittelstaedt: Das Reafferenzprinzip. Wechselwirkungen zwischen Zentralnervensystem und Peripherie, in: Naturwiss. 37 (1950), 464–476.
Hooff, J. A. R. A. M. van: A Comparative Approach to the Phylogeny of Laughter and Smiling, in: R. A. Hinde (hrsg.), Non-Verbal Communication, Cambridge–London–New York 1972, 209–241.
Hull, D. L.: Science as a Process. An Evolutionary Account of the Social and Conceptual Development of Science, Chicago–London 1988.
Hume, D.: Eine Untersuchung in Betreff des menschlichen Verstandes, hrsg. von J. H. v. Kirchmann, Heidelberg 1888.

Huxley, J.: The British Contribution to Our Knowledge of the Living Bird, in: IBIS 101 (1959), 103–106.
Huxley, T. H.: On the Origin of Species, London 1863.
Illies, J.: Anthropologie des Tieres. Entwurf einer anderen Zoologie, München 1977.
Immelmann, K.: Das Phänomen der Prägung, in: Biol. i. unserer Zeit 1 (1971), 35–42.
–: Einführung in die Verhaltensforschung, Berlin–Hamburg 2. Aufl. 1979.
Jaensch, E. R.: Der Hühnerhof als Forschungs- und Aufklärungsmittel in menschlichen Rassefragen, in: Z. f. Tierpsychologie 2 (1939), 223–258.
Jahn, I.: Grundzüge der Biologiegeschichte, Jena 1990.
–, R. Löther und K. Senglaub: Geschichte der Biologie. Theorien, Methoden, Institutionen und Kurzbiographien, Jena 1982.
James, W.: Pragmatism. A New Name for Some Old Ways of Thinking, London 1908.
Jones, E.: The Life and Work of Sigmund Freud, New York 1961.
Jung, C. G.: Instinkt und Unbewußtes (1928), in: H. Heusser (Hrsg.), Instinkte und Archetypen im Verhalten der Tiere und im Erleben des Menschen, Darmstadt 1976, 12–22.
Kalikow, T. J.: History of Konrad Lorenz's Ethological Theory, 1927–1939: The Role of Meta-Theory, Theory, Anomaly and New Discoveries in a Scientific 'Revolution', in: Stud. Hist. Phil. Sci. 6 (1975), 331–341.
–: Konrad Lorenz's Ethological Theory: Explanation and Ideology, 1928–1943, in: J. Hist. Biol. 16 (1983), 39–73.
Kattmann, U.: Humanethologie im Unterricht? Eine Kritik aus biologiedidaktischer Sicht, in: Unterricht Biol. 9 (1985), 2–13.
Keiter, F.: Verhaltensbiologie des Menschen auf kulturanthropologischer Grundlage, München–Basel 1966.
Klein, B. M.: Die Psyche der Einzeller, in: Umwelt 2 (1947), 321–323.
Kock, D.: Geheiligte Fische und Reptilien – Belege früherer Kulturen in Bangladesh, in: Natur und Museum 112 (1982), 349–355.
Koehler, O.: Vom unbenannten Denken, in: H. Friedrich (Hrsg.), Mensch und Tier, München 1968, 116–125.
Koltermann, R.: Lern- und Vergessensprozesse bei der Honigbiene – aufgezeigt anhand von Duftdressuren, in: Z. vergl. Physiologie 63 (1969), 310–334.
–: Periodicity in the Activity and Learning Performance of the Honeybee, in: L. B. Browne (Hrsg.), Experimental Analysis of Insect Behavior, Berlin–Heidelberg–New York 1974, 218–227.
Koenig, O. (Hrsg.): Verhaltensforschung in Österreich. Konrad Lorenz 80 Jahre, Wien–Heidelberg 1983.
–: Wozu aber hat das Vieh diesen Schnabel? Briefe aus der frühen Verhaltensforschung 1930–1940, München–Zürich 1988.
Köhler, W.: Intelligenzprüfungen an Menschenaffen (1921), Berlin–Heidelberg–New York 1973.
König, E.: W. Wundt. Seine Philosophie und Psychologie, Stuttgart 1901.

Kortlandt, A.: Handgebrauch bei freilebenden Schimpansen, in: B. Rensch (Hrsg.): Handgebrauch und Verständigung bei Affen und Frühmenschen, Bern–Stuttgart 1968, 59–100.
Kreibig, J.: Über Wahrnehmung, in: Sitzungsber. d. Kais. Akad. d. Wiss. in Wien 168 (6) (1901), 1–37.
Kropotkin, P.: Gegenseitige Hilfe in der Tier- und Menschenwelt, Leipzig 1910.
Kuhn, T. S.: Die Struktur wissenschaftlicher Revolutionen, Frankfurt/M. 1976.
Külpe, O.: Vorlesungen über Psychologie, Leipzig 1922.
Kummer, H.: Schwerpunkte soziobiologischer Freilandforschung an Primaten, in: Verh. Dtsch. Zool. Ges. 1975, 59–70.
Lamarck, J. B. de: Philosophie zoologique, Paris 1809. (Dt. nach der Übersetzung von A. Lang, 3 Bde., Leipzig 1990, 1991.)
Lamettrie, J. O. de: L'homme machine (1748), Der Mensch als Maschine, Nürnberg 1985.
Lasswitz, K.: Gustav Theodor Fechner, Stuttgart 1910.
Lehrman, D. S.: A Critique of Konrad Lorenz's Theory of Instinctive Behavior, in: Quart. Rev. Biol. 28 (1953), 337–363.
Lethmate, J.: Einsichtiges Verhalten bei Menschenaffen, in: Biol. i. unserer Zeit 6 (1976), 97–104.
–: Problemlöseverhalten von Orang-Utan (Pongo Pygmaeus), Berlin–Hamburg 1977.
Lewinsohn, R.: Eine Geschichte der Tiere. Ihr Einfluß auf Zivilisation und Kultur, Hamburg 1952.
Lewontin, R. C., S. Rose und L. J. Kamin: Not in Our Genes. Biology, Ideology, and Human Nature, New York 1984.
Leyhausen, P.: The Biological Basis of Ethics and Morality, in: Science, Medicine & Man 1 (1974), 215–235.
–: Der Weg der vergleichenden Verhaltensforschung, in: Meyers Enzyklopädisches Lexikon, Bd. 23, Mannheim–Wien–Zürich 1975.
–: The Tame and the Wild – Another Just-So Story?, in: D. C. Turner, P. Bateson (Hrsg.), The Domestic Cat: The Biology of Its Behaviour, Cambridge 1988, 57–66.
Lillie, F.: Charles Otis Whitman, in: J. Morphology 22 (1911), 15–77.
Lindauer, M.: Lernen und Gedächtnis – Versuche an der Honigbiene, in: Naturwiss. 57 (1970), 463–467.
Loeb, J.: Vorlesungen über die Dynamik der Lebenserscheinungen, Leipzig 1906.
Lorenz, K.: Kants Lehre vom Apriorischen im Lichte gegenwärtiger Biologie, in: Bl. f. Dte. Philos. 15 (1941), 94–125.
–: Die angeborenen Formen möglicher Erfahrung, in: Z. f. Tierpsychologie 5 (1943a), 235–409.
–: Psychologie und Stammesgeschichte, in: G. Heberer (Hrsg.), Die Evolution der Organismen, Jena 1943b, 105–127.
–: Er redete mit dem Vieh, den Vögeln und den Fischen, Wien 1949.
–: So kam der Mensch auf den Hund, Wien 1950.
–: Nachruf auf Oskar Heinroth, in: Zool. Garten 24 (1958), 264–274.
–: Das sogenannte Böse. Zur Naturgeschichte der Aggression (1963), München–Zürich 1984.

–: Über tierisches und menschliches Verhalten. Aus dem Werdegang der Verhaltenslehre. Gesammelte Abhandlungen, München–Zürich 1965 a.
–: Evolution and Modification of Behavior, Chicago–London 1965 b.
–: Die Rückseite des Spiegels. Versuch einer Naturgeschichte menschlichen Erkennens, München–Zürich 1973 a.
–: The Fashionable Fallacy of Dispensing with Description, in: Naturwiss. 60 (1973 b), 1–9.
–: Analogy as a Source of Knowledge, in: Science 185 (1974), 229–234.
–: Vergleichende Verhaltensforschung. Grundlagen der Ethologie, Wien–New York 1978.
–: In memoriam Oskar Heinroth, in: XVII Congressus Internationalis Ornithologicus, Berlin 1980, 83–93.
–: Hier bin ich – wo bist du? Ethologie der Graugans, München–Zürich 1988.
–: Die Naturwissenschaft vom Menschen. Eine Einführung in die vergleichende Verhaltensforschung. Das „Russische Manuskript", München–Zürich 1992.
–, und P. Leyhausen: Antriebe tierischen und menschlichen Verhaltens. Gesammelte Abhandlungen, München 1969.
–, und N. Tinbergen: Taxis und Instinkthandlung in der Eirollbewegung der Graugans, in: Z. f. Tierpsychologie 2 (1939), 1–29.
Luck, W. A. P.: Homo investigans. Der soziale Wissenschaftler, Darmstadt 1976.
Lundberg, U.: Ethologie in heutiger Sicht, in: Biol. Zbl. 100 (1981), 257–271.
Lurker, M.: Das Tier als Symbol im alten Ägypten, in: Natur und Museum 109 (1979), 97–111.
Mach, E.: Die Analyse der Empfindungen (1922), Darmstadt 1985.
Maeterlinck, M.: Das Leben der Bienen, Jena 1912.
–: Die Intelligenz der Blumen, Jena 1914.
Maier, N. R. F., und T. C. Schneirla: Principles of Animal Psychology, New York–London 1935.
Marler, P.: Birdsong and Speech Development: Could There Be Parallels?, in: Amer. Scientist 58 (1970 a), 669–673.
–: A Comparative Approach to Vocal Learning: Song Development in White-Crowned Sparrows, in: J. Comp. Physiological Psychol. 71 (2/2) (1970 b), 1–25.
Maynard Smith, J.: The Evolution of Behavior, in: Scient. Amer. 239 (3) (1978), 136–145.
–: The Birth of Sociobiology, in: New Scientist Nr. 1475 (1985), 48–50.
Mayr, E.: Die Entwicklung der biologischen Gedankenwelt. Vielfalt, Evolution und Vererbung, Berlin–Heidelberg–New York–Tokyo 1984.
McClintock, M. R.: Explaining Animal Social Behavior: A Historical and Methodological Analysis (Dissertation), Binghamton 1982.
Medawar, P. B.: Die Kunst des Lösbaren. Reflexionen eines Biologen, Göttingen 1972.
Medicus, G.: Evolutionäre Psychologie, in: J. A. Ott, G. P. Wagner, F. M. Wuketits (Hrsg.), Evolution, Ordnung und Erkenntnis, Berlin–Hamburg 1985, 126–150.
–: Toward an Etho-Psychology: A Phylogenetic Tree of Behavioral Capabilities Pro-

posed as a Common Basis for Communication Between Current Theories in Psychology and Psychiatry, in: Ethology & Sociobiol. 8 (1987), 131–150.

Meissner, K.: Zum Begriff der Zweckmäßigkeit in der vergleichenden Verhaltensforschung, in: Wiss. Beitr. Pädagogisches Inst. Mühlhausen 3 (1965), 33–44.

–: Homologieforschung in der Ethologie, Voraussetzung, Methoden und Ergebnisse, Jena 1976.

Mohr, H.: Lectures on Structure and Significance of Science, New York–Heidelberg–Berlin 1977.

Montagu, A.: The Nature of Human Aggression, Oxford–London–New York 1976.

Morris, D.: Der nackte Affe, München–Zürich 1968.

Nachtigall, W.: Geschichte der Erforschung des Vogelflugs von der Renaissance bis zur Gegenwart, in: J. Ornithol. 114 (1973), 283–304.

Oeser, E.: System, Klassifikation, Evolution. Historische Analyse und Rekonstruktion der wissenschaftstheoretischen Grundlagen der Biologie, Wien–Stuttgart 1974.

–: Zickzackweg auf dem Grat der Wahrheit, in: F. Kreuzer (Hrsg.): Nichts ist schon dagewesen. Konrad Lorenz, seine Lehre und ihre Folgen, München–Zürich 1984, 19–35.

–: The Evolution of Ethology, in: Evol. Cogn. 2 (1992), 101–113.

Pawlow, I. P.: Ausgewählte Werke, Berlin 1953.

Peters, H. M.: Soziomorphe Modelle in der Biologie, in: Ratio 1 (1960), 22–37.

Peters, R. S.: Brett's History of Psychology (Abridged Edition), London–New York 1962.

Piaget, J.: Das moralische Urteil beim Kinde, Frankfurt/M. 1973.

–: Die Bildung des Zeitbegriffs beim Kinde, Frankfurt/M. 1974 a.

–: Biologie und Erkenntnis. Über die Beziehungen zwischen organischen Regulationen und kognitiven Prozessen, Frankfurt/M. 1974 b.

Pilz, G., und H. Moesch: Der Mensch und die Graugans. Eine Kritik an Konrad Lorenz, Frankfurt/M. 1975.

Plack, A. (Hrsg.): Der Mythos vom Aggressionstrieb, München 1973.

Ploog, D.: Kommunikation in Affengesellschaften und deren Bedeutung für die Verständigungsweisen des Menschen, in: H. G. Gadamer, P. Vogler (Hrsg.), Neue Anthropologie, Bd. 2, Stuttgart–München 1972, 98–178.

–, und T. Melnechuk: Primate Communication, in: Neurosci. Res. Program Bull. 7 (1969), 423–506.

Portmann, A.: Das Tier als soziales Wesen, Zürich 1953.

–: Zoologie und das neue Bild vom Menschen, Hamburg 1956.

–: Vom Wunder des Vogellebens, München–Zürich 1984.

Premack, D.: Language and Intelligence in Ape and Man, in: Amer. Scientist 64 (1976), 674–684.

Querner, H.: Beobachtung oder Experiment? Die Methodenfrage in der Biologie um 1900, in: Verh. Dtsch. Zool. Ges. 1975, 4–12.

Remane, A.: Sozialleben der Tiere, Stuttgart 1971.

Rensch, B.: Manipulierfähigkeit und Komplikation von Handlungsketten bei Menschenaffen, in: B. Rensch (Hrsg.), Handgebrauch und Verständigung bei Affen und Frühmenschen, Bern–Stuttgart 1968, 103–126.

–: Gedächtnis, Begriffsbildung und Planhandlungen bei Tieren, Berlin–Hamburg 1973.
Richards, R. J.: Darwin and the Emergence of Evolutionary Theories of Mind and Behavior, Chicago–London 1987.
Riedl, R.: Homologien; ihre Gründe und Erkenntnisgründe, in: Verh. Dtsch. Zool. Ges. 1980, 164–176.
Roe, A., und G. G. Simpson (Hrsg.), Evolution und Verhalten, Frankfurt/M. 1969.
Romanes, G. J.: Die geistige Entwicklung im Tierreich, Leipzig 1885.
Rubinstein, S. I.: Grundlagen der allgemeinen Psychologie, Berlin 1962.
Ruse, M.: Taking Darwin Seriously. A Naturalistic Approach to Philosophy, Oxford 1986.
Russell, E. S.: Instinctive Behaviour and Bodily Development, in: Folia Biotheor. (Series B) 2 (1937), 67–76.
–: Lenkende Kräfte des Organischen, Bern 1952.
Schaxel, J.: Vergesellschaftung in der Natur, Jena 1931.
Schleidt, W. M.: Reaktionen von Truthühnern auf fliegende Raubvögel und Versuche zur Analyse ihrer AAM's, in: Z. f. Tierpsychologie 18 (1961), 534–560.
–: Die historische Entwicklung der Begriffe „Angeborenes auslösendes Schema" und „Angeborener Auslösemechanismus" in der Ethologie, in: Z. f. Tierpsychologie 19 (1962), 697–722.
–: How "Fixed" Is the Fixed Action Pattern?, in: Z. f. Tierpsychologie 36 (1974), 184–211.
– (Hrsg.): Der Kreis um Konrad Lorenz. Ideen, Hypothesen, Ansichten, Berlin–Hamburg 1988.
Schmid, B.: Das Tier in seinen Spielen, Leipzig 1919.
Schmidbauer, W.: Methodenprobleme der Humanethologie, in: W. Schmidbauer (Hrsg.), Evolutionstheorie und Verhaltensforschung, Hamburg 1974, 13–53.
–: Zur kulturellen Evolution der Aggression, in: W. Schmidbauer (Hrsg.), Evolutionstheorie und Verhaltensforschung, Hamburg 1974, 303–313.
Schmitz, S.: Tiervater Brehm. Seine Reisen, sein Leben, sein Werk, München 1984.
Schurig, V.: Der ideengeschichtliche Ursprung des Wissenschaftsbegriffs „Ethologie" in der Antike, in: Philos. Nat. 20 (1983), 435–452.
–: Wer war der „erste Ethologe"? Einige kritische Anmerkungen zur Geschichte der Ethologie, in: Biol. Zbl. 112 (1993), 224–229.
Segerstrale, U.: Colleagues in Conflict: An "In Vivo" Analysis of the Sociobiology Controversy, in: Biol. & Philos. 1 (1986), 53–87.
Sjölander, S.: Angeborene Welt – erworbene Welt, in: F. Kreuzer (Hrsg.), Nichts ist schon dagewesen. Konrad Lorenz, seine Lehre und ihre Folgen, München–Zürich 1984, 11–18.
Skinner, B. F.: How to Teach Animals, in: Sci. Amer. December 1951 (Reprint Nr. 423), 1–5.
–: Beyond Freedom and Dignity, New York 1971.
Sparks, J.: The Discovery of Animal Behaviour, Boston–Toronto 1982.
Spencer, H.: Die Principien der Psychologie, Bd. 1, Stuttgart 1882, Bd. 2, Stuttgart 1886.

Sprandel, R.: Vorwissenschaftliches Naturverstehen und Entstehung von Naturwissenschaften, in: Sudhoffs Archiv 63 (1979), 313–325.
Storr, A.: Human Aggression, London 1968.
Tembrock, G.: Grundriß der Verhaltenswissenschaften, Stuttgart–New York 3. Aufl. 1980.
–: Aspekte zur Evolution von Sekundärmotivationen und Bedürfnissen beim Menschen, in: Nova Acta Leopoldina N. F. 55 (253) (1983), 47–56.
Thorpe, W. H.: The Comparison of Vocal Communication in Animals and Man, in: R. A. Hinde (Hrsg.), Non-Verbal Communication, Cambridge–London–New York 1972, 27–47.
–: The Origins and Rise of Ethology, London–New York 1979.
Tiger, L., and R. Fox: The Imperial Animal, New York 1971.
Tinbergen, N.: Physiologische Instinktforschung, in: Experientia 4 (1948), 121–133.
–: Recent Advances in the Study of Bird Behaviour, in: Proc. Xth Internat. Ornithol. Congr. Uppsala 1951, 360–374.
–: The Origin and Evolution of Courtship and Threat Display, in: J. Huxley, A. C. Hardy, E. B. Ford (Hrsg.), Evolution as a Process, London 1958, 233–250.
–: Behaviour, Systematics, and Natural Selection, in: IBIS (1959), 318–330.
–: Über Kampf und Drohen im Tierreich, in: H. Friedrich (Hrsg.), Mensch und Tier, München 1968, 13–20.
–: Tiere und ihr Verhalten, Amsterdam 1969.
–: Umweltbezogene Verhaltensanalyse – Tier und Mensch, in: Experientia 26 (1970), 447–456.
–: Instinktlehre. Vergleichende Erforschung angeborenen Verhaltens, Berlin–Hamburg 5. Aufl. 1972.
–: Ethology in a Changing World, in: P. P. P. Bateson, R. A. Hinde (Hrsg.), Growing Points in Ethology, Cambridge 1976, 507–527.
–: Aus der Kinderstube der Ethologie, in: O. Koenig (Hrsg.), Wozu aber hat das Vieh diesen Schnabel? Briefe aus der frühen Verhaltensforschung 1930–1940, München 1988, 309–314.
Trumler, E.: Die Psyche der Einzeller, in: Umwelt 1 (1946), 10–13.
Uexküll, J. v.: Bausteine zu einer biologischen Weltanschauung. Gesammelte Aufsätze, München 1913.
–: Theoretische Biologie (1928), Frankfurt/M. 1973.
–: Tier und Umwelt, in: Z. f. Tierpsychologie 2 (1939), 101–114.
–: Nie geschaute Welten. Die Lebenserinnerungen des berühmten Biologen, München 1957.
Verbeek, B.: Evolutionsfalle oder: Die ewige Hoffnung auf den „Neuen Menschen", in: Universitas 47 (1992), 224–234.
Voland, E.: Die Evolution des menschlichen Sozialverhaltens, in: Veröff. Übersee-Mus. Bremen 11 (1992), 119–135.
–: Grundriß der Soziobiologie, Stuttgart–Jena 1993.
Wade, N.: Sociobiology: Troubled Birth for New Discipline, in: Science 191 (1976), 1151–1155.
Wallace, A. R.: Beitraege zur Theorie der natürlichen Zuchtwahl, Erlangen 1870.

Wagner, G. P.: The Biological Homology Concept, in: Annu. Rev. Ecol. Syst. 20 (1989), 51–69.
Weinberger, Ch.: Wissenschaftstheoretische Anmerkungen zu Konrad Lorenz' „Vergleichende Verhaltensforschung", in: Z. f. allgem. Wissenschaftstheorie 11 (1980), 147–161.
–: Evolution und Ethologie. Wissenschaftstheoretische Analysen. Wien–New York 1983.
Weiss, P.: Autonomous Versus Reflexogenous Activity of the Central Nervous System, in: Proc. Amer. Philos. Soc. 84 (1941), 53–64.
–: The Living System: Determinism Stratified, in: Stud. Gen. 22 (1969), 361–400.
Wendt, H.: Auf Noahs Spuren. Die Entdeckung der Tiere, Hamm 1956.
–: Die Entdeckung der Tiere. Von der Einhornlegende zur Verhaltensforschung, München 1980.
Wickler, W.: Antworten der Verhaltensforschung, München 1974a.
–: Ist Aggression ein spontan anwachsendes Bedürfnis?, in: W. Schmidbauer (Hrsg.), Evolutionstheorie und Verhaltensforschung, Hamburg 1974b, 295–302.
–: Von der Ethologie zur Soziobiologie, in: Natur und Museum 117 (1987), 265–271.
–: Die Entwicklung der Ethologie in Seewiesen nach Konrad Lorenz, in: O. Koenig (Hrsg.), Wozu aber hat das Vieh diesen Schnabel? Briefe aus der frühen Verhaltensforschung 1930–1940, München–Zürich 1988, 324–329.
–: Die Biologie der Zehn Gebote. Warum die Natur für uns kein Vorbild ist, München–Zürich 1991.
–, und U. Seibt: Das Prinzip Eigennutz, München 1981.
Wilson, E. O.: The Prospects for a Unified Sociobiology, in: Amer. Scientist 59 (1971), 400–403.
–: Sociobiology: The New Synthesis, Cambridge/Mass.–London 1975.
–: Animal and Human Sociobiology, in: The Changing Scenes in Natural Sciences, New York 1977, 273–281.
–: On Human Nature, Cambridge/Mass.–London 1978a.
–: What is Sociobiology?, in: M. S. Gregory, A. Silvers, D. Sutch (Hrsg.), Sociobiology and Human Nature: An Interdisciplinary Critique and Defense, San Francisco 1978b, 10–14.
–: Biophilia. The Human Bond with Other Species, Cambridge/Mass.–London 1984.
Wimmer, M.: Jean Piaget. Grenzgänger und Universalist, in: Wissen & Forschen interdisziplinär 1 (1993), 68–71.
Wirtz, P.: Ansätze der Soziobiologie zum Verständnis der Evolution, in: Biol. i. unserer Zeit 21 (1991), 189–195.
Wuketits, F. M.: Biologische Erkenntnis: Grundlagen und Probleme, Stuttgart 1983.
–: Charles Darwin. Der stille Revolutionär, München–Zürich 1987.
–: Evolutionstheorien. Historische Voraussetzungen, Positionen, Kritik, Darmstadt 1988.
–: Gene, Kultur und Moral. Soziobiologie – pro und contra, Darmstadt 1990a.
–: Evolutionary Epistemology and Its Implications for Humankind, New York 1990b.

Wuketits, F. M.: Konrad Lorenz. Leben und Werk eines großen Naturforschers, München–Zürich 1990 c.
–: Konrad Lorenz. Vom Spiel zur Erkenntnis – Naturforschung als Liebhaberei, in: Wiss. u. Fortschritt 42 (1992), 153–156.
–: Verdammt zur Unmoral? Zur Naturgeschichte von Gut und Böse, München–Zürich 1993.
Wundt, W.: Grundriß der Psychologie, Leipzig 8. Aufl. 1907.
–: Probleme der Völkerpsychologie, Stuttgart 2. Aufl. 1921.
Ziegler, H. E.: Tierpsychologie, Berlin–Leipzig 1921.
Ziehen, T.: Leitfaden der Physiologischen Psychologie in 16 Vorlesungen, Jena 10. Aufl. 1914.
–: Allgemeine Psychologie, Berlin 1923.
Zimen, E.: Der Hund. Abstammung, Verhalten, Mensch und Hund, München 1988.

Register

Namen

Aldrovandi, U. 18
Allen, G. E. 102
Alverdes, F. 6. 67. 112. 118. 145
Antonius, O. 120
Ardila, R. 46. 106
Aristoteles 24. 26. 30
Aschoff, J. 120
Asratjan, E. A. 99

Bacon, F. 46
Baerends, G. P. 73. 77
Baily, G. 139
Barnett, S. A. 94f. 119
Barthelmess, A. 15
Beer, C. G. 143
Bekoff, M. 158
Bertalanffy, L. v. 108
Best, J. B. 51
Bierens de Haan, J. A. 112ff.
Bilz, R. 134
Bischof, N. 84. 131. 142. 145
Bischoff, T. L. 87
Blanchard, R. J. 132
Boas, F. 106. 130
Bock, W. J. 57
Bölsche, W. 30f.
Borelli, G. A. 25
Brehm, A. E. 20ff. 30. 133
Brunner-Traut, E. 15
Buffon, G. L. L. 30
Bühler, K. 67f.
Bunge, M. 46. 106. 108
Burkhardt, R. W. 39
Buytendijk, F. J. J. 111f.

Caplan, A. L. 151
Claus, C. 39
Craig, W. 41. 44. 66
Cullen, J. M. 129

Dale, A. 145
Darwin, Ch. 6. 8. 11f. 28. 34ff. 40. 45ff. 52f. 55ff. 66. 80ff. 84. 86. 98f. 102. 105. 115f. 118. 123. 128. 138. 141f. 144. 147. 149. 151. 157. 160. 162f. 166
Darwin, E. 56
Dawkins, R. 146. 150
Descartes, R. 48f.
Dilly, A. 89. 96
Dingler, H. 81
Dobzhansky, T. 33
Drever, J. 51
Dumarele, F. 17
Dürer, A. 18

Ehrenfels, Ch. 68
Eibl-Eibesfeldt, I. 4. 6. 27. 36. 60. 72. 74. 78f. 80. 83. 92. 95. 98. 122. 136ff. 151

Fabre, J.-H. 10. 44. 114
Fechner, G. T. 74
Fellmann, F. 26
Findeisen, H. 17
Fischel, W. 117. 118
Floericke, K. 20
Fox, R. 82. 133
Francé, R. H. 115
Franck, D. 27. 79. 154

Freeman, D. 130
Freud, S. 55. 82. 128. 134
Frisch, K. v. 97. 123
Fromm, E. 130

Garcia, J. 91
Gehlen, A. 136f.
Geoffroy Saint-Hilaire, E. 10
Geoffroy Saint-Hilaire, I. 10
Gesner, C. 18
Ghiselin, M. T. 40. 46. 66
Goldschmidt, W. 137
Grabowski, U. 121
Grammer, K. 142

Hartmann, M. 39f. 66. 100
Hassenstein, B. 70. 74. 76. 82ff. 91. 98. 101. 127. 131f. 140. 142
Hays, H. R. 30. 101
Heinroth, K. 10. 92
Heinroth, M. 41
Heinroth, O. 10. 41. 44. 59. 66. 83. 113. 161
Herre, W. 13. 70
Hertwig, O. 39
Heschl, A. 95
Hess, E. H. 91
Hinde, R. A. 27. 39. 78. 94. 131f.
Hochstetter, F. 60
Hofstätter, P. R. 97
Holst, E. v. 74ff. 83. 100. 117
Hooff, J. A. R. A. M. van 140
Hull, C. L. 91
Hull, D. L. 8. 144. 152
Hume, D. 46ff. 56
Huxley, J. 44
Huxley, T. H. 81

Illies, J. 15
Immelmann, K. 27. 60. 91. 123. 153

Jaensch, E. R. 84
Jahn, I. 10. 18. 22. 24
James, W. 55. 56
Jamieson, D. 158

Jones, E. 55
Jung, C. G. 116. 118

Kalikow, T. J. 66. 84. 138
Kant, I. 156
Kattmann, U. 139
Keiter, F. 138
Klein, B. M. 51
Kock, D. 19
Koehler, O. 61
Köhler, W. 85f.
Koenig, O. 41. 44. 82. 96
Koltermann, R. 97. 124
Kortlandt, A. 86
Kreibig, J. 67
Kropotkin, P. 149f.
Külpe, O. 68
Kuhn, T. S. 12
Kummer, H. 130

Lamarck, J. B. de 24. 36ff. 45. 48f. 56. 141
Lamettrie, J. O. de 49. 82
Lasswitz, K. 74
Lehrman, D. S. 109
Lethmate, J. 86
Lewinsohn, R. 17
Lewontin, R. C. 145. 152
Leyhausen, P. 59f. 83. 159
Lillie, F. 41
Lindauer, M. 97
Linné, C. v. 13. 22. 84
Locke, J. 46
Loeb, J. 5. 82. 118
Lorenz, K. 9f. 23. 26. 29. 32f. 39ff. 44. 59ff. 65ff. 70. 72. 74f. 81. 83f. 89ff. 96ff. 100. 104. 107. 113. 115. 119. 124ff. 131. 137f. 156ff. 163. 165f.
Luck, W. A. P. 8
Lundberg, U. 70
Lurker, M. 19

Mach, E. 68
Maeterlinck, M. 20. 114
Maier, N. R. F. 94. 97. 115

Marler, P. 120
Maynard Smith, J. 148f.
Mayr, E. 7. 12. 26. 30. 38. 49. 65f. 114. 116. 147f.
McClintock, M. R. 152
McDougal, W. 112f.
Mead, M. 130
Medawar, P. B. 32
Medicus, G. 46. 61. 64
Meissner, K. 60. 116
Mittelstaedt, H. 76
Moesch, H. 80
Mohr, H. 65. 114
Montagu, A. 130
Morgan, C. L. 53f. 56
Morris, D. 82

Nachtigall, W. 24f.
Nero 19

Oeser, E. 8. 12. 24. 26. 80. 139

Pawlow, I. P. 99ff. 106. 118. 164f.
Peters, H. M. 20
Peters, R. S. 51. 68
Piaget, J. 45. 119. 140f. 143. 157
Pilz, G. 80
Plack, A. 130
Plinius 26
Ploog, D. 86
Polo, M. 17
Portmann, A. 69. 83. 139
Premack, D. 86

Querner, H. 26

Rayner, R. 106
Reimarus, H. S. 28. 96
Remane, A. 145
Rensch, B. 72. 86. 107
Richards, R. J. 47f. 50. 52f. 84. 103. 107
Riedl, R. 57
Roe, A. 39
Röhrs, M. 13. 70

Romanes, G. J. 27. 42. 52f. 56. 61. 118. 160
Rubinstein, S. T. 4
Ruse, M. 47
Russell, E. S. 113

Schaxel, J. 145
Schleidt, W. M. 92. 96. 126
Schmid, B. 123
Schmidbauer, W. 80. 133
Schmitz, S. 20
Schneirla, T. C. 94. 97. 115
Schurig, V. 10
Segerstrale, U. 152
Seibt, U. 146f. 155
Selous, E. 44
Seneca 19
Setschenow, I. M. 99
Simpson, G. G. 39
Sjölander, S. 98. 104. 109
Skinner, B. F. 103ff. 107f.
Sparks, J. 105. 152
Spencer, H. 49ff. 56. 81. 118. 157
Sprandel, R. 26
Storr, A. 131

Tembrock, G. 5. 27. 79. 134
Thorpe, W. H. 10. 26. 44. 54. 101. 114. 140
Tiger, L. 82
Tinbergen, N. 9. 27. 29. 32. 39. 44. 60. 69f. 76ff. 83. 89. 92ff. 97. 100f. 107. 113. 119. 127. 129. 131
Trumler, E. 51

Uexküll, J. v. 102. 110f. 116. 118. 163

Verbeek, B. 103. 107
Vergil 19
Voland, E. 146f. 153

Wade, N. 146
Wagner, G. P. 57
Wallace, A. R. 53
Watson, J. B. 103. 106

Weinberger, Ch. 61
Weiss, P. A. 78
Wendt, H. 16ff.
Wheeler, W. M. 10. 44
Whitman, Ch. O. 41. 44. 59. 66. 137
Wickler, W. 60. 131. 146ff. 155. 159
Wilson, E. O. 19. 144. 146. 148f. 150ff. 159
Wimmer, M. 45. 141

Wirtz, M. 146. 148
Wuketits, F. M. 5. 12. 24. 26. 29. 33. 44ff. 59f. 72. 84. 108. 114f. 131. 142. 149. 152. 157. 159
Wundt, W. 54. 163.167

Ziegler, H. E. 118
Ziehen, T. 73
Zimen, E. 70

Sachen

Adaptationismus 161
Aggression 88. 126ff. 161
–, innerartliche 127f.
Aggressionstheorie 128f.
Aggressionstrieb 129. 131f.
Aggressivität 127. 131. 161
Alltagsbeobachtungen 11
Analogie 29. 65. 72. 161
Analyse 27. 102
angeboren 6f. 47. 60. 88ff. 109. 120. 123f.
angeborener Auslösemechanismus (AAM) 64. 77. 92. 161
angeborenes auslösendes Schema 92
Anpassung 45. 124. 161
Anthropologie 136
Anthropomorphismus 20. 22. 161
Appetenzverhalten 131
arteigene Triebhandlung 113. 161
Arterhaltung 128. 161
Assoziationen 81
Attrappenversuche 92f. 161
Aufklärung 49
Außenreiztheorie 132

Balzverhalten 114. 161
Bärenkult 17
bedingte Aktion 103
Behaviorismus 89. 103ff. 121. 161
Beobachtung 24f. 61. 122
Beschreibung 24ff. 61. 122
Bewußtsein 50. 55. 108. 134

Bienen 19f. 97. 114. 123
biologische Rhythmen 120
Biologismus 90
Biophilie 19
Brutpflege 148. 162

Deduktion 65f. 162
Deutsche Gesellschaft für Tierpsychologie 10
Dualismus 48. 102. 162

Eirollbewegung 90
Emotion 51
Empirismus 46f. 162
Entenvögel 41. 62f.
Entwicklungspsychologie 141ff. 162
Erbkoordination 92. 117. 125. 162
Erkenntnistheorie 155ff.
–, evolutionäre 156ff. 162
Ethik 158ff. 162
–, evolutionäre 159. 163
Ethogramm 27. 79. 162
Ethologie (s. auch Verhaltensforschung) 1. 8ff. 27. 33. 38ff. 44f. 56ff. 67. 69f. 74. 79. 82. 88. 109. 116f. 119. 121f. 133f. 142f. 146. 153. 155. 158. 162
–, kognitive 158
Evolution 6. 33. 36ff. 44f. 51ff. 66. 80. 86. 116. 123. 125f. 129. 139. 141f. 146. 154. 158. 162
evolutionäre Psychologie 37. 46ff. 61. 73. 104. 138. 157

Evolutionsbiologie 9. 37. 39. 143
Evolutionsdenken 10. 33 ff. 44 f. 49. 79.
 103. 122. 148
Evolutionstheorien 44. 142
Experiment 26 f. 65. 74. 96. 154

Fabeltiere 16 f.
Felszeichnungen 14
fixed action patterns 126
Funktionskreis 27. 102. 110 f. 163

ganzheitliches Denken 67. 69
Gemütsbewegungen 34 ff. 58. 138
Gene 150
genetischer Determinismus 90
Genselektion 147
geschlechtliche Zuchtwahl 128
Gestalt 67 f.
Gestaltpsychologie 67 ff. 85. 163
Gestaltqualitäten 68. 163
Gestaltwahrnehmung 67 ff. 163
Gorilla 85 f.
Graugans 89
Gruppenselektion 147

Haustiere 13. 138
Hierarchie-Modell 77 f.
Historia animalium 18. 24
Hologenese 5
Homo investigans 8
Homologie 57. 65. 163
Homologie-Konzept 58
Humanethologie 36. 80. 135 ff.
 163
hypothetisch-deduktive Methode 66.
 163

Individualpsychologie 54. 163
Induktion 65 f. 163
Information 124
Instinkt 28. 36. 46 f. 50. 56. 77 f. 88. 105.
 112 ff. 116 ff. 128. 163
Instinktbewegungen 92. 164
Instinkthandlung 90. 113
Integration 77

Intentionsbewegung 126
Intuition 32. 69
Irreversibilität 90. 164

Kaspar-Hauser-Versuche 93.
 164
kausale Erklärung 26. 122
Kinderethologie 142
Kindchenschema 92. 94. 164
Kommunikation, nonverbale 139
Kommunikationssysteme 86
Kulturanthropologie 143 f.
Kulturgeschichte 13
Kulturismus 90
Kulturvergleich 136. 139

Lebenskräfte 5
Lerndisposition 98. 123
Lernen 51. 54. 97 f. 103. 105. 108 f.
 117 ff. 122. 124 ff. 164

Materialismus 164
–, eliminativer 106
Mauersegler 109
Max-Planck-Institut für Verhaltens-
 physiologie 74. 117. 120. 155
Mechanismus 164
Mensch (Sonderstellung) 79 ff.
 136 ff.
Metapher 20. 22
Milieutheorie 89. 164
Modifikation (des Verhaltens) 124 ff.
moralanaloge Verhaltensweisen
 129

Nashorn 18
Naturalis historia 26
Naturgeschichte 24. 26. 164
natürliches System 59. 164
Neuroethologie 79. 164
Neurophysiologie 73

Ökologie 10. 39. 121 f. 145.
 164
Öko-Soziologie 155

operante Konditionierung 103
Orang-Utan 85f.
Ornithologie 44

Paläopsychologie 134. 165
Paradigma 7. 40. 121. 142. 148. 150. 165
Pawlows Hund 99
Pflegeinstinkt 92
Physiologie 29. 39. 74. 121f. 146
Populationsbiologie 148. 165
Positivismus 108. 165
Pragmatismus 55. 165
Prägung 91. 98. 165
Primatologie 143
Protopsychologie 51. 165
Psyche 4f.
Psychoanalyse 83. 140. 165
Psychologie 1. 28f. 33. 51f. 57. 74. 81. 101. 108. 111. 136. 140. 152. 165
Psychophysik 74. 165
purposive psychology 112

Quantifizierung 69

Rationalismus 48. 165
Ratten 107. 154
Reafferenzprinzip 76. 165
Reduktion 165
Reflex 101. 165
–, bedingter 100ff. 107
Reflexologie 99f. 106. 165
relative Koordination 76. 165
ritualisierte Verhaltensweisen 129

Schimpansen 88f.
Schlangenfurcht 120
Seele 5. 11
Selektion 36. 55. 125. 128f. 154. 158. 166
Selektionstheorie 148. 151
Sinnesphysiologie 73
Skinner box 108
Sozialanthropologie 143
Sozialdarwinismus 50. 149. 166

soziale Instinkte 149
Sozialität 151
Sozialverhalten 144ff.
Soziobiologie 9. 135. 144ff. 159. 166
Soziologie 136. 143f. 146
soziomorphe Modelle 20
Spiel 123. 139
Spieltheorie 148. 166
Spontaneität 101. 113
Stammbäume 60ff.
stimulus-response psychology 106. 166
Subjekt-Objekt-Trennung 28. 108

Tauben 41. 107
Teleonomie 116. 166
Tierfabeln 14ff.
Tier-Mensch-Vergleich 139. 143
Tiermythen 14f.
Tierpsychologie 6. 10. 28. 53. 55. 96. 111. 166
Tierseelenkunde 117
Tiersoziologie 145. 166
Todestrieb 128
Tötungshemmung 129. 166
Trieb 117. 129
Triebstaumodell 129. 166

Umwelt 90. 95. 106. 124
Umweltdeterminismus 90
Unbewußtes 116

Vererbungstheorie 89f. 166
„Vererbung erworbener Eigenschaften" 36
Vergleich 57ff.
vergleichende Biologie 65
vergleichende Methode 65. 122
Verhalten 4ff. 13. 77. 86. 89. 94ff. 105. 112f. 124. 154
Verhaltensbiologie 6. 138
Verhaltensforschung (vergleichende) 1f. 4ff. 11f. 26ff. 32f. 45. 50. 59. 61. 65. 73. 77. 110ff. 117. 122. 133ff. 154. 159. 166

Verhaltensgenetik 135. 153f. 167
Verhaltensökologie 135. 153f. 167
Verhaltensphysiologie 73ff. 117
Vitalismus 5. 167
Vogelflug 24f.
Völkerpsychologie 54. 167

Wille 54
wissenschaftliche Revolutionen 11f.

Zeitgestalten 4
Zugvögel 120
Zweckpsychologie 110ff. 123. 153. 167